데이터사이언스 입문

인 공 지 능 시 대 의 전 문 서

INTRODUCTION TO DATA SCIENCE

데이터사이언스 입문

인공지능시대의 전문서

일본 국립 시가대학교 데이터사이언스학부 타케무라 아키미치 교수 외 12인 공저

황석형 김응희 김민경 공역

INFINITYBOOKS
인피니티북스

【데이터사이언스 대계 시리즈】의 제1탄으로 출간되는 이 책(「데이터사이언스 입문」)은, 빅 데이터 시대를 살아가는 모든 대학생들이 습득해야되는 리터러시로서 데이터사이언스 분야에 대한 개론 내용을 함축하여 해설하고, 보다 고급 수준의 내용을 학습하기 위한 가교역할을 하는 교과서이다. 또한, 대학의 교양 과정에서 활용하는 것을 가정하여, 문과계열 학생들도 읽기 쉽도록 수식은 가능한한 사용하지 않고 그래프 등을 이용하여 직관적으로 설명함으로써 데이터사이언스 전반을 살펴볼 수 있는 내용으로 구성하였다. 구체적으로는, 아래와 같은 항목들을 다루고 있다.

- 데이터사이언스의 사회적 역할
- 데이터사이언스를 위한 통계학 기초
- 데이터사이언스 기법의 소개
- 컴퓨터를 이용한 데이터분석 기초
- 데이터사이언스 응용사례

특히 이 책의 특징은 데이터사이언스 응용사례로서, 마케팅, 이미지처리, 품질관리 등의 다양한 분야에서 일어나는 실제 데이터 활용 사례들을 소개하고 있다는 점이다. 이와같은 활용사례들을 통해서, 데이터사이언스가 현대 사회에서 어떤 역할을 수행하고 있는지를 구체적으로 보여주고 있으며, 데이터사이언스를 지속적으로 학습하기 위한 출발점 역할을 하고 있다.

이 책을 집필하면서 학술도서출판사의 카이누마 토시오 씨에게 크게 신세를 졌다. 여기에 감사의 뜻을 전한다.

2019년 1월

일본 국립 시가대학교 데이터사이언스학부장
타케무라 아키미치

대량의 다양한 데이터가 흘러넘치는 빅데이터 시대를 맞이하여, 데이터를 처리하고 분석하기 위한 데이터사이언스의 중요성이 주목받고 있다. 일본 문부과학성에서는 2016년에 "수리 및 데이터사이언스 교육 강화에 관한 간담회"를 설치하고, 이 책의 감수를 맡은 본인도 간담회 멤버의 한사람으로 참여하여 대학에서의 수리 및 데이터사이언스 교육에 대해서 논의하였다. 간담회에서의 논의 결과는 2016년 12월에 발간된 보고서("대학의 수리 · 데이터사이언스 교육강화방책에 대해서")에 정리되었으며, 해당 보고서에서는 데이터사이언스의 중요성에 대해서 아래와 같이 설명하고 있다.

> 향후 전세계에서는 점차적으로 데이터를 이용 및 활용한 신산업창출과 기업의 경영능력 · 경쟁력 강화가 이어질 것으로 예상되며, 데이터가 갖고 있는 가치를 파악하여 효과적으로 활용하는 것이 기업의 가능성을 높일 수 있을 뿐만 아니라, 한편으로는 중요한 데이터를 간과해버리면 결과적으로는 기업의 존속에 문제가 발생할 가능성도 있다.
>
> 예를들면, 데이터로부터 새로운 고객요구를 읽어내어 상품을 개발하거나, 데이터를 토대로 효율적인 자원배분 및 경영판단을 하는 등, 데이터와 현실세계의 비즈니스를 연결할 수 있는 인재를 대거 육성하여 사회에 배출하는 것이 우리나라의 국제경쟁력 강화 및 활성화라는 관점에서 중요하다.

이와같은 내용을 토대로, 일본의 대학 교육분야에서는 다음과 같은 수리 · 데이터사이언스 교육방침을 규정하고 있다.

- 문과 이과 구분없이, 대학 전체적으로 수리 · 데이터사이언스 교육을 실시
- 의료, 금융, 법률 등 다양한 학문분야에 응용/전개하여, 사회적 문제해결 및 새로운 가치창출을 실현
- 실천적인 교육내용과 방법을 채용
- 기업이 제공하는 실제 데이터 등의 사례를 교재로서 활용

- 그룹 활동을 중심으로하는 PBL 및 실무자에 의한 강의 등과 같은 실천적인 교육방법을 채용
- 표준 커리큘럼 및 교재 개발을 시행하여 전국의 대학교에 전개 및 보급

위와같은 방침을 실현하기 위해서는, 문과이과 구분없이 모든 대학생들을 대상으로 데이터사이언스 관련 리터러시를 향상시키고, 데이터사이언스 관련 기법을 다양한 분야에서 활용할 수 있도록 돕기 위한 교과서가 필요하다. 향후에 학술도서출판사가 간행하는 "데이터사이언스 대계" 시리즈는, 이와같은 수요에 응답하기 위한 교과서 시리즈로서 기획한 것이다.

이 시리즈가 전국의 대학생들에게 읽히게 될 것을 기대한다.

감수자 타케무라 아키미치.

데이터사이언스(Data Science)는 데이터로부터 의미있는 인사이트(insight : 식견, 통찰, 혜안, 지식, 판단, 견해 등)를 이끌어내기 위한 학문분야이다. 인공지능이나 기계학습 등과 같은 데이터사이언스 분야의 첨단기술은 4차산업혁명시대의 경쟁력있는 기업들이 갖추어야할 핵심적이면서 필수적인 정보기술이다.

데이터사이언티스트(Data Scientist. 데이터사이언스 전문가)는, 다양한 분야의 전문지식, 프로그래밍 스킬 및 소프트웨어개발능력, 수학과 통계 관련 지식 등을 기반으로, 데이터(숫자값, 텍스트, 이미지, 동영상, 오디오 등)에 대하여 기계학습 알고리즘을 적용하고 인공지능(AI) 시스템을 구축하여 다양한 비즈니스 분야에서 유의미한 가치를 창출할 수 있는, 4차산업혁명시대의 정보기술 분야에서 핵심적인 인재이다.

최근 일본에는 이와같은 데이터사이언스의 진정한 가치와 중요성을 인식하고 있는 기업과 대학들이 급증하고 있다. 일본의 대표적인 기업 NEC 는 2020년까지 데이터사이언티스트 및 인공지능 분야 인재를 1000명으로 증원하는 계획을 발표하였고, 히타치 그룹의 경우에는 2021년도까지 전사적 규모로 데이터사이언티스트를 3000명까지 증원한다는 발표가 있었다.

한편, 일본 문부과학성에서는 이미 2016년에 "대학의 수리 · 데이터사이언스 교육강화방안"을 마련하여, 2017년 국립 시가대학교에 일본 최초로 데이터사이언스학부 개설을 시작으로, 요코하마시립대학교 데이터사이언스학부(2018년), 무사시노대학교 데이터사이언스학과(2019년), 오사카공업대학교 데이터사이언스학부(2020년) 등이 신설되었다. 뿐만아니라, 올해 초 일본 정부는 인공지능 관련 전문인력을 매년 25만명씩 양성하는 정책을 발표했다. 이 정책에 따라서 앞으로 일본의 모든 대학에서는 인공지능 관련 수업이 필수과목으로 운영되어 'AI인재'로 육성된다. 특히, 3명의 노벨상 수상자를 배출한 일본의 명문 국립 쓰쿠바대학교(University of Tsukuba)에서는 2019학년도 이후에 입학한 모든 1학년 학생들을 대상으로 전공을 불문하고 필수적으로 "데이터사이언스" 과목을 이수하도록 하는 제도를 시행한다는 뉴스는 상당히 충격적이다.

AI, IoT, Big data, Cloud computing 등을 기반으로 발전하고 있는 디지털기술을 활용한 스피디한 디지털 트랜스포메이션(DX. Digital Transformation)이 다양한 기업들에서 필수불가결하게 되면서, 가까운 미래에 우리나라뿐만아니라 전세계적으로 데이터사이언티스트 부족현상이 심각한 사회문제가 될 것이다.

이 책은 데이터사이언티스트 양성을 위해 일본 최초로 설립된 국립 시가대학교 데이터사이언스학부의 교수진들이 발간하고 있는 "데이터사이언스 대계 시리즈"의 첫번째 서적이다. 일본의 데이터사이언스 분야 인재 양성을 위한 학문체계를 이해하고, 데이터사이언티스트를 꿈꾸는 학생들에게 큰 도움이 될 것으로 확신한다.

끝으로, 이 번역서의 제작과 리뷰 작업에 도움을 주신 인피니티북스 출판사 관계자 여러분들께 깊이 감사드립니다.

2020년 1월

황석형, 김응희, 김민경, 김수환

제 01 장

현대사회와 데이터사이언스

컬러 확인이 필요한 부분과 그림은 홈페이지를 통해 보실 수 있습니다.

제 02 장

데이터 분석의 기초

제
03
장

데이터사이언스 분야의 분석기법

제 04 장

컴퓨터를 이용한 분석

제 **05** 장

데이터사이언스 응용사례

제 06 장

후속학습을 위한 참고문헌 소개

제

01

장

현대사회와 데이터사이언스

이 장에서는 현대사회에서 데이터사이언스가 수행하고 있는 역할에 대해서 설명하고, 데이터분석을 위한 데이터의 수집 • 관리 방법에 대해서 대략적으로 살펴보기로 한다.

1.1

데이터사이언스의 역할

1.1.1 빅 데이터 시대와 데이터사이언스

정보통신기술과 계측기술이 발전하면서 다량의 다양한 데이터가 발생하여 네트워크 위에 축적되는 시대를 맞이하고 있다. 이와같은 다종다양한 대량의 데이터를 빅데이터라고 부른다. 빅데이터 시대를 초래한 특징적인 기기가 스마트폰이다. 스마트폰이라는 제품의 장르를 확립한 애플사의 iPhone이 미국에서 발매된 것은 2007년 무렵이다. iPhone은 인터넷에 언제나 접속할 수 있고 멀티 터치 화면을 장착하였으며, 휴대전화, 디지털카메라, 음악플레이어 기능을 1개의 기기에 통합했다. 또한, iPhone 등장이후 10년간 스마트폰은 전세계 많은 국가에서 개인소유비율이 70%을 넘어설 정도로 보급되었다. 최근의 스마트폰 성능은 30년전의 슈퍼컴퓨터의 능력에 필적한다고 알려져있으며, 사람들은 그정도의 막강한 능력을 갖춘 컴퓨터를 휴대하면서 생활하는 시대에 살고 있다.

무선통신의 속도와 용량도 괄목할만큼 성장하여, 요즘은 지하철 내부에서도 통화권역으로 확장되어 스마트폰을 이용할 수 있게 되었다. 따라서, 사람들은 지하철에서도 스마트폰으로 소셜네트워킹서비스(SNS)를 이용하여 메시지를 송수신하거나 브라우져를 사용하여 정보를 검색하고 취득하고 있다. 한편, 지하철에서 신문이나 책을 읽고 있는 사람들은 극소수에 불과하게 되는 등, 지난 10년간 커다란 사회적 변화가 일어나고 있다.

스마트폰 뿐만 아니라, 편의점에서 상품을 구입하는 경우에 포인트카드를 사용하면 편의점에서의 개인 구매이력이 축적된다. 포인트카드를 사용하면 소비자에게는 포인트를 획득하는 장점이 있지만, 기업의 입장에서는 개인의 구매이력 정보를 수집하는 가치가 발생한다. 포인트는 이와같은 정보에 대한 대가라고 생각할 수도 있다. 또한, 교통카드를 사용하여 지하철에 탑승하면, 언제 어디에서 어디까지 이동했는지에 대한 이동 정보가 축적된다.

SNS에서 메시지 송수신 이력, 웹 검색 이력, 구매 이력 등은 인터넷에 연결된 서버에 기록되어 축적된다. 이러한 빅데이터는 다양한 니즈에 대한 사람들의 관심사, 상품이나 서비스에 대한 트랜드 등을 분석하기 위하여 이용되고 있다. 보다 자세히 살펴보면, 예를 들어 연령이나 성별에 의해 관심을 갖는 대상물이 어떻게 서로 다른지, 소비행동이 어떻게 서로 다른지, 등에 대해서도 분석되고 있다. 이와같은 데이터 분석에 의해, 예를 들어 어떤 기업이 신상품을 개발하는 경우에, 어떤 계층을 타겟으로 하여 상품을 개발할 것인가 등을 구체적으로 검토할 수 있게 된다. 이러한 데이터분석이 가능하게 된 것은 스마트폰이나 포인트카드의 보급에 의해 사람들의 행동이력을 직접적으로 수집 및 축적할 수 있었기 때문이며, 이러한 사회구조야말로 최근의 커다란 변화라고 할 수 있다.

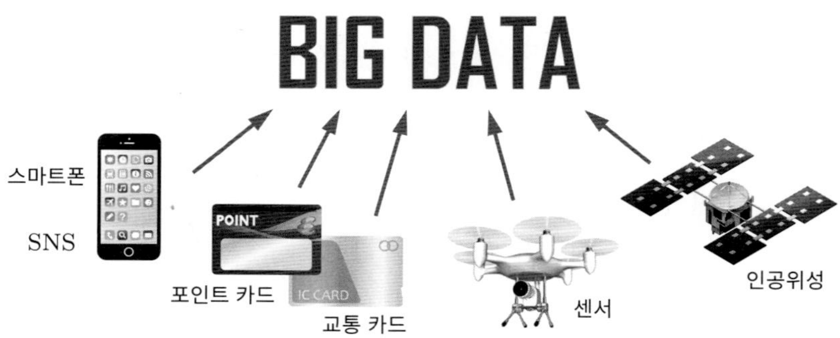

〈그림 1.1〉 빅데이터의 개념도

과학분야에서도 대량의 데이터를 수집할 수 있게 되어, 데이터를 기반으로 하는 연구가 진행되고 있다. 한가지 예로서 인공위성에서의 관측을 살펴보도록 하자. 일본의 날씨예보에 중요한 역할을 수행하고 있는 기상위성 "히마와리"는, 지금으로부터 약40년전인 1977년에 처음 발사되었다("일본의 기상위성의 발자취"[1]). 그리고, 최신형 히마와리 9호는 2016년 11월에 발사되었다. 일본 열도의 기상위성에 의한 관측은 초기의 히마와리 위성이 3시간 단위로 관측하였던 것이, 히마와리 8호는 2.5분 단위로 단축되어 70배 이상의 빈도로 크게 향상되었다. 분석능력도 초기의 히마와리 위성이 1.25km정도였으나, 히마와리 8호는 0.5km까지 향상되었다. 2015년 7월에 운용을 시작한 히마와리 8호부터는 보다 선명한 태풍 구름의 움직임을 관측할 수 있게 되어 상당히 큰 파급효과를 불러일으켰다. 기상청 홈페이지에서는 히마와리 위성이 관측한 구름 영상을 10분 단위로 갱신하여 공개하고 있다.

〈그림 1.2〉 기상위성 히마와리8호가 촬영한 2016년 태풍18호(일본 기상청 홈페이지 제공)

또한, 인공위성을 이용한 GPS(Global Positioning System, 범지구위치결정시스템)는 자동차 내비게이션과 스마트폰의 위치정보에 필수적인 것이 되었으며, 2017년 10월에는 일본판 GPS위성 "미치비키" 4호기 발사에 성공하였다. 이로써 천정 부근에 위치하고 있는 "준천정위성시스템"은 총 4기 체제가 되어, 이러한 위성들 중에서 어느 1개가 항상 일본 열도의 하늘 위를 날고 있으면서 데이터를 24시간 사용하는 것이 가능하게 되었다. 이러한 새로운 위성 시스템은 오차가 불과 수

---

1 http://www.jma-net.go.jp/sat/himawari/enkaku.html)

cm정도로 매우 정확한 위치정보를 제공함으로써, 예를 들어 무인 트랙터를 이용하여 파종하거나 농약을 살포하는 등, 다양하게 응용되고 있다. 이와 같이 인공위성들이 수집하는 상세한 데이터는 우리들의 생활에 필수불가결한 것이 되고 있다.

스마트폰, 포인트카드, 인공위성 등으로부터 수집되는 데이터는 대량이며 전형적인 빅 데이터이다. 빅데이터는, Volume(양), Variety(다양성), Velocity(속도)를 뜻하는 V3라는 특징을 갖는다. Volume의 의미는 명확하지만, Variety(다양성)는, 예를 들면 화상데이터 또는 음성데이터 등과 같은 다양한 형식을 갖는 데이터가 있음을 의미하며, Velocity(속도)는 웹 검색에서 단시간 내에 검색결과를 얻어낼 수 있는 등, 고속처리가 요구된다는 것을 의미한다. 기상위성 "히미와리"에서는 가시광선 데이터 뿐만 아니라 다양한 파장의 적외선 데이터를 관측하여 지상으로 상시 전송하고 있고, 이러한 데이터를 조합하여 실시간(리얼타임) 처리해서 구름의 움직임 등과 같은 날씨 상황을 가시화하는 작업에 이용하고 있다.

그러나, 전형적인 빅데이터 만 유용한 것이 아니라는 점에 주의할 필요가 있다. 이전에는 종이형태로 처리하였던 사무작업의 대부분은 개인용 컴퓨터를 이용하여 수행하고 있으며, 표계산 소프트웨어의 워크 시트 형태로 손쉽게 데이터를 저장할 수 있다. 또한, 데이터를 저장해 두기 위한 하드디스크 등과 같은 저장장치의 가격도 저렴해지고 있다. 따라서, 우리들의 생활 중에 여러 상황에서 데이터가 입력되고 저장되어 데이터가 세상에 넘쳐나는 시대가 시작되었다. 이러한 시대를 맞이하며, 전형적인 빅데이터 뿐만 아니라 다종다양한 데이터를 처리하고 분석하여, 그 결과로부터 유용한 정보(가치)를 도출하기 위한 학문분야가 데이터사이언스이다.

1.1.2 자원으로서의 데이터

요즘에는 데이터가 "21세기의 원유"라고 알려지면서, 데이터를 새로운 경제적 자원으로 여기고 있다. 데이터를 경제적인 자원으로 생각하는 경우, 데이터를 보유하는 것이 유리하다. 실제로 아마존 등과 같은 인터넷 관련 거대기업은 막대한 데이터를 축적하여 경제적인 우위를 점유하고 있다.

최근에는 Google, Apple, Facebook, Amazon 등과 같은 4개 거대기업을 "GAFA"라고 부르고 있다. 이전에는 Microsoft를 추가하여 "GAFMA"라고 부르는 경우도 있었지만, 요즘에는 모바일 분야에서 Microsoft사의 영향력이 낮아지면서, GAFA가 인터넷 관련 거대기업을 나타내는 용어로서 사용하는 경우가 많다. 이들 4개 기업은, 각각 특화된 분야에서 인터넷 서비스를 제공하여 전세계 수억명 단위의 고객을 확보하고 있으며, 개인 데이터를 대량으로 수집하고 분석해서 새로운 서비스를 전개하고 있다.

중국은 정부의 정책에 의해 중국내의 인터넷 사업자를 보호하고 있고, 중국내 시장 자체의 규모가 상당하기 때문에 GAFA에 필적하는 거대기업을 탄생시켰다. 대표적인 중국내 거대기업으로는, 바이두, 알리바바, 텐센트와 같은 3개 기업을 BAT라고 부른다.

GAFA와 BAT가 제공하는 서비스는, 사용자가 늘어날 수록 편리하게 되어 서비스가 더욱 향상되는 "네트워크 효과"를 가지고 있어서, 이러한 기업들을 "플랫포머(Platformer)"라고 부른다. 플랫포머는, 제3자가 비즈니스 또는 정보발신 등을 수행하는 기반(플래폼. Platform)으로서 이용할 수 있는 서비스 또는 시스템 등을 제공하는 사업자를 뜻한다. 예를 들면, Facebook은 SNS 플랫포머로서, 웹에서 업무나 취미 그룹활동 등과 같은 사회적 네트워크의 기반을 제공하고 있다. Facebook과 유사한 서비스가 그밖에도 많이 존재하지만, 예를 들어 네트워크 위에서 동창회 운영을 생각해 본다면, 어떤 서비스에 가입자가 많아질 수록 경영하기 쉬워지는 특징때문에, 일단 사용자가 운집하는 서비스에는 더 많은 사용자가 모인다는 네트워크 효과가 동작한다. 따라서, Facebook은 SNS의 플랫포머로서 우월한 지위를 유지하고 있다.

이러한 플랫포머가 활약하는 기반이 되는 인터넷 자체는 분산형 네트워크이며, 전화번호에 해당하는 IP주소와 도메인 이름을 취득하는데 있어서 정해진 규칙이 있어서, 이러한 규칙을 지키면 자유롭게 로컬 네트워크를 인터넷에 접속할 수 있다. 이러한 인터넷에서는 개인이라도 자유롭게 서버를 구축하여 홈페이지를 공개할 수 있다. 이렇게 인터넷 기반 자체는 분산형 구조를 갖지만, 그 기반 위에 구축된 서비스에 독점적인 경향이 발생하고 있다는 점은 주목할 필요가 있다.

한편, 2018년 4월 초순에는 Facebook으로부터 최대 8700만명의 개인정보가 유출되었다는 뉴스 보도가 있었다. 유출된 데이터는 케임브리지 애널리티카(Cambridge Analytica)라는 데이터 분석회사에 전달되어, 2016년 미국 대통령 선거에서 트럼프 후보진영에 유리하게 사용되었다는 의혹을 받고 있다. 이 사건에 의해 Facebook의 개인정보 취급에 대한 비판이 일어나서 향후 Facebook에 암운이 드리워지기 시작했다. 이와 같이 데이터는 21세기의 가장 중요한 자원으로 여겨지고 있으며, 데이터의 유용성과 더불어서 데이터를 올바르게 취급하지 않으면 그 영향이 더욱 커지게 된다.

한편, 데이터는 수집하여 저장해 놓는 것만으로는 가치를 발생시킬 수 없다. 풍부한 천연자원을 가지고 있는 국가에서는 자원을 가공하는 기술을 갖고 있지 않으면, 자원을 수출하는 것만으로는 좀처럼 선진국으로 도약할 수 없다. 데이터에 대해서도, 데이터 자체뿐만 아니라 데이터를 처리•분석하는 기술까지도 중요하다. 안타깝게도 현재 일본에서는, 데이터를 외국기업이 취득하고 활용까지 하고 있는 상황이다. 일본에서도 데이터는 수시로 발생하고 있으므로, 현재 일본에 부족한 것은 데이터를 가공하고 분석하는 기술, 그리고, 이러한 기술을 갖춘 인재이다.

우선, 21세기의 석유로서 데이터 자체와 이를 가공•분석기술에 대한 중요성이 널리 인식되어, 일반적인 데이터사이언스 리터러시를 향상시키는 것이 중요하다. 일본의 문부과학성에서는, 문과이과를 불문하고 모든 분야에서 수리•데이터사이언스 교육을 충실하게 하는 것을 중요한 교육방침으로 정하고 있다. 이러한 토대 위에 데이터사이언스에 전문성을 가진 인재를 조직적으로 육성하는 것이 요구된다. 데이터를 처리•분석하여 데이터로부터 가치를 만들어 낼 수 있는 전문적인 인재를 데이터사이언티스트(Data Scientist)라고 부른다.

데이터사이언티스트에게 필요한 소양으로서 무엇이 필요할까? 우선, 데이터 처리를 위해서 컴퓨터를 사용할 필요가 있으므로, 정보학 또는 컴퓨터과학 분야의 지식이 필요하다. 또한, 데이터 분석을 위해서는 통계학과 기계학습 분야의 지식이 필요하다. 또한, 이러한 지식들을 기반으로, 어느 정도 수준의 수학분야 지식도 필요하다. 즉, 데이터사이언스 분야의 기술적인 기초는 컴퓨터과학과 통계학 등과 같은 이공계 분야에 해당한다.

데이터의 관점에서 살펴보면, 문과와 이과로 구별하는 것 자체가 의미없다. 예를 들면, 원화와 미국달러화의 환율 데이터를 생각해보자. 환율 데이터는 경제에 관한 데이터이므로 문과 분야라고 할 수 있다. 한편, 매일 수집되는 기온 데이터를 생각해보면, 기상에 관한 데이터이므로 이과 분야라고 할 수 있다. 단, 양쪽 모두 시계열 데이터라는 점에서 공통점이 있으며, 이러한 데이터를 분석하는 경우에 공통적인 기법을 사용할 수 있다. 앞서 설명한 바와같이, 최근에는 개인용 컴퓨터를 사용하여 작업하는 것이 일반화되어 있고, 다양한 분야에서 데이터가 수집되고 있다. 따라서, 문과와 이과로 구분하는 것은 의미가 없음을 알 수 있다. 데이터 사이언티스트는 컴퓨터과학과 통계학 분야의 지식과 기술을 이용하여 문과와 이과 구분없이 다양한 분야에서 발생하는 데이터를 분석하고, 필요에 따라서 각 분야의 전문가들과 협력하면서 데이터로부터 가치를 도출할 수 있는 능력을 갖춘 인재이다.

문과와 이과를 구별하는 것은 한국과 일본의 교육분야에서 문제점으로 부각되고 있다. 이러한 구별은 대학입시에 관련하여 더욱 현저하게 발생하는 경향이 있다. 대학 진학을 희망하는 고교생들 대부분은, 고교 1학년을 마치는 시점에서 문과 또는 이과를 선택하며, 이러한 구별에 따라서 대학 입시를 준비한다. 그리고, 문과를 선택한 학생들은 이과 분야의 과목, 특히 수학을 기피하는 경향이 있다. 일본의 기업에서는 문과출신의 경영자가 많아서 경영자의 대다수가 "숫자에 약한" 경향이 있다. 따라서, 데이터를 기반으로 의사결정을 하기 보다는 "경험"이나 "감"에 의존해서 의사결정을 하는 경우가 많다. 한편, 엔지니어들은 경력이 기술분야에 한정되어 있는 경우가 많아서, 기술적인 전문성은 높지만, 예를 들어 소비자의 기호가 어느쪽에 있으며, 따라서 어떤 기술이 요구되고 있는지 등과 같은 경영적인 판단을 내리기 쉽지 않다. 그러나, ICT(Information and Communication Technology)기술이 발전하고 있는 오늘날에는, 기술측면을 알고 있는 경영자 또는 경영분야를 잘 알고 있는 엔지니어가 요구되고 있다. 요즘에는 정부와 지방자치단체들에서도 데이터를 토대로 정책입안•평가가 중시되고 있으며, 이를 증거기반 정책수립(EBPM : Evidence Based Policy Making)이라고 부른다.

1.1.3 현대식 주판으로서의 데이터사이언스

문과와 이과를 구별하는 것은, 일본 사회에서 볼 수 있는 종적 사회구조를 나타내는 증거라고 할 수 있다. 일본의 대학교에서 학부 및 학과의 구성은, 대응하는 산업분야에 대한 인재공급을 기본적으로 고려한 형태라고 할 수 있다. 전통적으로 법학부 졸업생은 공무원으로, 경제학부 졸업생은 금융기관에 취직한다라는 생각이 지배적이며, 공과대학의 경우, 전기공학과와 기계공학과 등과 같은 학과구성은 각 제조업 분야에 대응하고 있다. 한편, 데이터사이언스는 분야를 불문하고 모든 영역에서 필요시되고 있으며, 범용적이면서 다양한 분야를 횡단하는 융합 기술이다. 한편, 각각의 고유한 전문영역 및 각 분야에서 사용되는 기술을 "종적 지식"이라고 한다면, 일본에서는 우선 각 전문영역에서 "종적 지식"을 배우고, 통계학이나 컴퓨터과학 등과 같은 횡적 지식은 "나중에 필요할 때 공부하면 된다"라고 경시하였던 경향이 있다.

이와같은 상황하에서 일본의 기업들은 통계적인 데이터 분석에 대해서 "숫자만으로는 안된다", "현장을 모르면 안된다" 등과 같은 반응을 하는 경우가 많았다. 개별 분야의 전문성에 대한 깊이는 물론 중요하지만, 최신 인터넷 관련 혁신 사례를 살펴보면 횡적인 지식 융합이 보다 많은 공헌을 하고 있으며 기술의 존재 자체가 변화하고 있다.

횡적인 지식 융합의 토대가 되는 가장 기초적인 학문은 수학이며, 일본에서는 에도시대부터 "읽기 • 쓰기 • 셈하기(주판)"가 교육의 기본이었다. 오늘날에는 "물체"로서 주판은 컴퓨터에 대응하며, 빅데이터 시대에서는 데이터를 컴퓨터와 수학을 이용하여 다루는 기술에 해당한다고 생각할 수 있다. 즉, 데이터 사이언스는 21세기의 주판이라고 할 수 있다. 문과와 이과를 불문하고 모든 학문분야에서 수리 • 데이터사이언스 교육을 충실하게 시행하는것이 중요한 교육방침으로서 규정하고 있는 일본 문부과학성의 방침도, 이와같은 사고방식이 배경에 있다. 데이터의 중요성이 인식되면서, 일본의 기업에서는 "숫자만으는 안된다", "현장을 모르면 안된다" 등과 같은 반응으로부터, 최근에는 "데이터를 활용하지 못하고 있다", "데이터 사이언스의 관점에서 데이터를 살펴봐야 한다" 등과 같은 반응으로 변화하고 있다.

이와 같이, 데이터 사이언스의 사고방식과 기본적인 기법들은 현대식 주판으로서 널리 익혀야할 지식이다.

1.1.4 데이터 사이언티스트

빅데이터라는 용어가 사용되기 시작한 것은 2010년부터이다. 이 무렵에 미국에서는 데이터 사이언티스트와 통계학을 전문분야로하는 통계 전문가들이 매력적인 직업이라고 알려졌다. 2008년에는 저명한 경제학자로서, 당시 구글의 최고 경제학자였던 Hal Varian이 "앞으로 10년간 가장 매력적인 직업은 통계 전문가라고 계속 이야기하고 있다."("I keep saying the sexy job in the next ten years will be statisticians")라고 발언했다. 또한, 2009년에는 당시 구글의 수석 부회장 Jonathan Rosenberg가 "데이터는 21세기의 검이며, 이 검을 잘 다룰 수 있는 자가 사무라이다"(Data is the sword of the 21st century, those who wield it well, the Samurai")라고 언급했다. 이와같은 언급은 구글의 Eric Emerson Schmidt회장과 수석 부회장 Jonathan Rosenberg이 공동저술한 How Google works(Grand Central Publishing, 2014)[2]라는 서적에서도 반복되고 있다.

이와같은 발언을 뒷받침해주는 데이터로서, 미국 통계학회의 뉴스레터에 게재된 통계학 및 생물통계학 분야의 학위 수여 건수에 대한 데이터가 있다. 이 데이터에 의하면, 통계학 및 생물통계학 분야의 학사 학위 수여 건수는 2008년에는 600명정도였으나, 2015년에는 약 2500명에 이르고 있다. 또한, 석사학위는 2008년에는 1600명이 수여받았고, 2015년에는 3500명이나 된다. 특히, 학사 학위는 7년간 4배이상 증가하였다. 미국에서는 다수의 대학교에 통계학과가 오래전부터 존재하여, 통계학과의 교육이 컴퓨터를 중시한 데이터 사이언스 교육으로 이어져서 졸업후의 취업도 좋아져서 학생들로부터 인기가 높다.

2 한글판은, 박병화 역, "구글은 어떻게 일하는가: 에릭 슈미트가 직접공개하는 구글 방식의 모든 것", 김영사, 2014.

중국의 경우, 300개 이상의 대학에 통계학부 또는 통계학과가 설치되어 있다. 중국의 IT화는 급속도로 발전하여, 앞서 언급했었던 BAT와 같은 거대 인터넷 기업들이 많은 데이터 사이언티스트를 채용하고 있다.

그러나, 일본에서는 데이터 사이언티스트를 조직적으로 육성하는 체제가 구성되어 있지 않다. 2017년 4월 일본 국립 시가대학교에 일본 최초의 데이터사이언스학부가 개설되기전까지, 일본에는 통계학을 전공하는 대학교의 학부 또는 학과가 존재하지 않았다. 2018년 4월에는 요코하마시립대학교에도 데이터사이언스학부가 신설되었다. 이와 같이 일본은 데이터사이언스 분야에서 미국이나 중국에 비해서 크게 뒤쳐져 있으며, 아무튼 데이터 사이언티스트의 숫자가 적다. 한편, 최근에는 일본에서도 다수의 기업에서 데이터 사이언스 담당부서를 신설하는 등, 급격하게 데이터 사이언티스트에 대한 수요가 증가하고 있으며, 많은 기업들이 데이터 사이언티스트를 확보하지 못하는 상황이다.

이와 같이 데이터사이언스에 대한 전반적인 리터러시를 향상시키고, 전문적인 데이터 사이언티스트를 조직적으로 육성할 필요성이 요구되고 있다. 이러한 현상은 데이터 사이언스 교육에 있어서 자동차의 양쪽 바퀴축이라고 할 수 있다.

과/제/학/습

1.1-1 세계 각국의 스마트폰 소지율의 추이를 조사하시오.

1.1-2 신문이나 인터넷 뉴스에서 데이터사이언스의 활용에 관한 기사를 수집하고, 응용분야별로 분류하시오. 또한, 자신이 흥미를 갖는 활용사례에 대해서 조사하시오.

1.2

데이터분석을 위한 데이터의 수집과 관리

1.2.1 데이터분석의 대상과 목적의 설정

데이터를 분석하는 프로세스는 대략적으로 "과제와 데이터를 찾아낸다", "데이터를 해석한다", "해석결과를 이용한다"로 구성된다. 첫 단계에서는 분석 대상이 되는 데이터가 필요하므로, 분석 대상 데이터를 "찾아내는 능력"을 습득하기 위해서 데이터분석에 대한 경험이 필요하며, 과제를 토대로 최적의 데이터를 수집하고 최적의 분석기법을 선택하는 능력이 요구된다. 데이터분석 작업의 초보자는, 스스로 대상을 관찰하여 데이터를 수집하거나 인터넷에서 제공되는 데이터를 이용하는 것부터 시작하면 좋다.

스스로 데이터를 수집하기 위해서는, 우선 대상을 관찰하여 데이터를 기록하는 과정을 거친다. 데이터의 대상으로서, 예를 들면 교통량이나 들새들의 숫자, 기온, 습도 등이 있다. 대상을 막연하게 관측하는 것만으로는 불충분이며, 노트와 펜을 사용하여 기록하거나 컴퓨터 또는 스마트폰 등을 사용하여 기록한다. 노트에 기록한 데이터는 아날로그 데이터라고 부르며, 노트북 컴퓨터 등에 기록하고 디지털 데이터로 변환함으로써 보존과 분석을 유연하게 수행할 수 있다.

〈그림 1.3〉 데이터를 기록한다.

데이터를 보존하기 위해서 노트북 컴퓨터 또는 스마트폰을 이용할 수 있으며, 클라우드라고 부르는 인터넷 기반의 저장소에 데이터를 보존하는 방법을 이용하는 경우가 많아지고 있다. 예를 들어, IoT[3] 장치로부터 데이터를 취득 • 이용하는 경우에는, 클라우드에 데이터를 직접 기록하는 방법을 이용할 수 있다. 농업 분야에서 IoT 장치를 사용하는 경우, 다양한 센서를 이용하여 정기적 • 지속적으로 온도, 습도, 일조량, 사용하는 수량 등을 관측한다. 이와같은 데이터는 개인용 컴퓨터를 사용하여 기록하는 것 보다는 클라우드에 데이터를 기록 • 관리하는 것이 편리하며 신뢰성도 높다.

1.2.2 데이터의 유형

디지털데이터는, 마이크로소프트의 표계산 소프트웨어 Excel에서는 리스트(표 1.1) 또는 표(그림 1.4)와 같은 형식으로 사용된다. 또한, R이나 Python 등과 같은 데이터분석 프로그래밍에서는 데이터 프레임이라고 부르는 표 형식과 유사한 데이터 형식이 사용된다(그림 1.5).

---

3 Internet of Things : 센서, 전자 장치 등 다양한 사물들이 연결된 인터넷

〈표 1.1〉 어느 온천의 고객 수 리스트

요일	월	화	수	목	금	토	일
고객 수	90	0	112	81	100	89	73

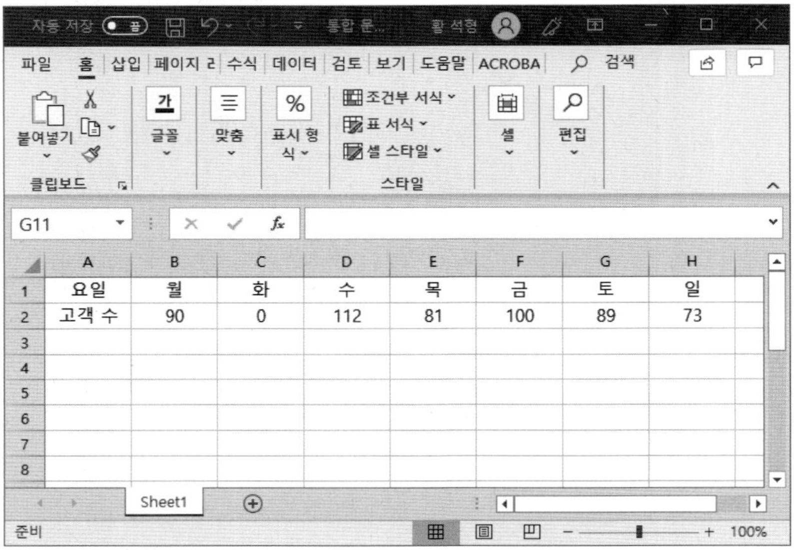

〈그림 1.4〉 Excel 표

```
In [1]: CO2
```

Plant	Type	Treatment	conc	uptake
Qn1	Quebec	nonchilled	95	16.0
Qn1	Quebec	nonchilled	175	30.4
Qn1	Quebec	nonchilled	250	34.8

〈그림 1.5〉 데이터 프레임(이산화탄소 연간배출량)

리스트는 동일한 형식(숫자, 문자 등)을 갖는 데이터를 모아놓은 것이며, 표는 리스트를 모아놓은 것이다. 수학적으로 생각해보면, 리스트는 벡터이고 표는 행렬에 대응한다. 데이터 사이언스 분야의 최신 기법(기계학습과 딥러닝 등)에서는 행렬을 이용한 표현을 많이 사용한다.

프로그래밍 분야에서는 데이터를 배열이나 데이터 프레임과 같은 형식으로 표현한다. 이러한 표현을 프로그래밍과 함께 학습하여 여러가지 상황에 맞추어서 사용할 수 있도록 해야 한다. 그림 1.5는 통계해석언어 R에 내장되어 있는 이산화탄소 배출량에 관한 데이터 CO2의 데이터 프레임 표현이다. 각 열은 각 데이터 항목을 나타내며, 제1행에는 항목명을 나타내며 제2행부터 해당 값들이 저장되어 있다.

1.2.3 데이터 용량

데이터 용량을 나타내는 단위는, 최소단위로서 비트(bit)와 기본단위로서 바이트(byte)가 있다. 1비트(1bit)는 한자리의 2진수(0 또는 1)을 사용하여 나타낼 수 있는 정보의 양으로서, 1 바이트 = 8비트이다. 1바이트는 1B로 나타내기도 한다. 디지털 데이터에서는 반각문자 1개를 1바이트로 표현한다. 한자, 이미지, 음성 등과 같은 데이터도 바이트 또는 비트를 사용하여 용량을 나타낸다.

대규모 데이터의 용량은 킬로 또는 메가 등과 같은 접두사를 사용하여 나타낸다. 1킬로 바이트 = 10^3바이트[4], 1메가바이트 = 10^3킬로바이트 등과 같이 데이터의 사이즈가 증가하며, 이와같은 방식으로 기가 바이트, 테라 바이트, 페타 바이트, 엑사 바이트, 제타 바이트, 요타 바이트 등으로 이어진다(표 1.2).

---

4 2^{10} (= 1024)이 10^3에 근사하는 값이므로, 정보처리 분야에서는 2^{10}을 킬로(kilo)라고 부르기도 한다.

〈표 1.2〉 데이터의 단위표시

단위기호	10^n B	용량 규모
MB(Mega Byte)	10^6 B	디지털카메라로 촬영한 사진 1장
GB(Giga Byte)	10^9 B	영화 1편
TB(Tera Byte)	10^{12} B	PC의 하드디스크
PB(Peta Byte)	10^{15} B	비즈니스용 대용량 서버
EB(Exa Byte)	10^{18} B	구글의 모든 데이터 용량
ZB(Zetta Byte)	10^{21} B	전세계의 데이터 용량(2018년 현재)
YB(Yotta Byte)	10^{24} B	

실제 데이터와 비교하여 데이터의 크기를 설명해보면, 1메가(100만) 바이트는 디지털카메라 또는 스마트폰으로 촬영한 사진 1장 정도의 용량이다. 1기가(10억) 바이트는 한편의 영화 동영상 파일 용량이며, 1테라(1조) 바이트는 개인용 컴퓨터의 하드디스크 용량이고, 1페타 바이트 이상이 되면 빅데이터급 사이즈라고 할 수 있다. 비즈니스용 대규모 서버는 페타급이며, 구글의 모든 데이터 전체용량은 10엑사 바이트 정도(2013년 현재)가 된다. 또한, 전세계의 데이터 총용량(2018년 현재)은 1제타 바이트 규모라고 알려져 있다. 빅데이터의 실제 용량을 계측하는 것은 어려움이 많다. 데이터가 매일 증가하고 있기 때문에, 위에서 설명한 각 용량들은 대략적인 크기를 나타내고 있다는 사실에 주의하기 바란다.

1.2.4 대규모 데이터의 이용

데이터의 용량이 증가하게되면 컴퓨터에서 데이터 관리가 번잡스럽게 된다. 데이터 용량 문제 뿐만 아니라 다양한 성질의 데이터를 다룰 필요도 발생하게 된다. 이러한 경우에 데이터 베이스 관리시스템을 사용함으로써 대규모의 데이터 관리가 수월해 진다. 대표적인 데이터베이스 관리시스템으로서 RDB(관계형 데이터베이스)가 있다. RDB에서는 데이터구조를 표형식으로 다루며, 여러 개의 표들 사이에서 관계있는 요소들의 결합이나 참조가 수행된다. RDB에서는 여러 개의 표들로부터 새로운 표를 만들어내거나 분석하는 것도 가능하다. 여러 개의 표들 사이에서 관련있는 요소들을 키(key)라고 부르는 것으로 관련시키서, 키를 사용하여 복수개의 표들로부터 새로운 표를 작성할 수 있다. SQL이라는 표준적인 데이터 질의언어를 사용하여 이와같은 처리 및 데이터검색을 할 수 있다. SQL은 데이터의 조작이나 정의를 수행할 수 있도록 설계되어 있으며, Python 등과 같은 프로그래밍언어에서도 이용할 수 있다.

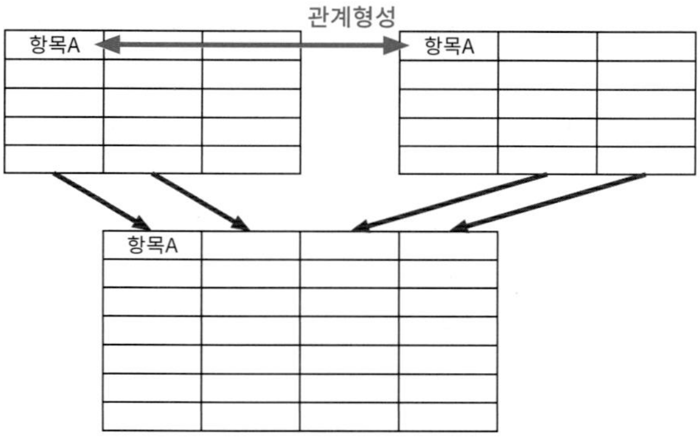

〈그림 1.6〉 여러 개의 표들로부터 새로운 표를 작성한다.

지금까지는 데이터베이스시스템으로서 RDB와 질의언어 SQL을 사용하는 것이 주류를 이루었으나, 최근에는 빅데이터의 이용이 증가하여 새로운 데이터베이스시스템을 사용하는 경우가 많다. 또한, 클라우드의 데이터베이스를 이용하는 사례들도 증가하고 있다. 예전에는 데이터베이스 관리시스템을 이용하기 위해서는 전용 서버 컴퓨터가 필요하였지만, 클라우드의 데이터베이스를 사용함으로써 저렴하면서도 간편하게 데이터베이스 관리시스템을 이용할 수 있게 되었다.

빅데이터를 다루기 위해서 NoSQL이라는 데이터베이스가 자주 사용되고 있다. 그림 1.7은 NoSQL의 한가지 형태로서 그래프형 데이터베이스의 데이터구조를 표현한 것이며, 데이터들 사이의 관계를 직감적으로 이해할 수 있다.

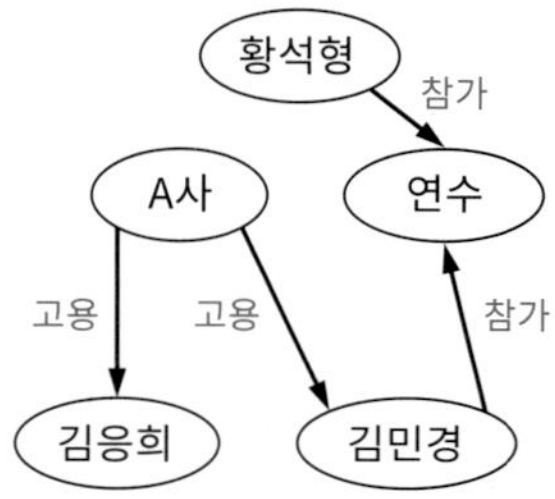

〈그림 1.7〉 그래프형 데이터베이스

페타 바이트급의 데이터처리에는 Hadoop이라는 대규모 데이터에 대한 분산처리기술도 함께 이용되고 있다. Hadoop에서는 HDFS(Hadoop Distributed File System)이라는 파일 시스템을 사용하여 파일을 분할하여 여러대의 컴퓨터에서 관리함으로써 페타 바이트급의 데이터를 처리할 수 있다.

1.2.5 데이터의 수집방법

인터넷으로부터 데이터를 수집하는 방법으로서, 일본정부가 제공하고 있는 통계 종합창구 e-Stat[5]와 민관 빅데이터 이용을 촉진하기 위한 서비스 RESAS[6]에 대해서 설명하도록 한다. 또한, 인터넷의 데이터를 이용하기 위한 몇가지 방법들에 대해서 소개하기로 한다.

e-Stat는 일본 정부통계 종합창구로서, 다양한 통계 데이터를 Excel파일, csv파일[7], 데이터베이스뿐만 아니라 다른 어플리케이션에서 호출하여 사용할 수 있는 API 형태로 이용할 수 있다. 예를 들어, e-Stat에서는 각 지역별 인구에 관한 통계데이터를 제공하고 있다. 또한, 국립사회보장・인구문제연구소의 홈페이지에서는, "일본의 지역별 장래 추계 인구"에 관한 데이터를 다운로드할 수 있다[8]. 그림 1.8은 이러한 데이터(2013년 3월 추계)를 사용하여 일본의 기후(Gifu)라는 도시의 2020년 예측 인구에 대한 인구피라미드를 작성한 예이다. 이러한 데이터는 2020년부터 2040년까지의 기간을 5년단위로 나누어서 각 지역별로 인구를 예측한 결과물로서, 각 지방자치단체의 미래 인구규모와 경제규모 등을 살펴보는 경우에 유용하다.

5 e-Stat 정부통계 종합 창구 : https://www.e-stat.go.jp/

6 RESAS 지역경제분석시스템 : https://resas.go.jp/

7 Comma-Separated Values. 컴마(,)를 사용하여 항목을 구분하여 기록한 파일.

8 "일본의 지역별 장래 추계 인구(2018년 추계)" : http://www.ipss.go.jp/pp-shicyoson/j/shicyoson18/t-page.asp

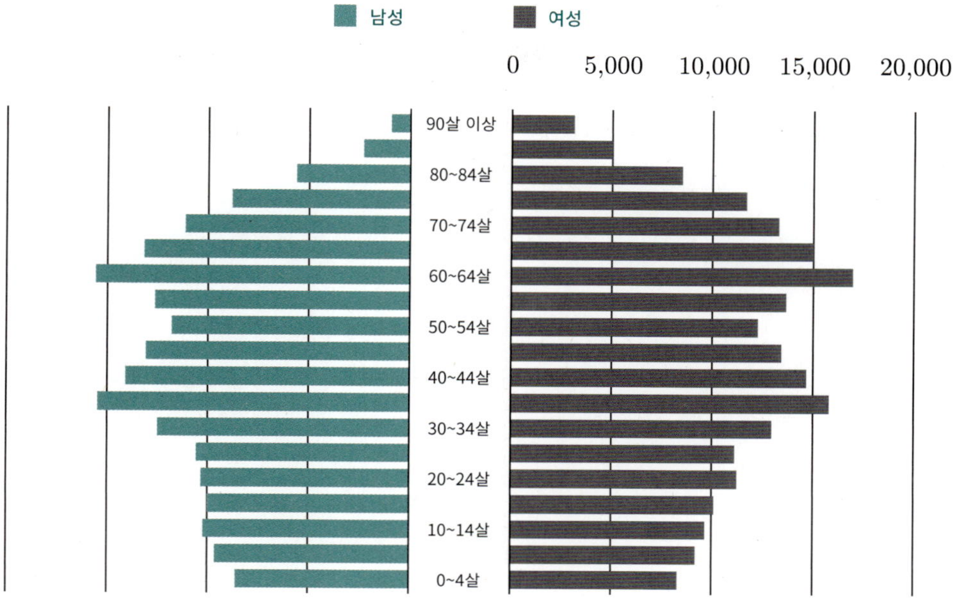

〈그림 1.8〉 기후시 2020년 인구 피라미드

RESAS는 민관 빅데이터를 제공하는 지역경제분석을 위한 웹 시스템으로서, 일본 정부(내각부)가 관할하고 여러곳의 지자체들 및 기업들이 데이터를 제공하고 있다. 산업구조와 인구동향 등에 관한 데이터를 집약하여 웹 사이트 내에서 그래프 등을 사용하여 수월하게 데이터를 가시화할 수 있다. RESAS에서는 사용자 등록이 필요없어서 누구나 이용할 수 있다(이용방법에 대해서는 가이드북 등을 참조하기 바란다)[9].

그림 1.9는 일본 도치기현(栃木県)의 농업경영자들에 관한 연령구성도(2010년, 2015년)를 비교하고 있다. 데이터의 출전은 일본 농림수산성 "농림업 센서스"이며, RESAS에서 데이터를 가공한 것이다.

9 예를 들어, "RESAS 교과서", Nikkei BP, 2016.

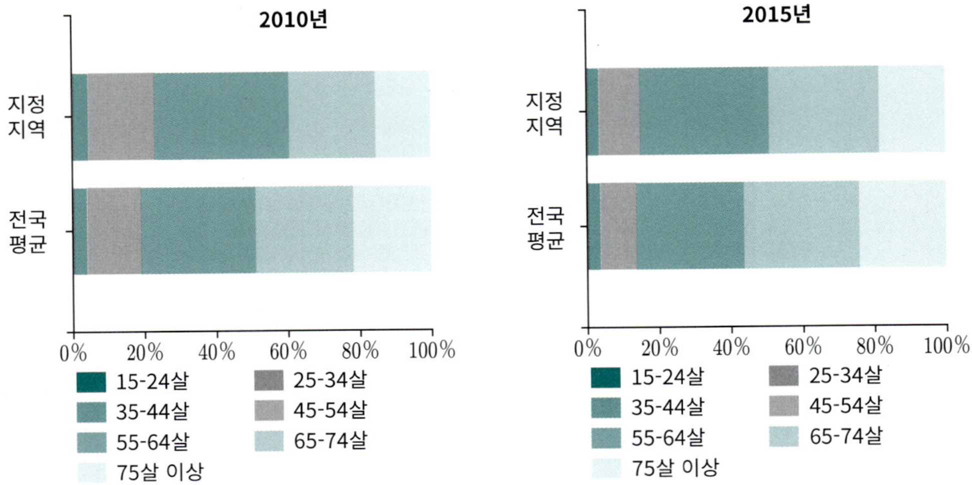

〈그림 1.9〉 일본 도치기현의 농업경영자 연령구성도(2010년과 2015년)의 비교

인터넷으로 이용할 수 있는 데이터로서, 주식의 추이 등과 같은 금융데이터, 데이터분석 경진대회 사이트에서 제공하는 경진대회용 데이터 등이 있다. 주요 경진대회 사이트로는 미국의 Kaggle[10], 일본의 SIGNATE[11] 등이 있다.

야후 파이넌스 등에서 제공하고 있는 금융 데이터는, 브라우저를 이용하여 직접 데이터를 복사하여 사용할 수 있다. 웹 페이지는 html(웹 페이지를 작성하기 위한 마크업언어)이라는 형식으로 관리 • 표현되어 있는 경우가 많으므로, Excel의 표와 유사한 구조를 표현할 수 있다. 따라서, 브라우저를 이용하여 직접 Excel에 데이터를 복사하는 것이 가능하다. 또한, Excel파일이나 csv파일을 다운로드할 수 있는 사이트도 있다. csv형식의 파일은 텍스트 데이터이며, 다른 소프트웨어에서도 사용하기 수월하다.

구글 맵의 실시간 검색에서는, 어플리케이션을 작성하기 수월하도록 API라고 부르는 라이브러리 호출방법을 제공하고 있다. 또한, Python 등과 같은 프로그래밍언어를 사용하여 직접 인터넷으로

10 Kaggle : https://www.kaggle.com/

11 SIGNATE Data Science Competition : https://signate.jp/

부터 데이터를 수집할 수도 있다. 이러한 기술을 웹 크롤링(Web Crawling) 또는 웹 스크래핑(Web Scraping)이라고 부른다. 간단히 설명하자면, 크롤링은 여러 개의 웹 사이트들로부터 html의 구조를 갖는 데이터를 찾아내는 기술이며, 스크래핑은 html로부터 필요한 데이터를 수집하는 기술이다.

예를 들면, 일본 시가현(滋賀県)에 있는 히코네 성(彦根城)의 방문객 수(요일 및 시간별)에 관한 데이터를 직접 수집하려면 매일마다 하루종일 입장객 수를 카운트할 필요가 있다. 그러나, 스마트폰 등과 같은 GPS기능을 사용하면, 언제, 어디에, 몇명이 위치해 있었는지를 간단하게 집계할 수 있다.

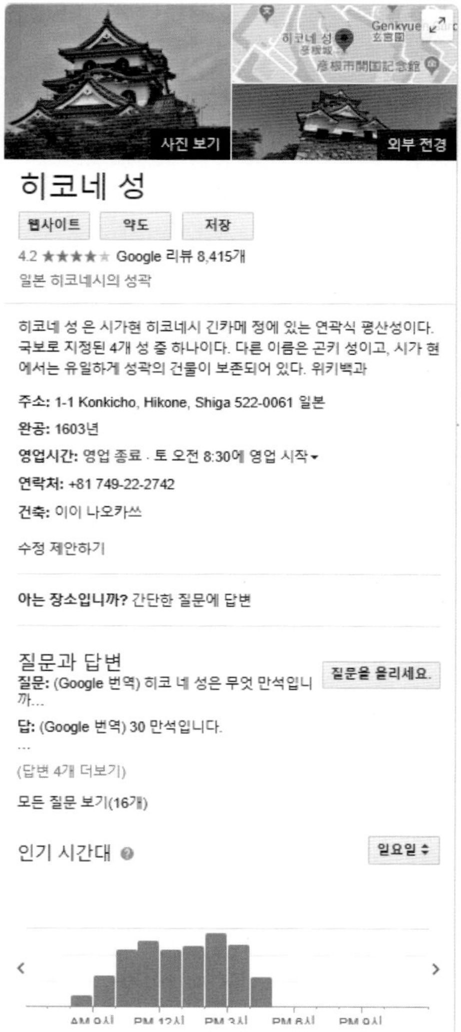

〈그림 1.10〉 구글 맵의 데이터 표시

이러한 데이터를 구글 맵을 사용하여 수집해보도록 하자. 그림 1.10과 같이, 구글의 검색창에 "히코네성"이라고 입력하면, 간단하게 입장객 집계 데이터를 살펴볼 수 있다. 구글의 API와 몇줄의 Python코드를 작성하여 csv형식의 파일형태로 입장객 수에 관한 데이터를 수집할 수 있다(그림 1.11). 히코네성을 나타내는 구글 맵의 ID를 다른 시설의 ID로 변경하면 다양한 장소의 방문객 수(요일 및 시간별)를 수집할 수도 있다.

Time	Monday	Tuesday	Wednesda	Thursday	Friday	Saturday	Sunday
0	0	0	0	0	0	0	0
1	0	0	0	0	0	0	0
2	0	0	0	0	0	0	0
3	0	0	0	0	0	0	0
4	0	0	0	0	0	0	0
5	0	0	0	0	0	0	0
6	0	0	0	0	0	0	0
7	0	0	0	0	0	0	0
8	0	0	0	0	0	0	0
9	11	0	5	0	5	0	0
10	17	0	13	1	15	3	7
11	19	0	21	9	17	13	21
12	17	0	17	11	11	28	34
13	17	0	15	9	15	30	36
14	21	0	17	13	25	36	44
15	26	0	19	19	32	51	69
16	30	0	17	23	34	51	82
17	34	0	15	23	34	34	61
18	44	0	28	42	42	42	55
19	55	0	71	100	59	73	82
20	44	0	73	86	53	61	57
21	0	0	0	0	0	0	0
22	0	0	0	0	0	0	0
23	0	0	0	0	0	0	0

〈그림 1.11〉 구글 맵으로부터 수집한 히코네성 입장객수(요일 및 시간별)

1.2.6 데이터의 전처리

실제로 데이터분석을 시작하면, 데이터가 결손 또는 결측되어 있거나 이상한 값이 들어있는 경우가 많다. 데이터에 대하여 통계적인 분석을 수행하기 위해서는 이러한 문제점들을 미리 해결해두어야 한다. 결손값(결측값)은 "값이 없는 상태"를, 이상값은 "이상한 값"을 가리킨다. 명확하게 이상하다고 판정할 수 없더라도, 다른 값과 비교해서 많이 벗어나 있는 값을 "벗어난 값 " 또는 "떨어져있는 값"이라고 부른다. 벗어난 값은 신중하게 다룰 필요가 있다. 결손값의 경우, 결손의 이유가 다양하기 때문에 주의할 필요가 있다. 이상한 값이 존재하는 경우에는, 그 값을 수정 가능한지 여부와, 만약 수정 불가능한 경우에는 제거 가능한지 여부 등을 검토할 필요가 있다. 또한, 결손이 있는 경우에는 결손되어 있는 값을 보충할 수 있는지 여부 또는 제거할 것인가를 검토할 필요가 있다.

표 1.1에서 온천은 화요일이 휴관일이기 때문에 입장객 수는 0으로 기록되어 있다. 입장객 수의 평균값을 구하는 경우에는 휴관일의 값을 0으로 설정하거나 하지 않거나에 따라서 값이 변하게 된다. 또한, 이 온천의 하루 입장객 수가 100만명이라는기록이 있다면, 이런 값은 확실하게 이상값이며 수정이 필요하다.

데이터의 중복과 표기오류 등에 대해서도 데이터의 전처리 대상이 된다. 예를 들어, 일본인 이름 斎藤(사이토)의 "斎(사이)"라는 한자의 경우, 약30종류 이상이 존재한다(그림 1.12). 이름목록을 작성하는 경우에 만약 실수해서 다른 한자를 기입하게 되면 여러곳에 존재하는 저장장소(레코드 등)에 같은 인물 데이터가 존재하게 되어버린다. 이로 인해서 같은 인물 레코드를 수집하는 데이터 중복값 일치 검증 작업이 필요하게 된다. 이와같은 데이터의 불일치성에 대한 처리를 데이터 클린징(Data Cleansing)이라고 부른다.

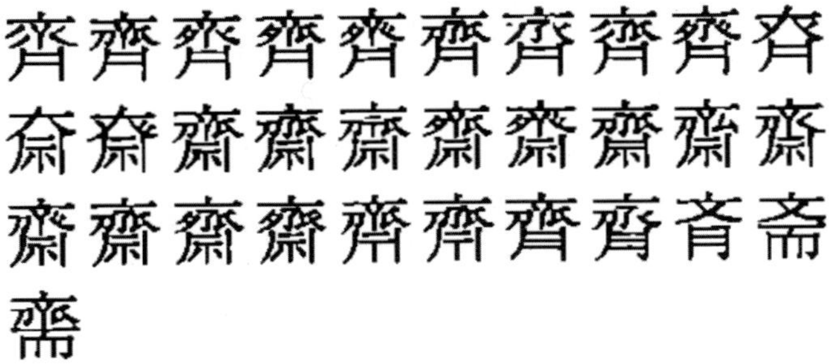

〈그림 1.12〉 "斎"의 변형 한자

국민연금기록이나 각종 건강보험 데이터에 동일 인물이 여러 개의 주소와 이름으로 등록되어 있는 경우가 자주 발견된다. 이런 현상은 전각문자와 반각문자의 차이점, 공백문자와 구분기호의 유무 등이 주요 원인이다. 그밖에도 데이터의 익명화 등과 같은 개인정보 보호차원의 배려 등도 중요한 전처리 작업이라고 할 수 있다.

과/제/학/습

1.2-1 여러분이 가지고 있는 전자 장치(스마트폰 등)의 메모리 용량을 조사해보시오. 또한, 1장의 이미지 파일의 용량이 10MB라면, 여러분의 전자장치 메모리 용량은 이미지를 몇장 저장가능한지 계산해 보시오.

1.2-2 e-Stat로부터 "나이(5세급수), 남여별인구–총인구, 일본인인구"에 대한 2015년 국세조사결과확정인구를 토대로 추계데이터를 csv형식으로 다운로드하여 Excel 또는 텍스트 에디터로 읽어들여서 데이터를 확인해보시오.

1.2-3 RESAS의 홈페이지로부터 "메인메뉴" 〉 "인구 지도" 〉 "인구구성"의 순서로 이동하여 특정 지역의 인구 피라미드를 확인해보시오.

1.2-4 자신 또는 친구의 이름(한자표기)에는 몇종류의 읽기방법이 있는지 조사해보시오. 또한, 그 이름에 사용되고 있는 한자에 "斎"와 같은 변형한자가 얼마나 존재하는지 조사해 보시오.

제
02
장

데이터분석의 기초

이 장에서는 데이터를 그림 (그래프)으로 시각화하는 방법과 수치로 표현하는 방법을 소개한다. 히스토그램 · 상자수염그림 · 산포도는 수치데이터를 그래프로 나타낸다. 대량의 데이터는 그래프로 나타낼 경우, 한눈에 직감적으로 데이터의 경향이나 특성을 파악할 수 있다. 또한, 평균값 · 분산 · 표준편차 · 상관계수 등과같은 수치지표들에 대한 계산방법과 해석방법을 소개한다. 데이터를 숫자값으로 나타내면, 경향을 정량화할 수 있다. 여러 개의 양적 데이터들 사이의 관계를 수식으로 나타내고 도식화하는 회귀직선에 대해서도 설명하도록 한다.

이어서, 데이터를 취급할 때 주의해야할 사항들이 여러가지가 있는데, 이 장의 마지막 부분에서 데이터 분석시의 주의사항에 대해 언급한다.

〈표 2.1〉 히코네시의 1988년부터 2017년까지 매년 10월1일의 최저기온(℃)

1988	1989	1990	1991	1992	1993	1994	1995	1996	1997
15.2	12.0	19.8	17.5	15.8	14.4	20.3	18.2	15.4	11.9
1998	1999	2000	2001	2002	2003	2004	2005	2006	2007
22.6	20.2	17.7	18.6	18.1	11.3	14.9	19.9	16.2	17.6
2008	2009	2010	2011	2012	2013	2014	2015	2016	2017
17.7	17.7	14.7	14.7	19.4	20.0	20.3	15.4	19.8	12.1

〈표 2.2〉 히코네시의 1988년부터 2017년까지 매년 12월1일의 최저기온(℃)

1988	1989	1990	1991	1992	1993	1994	1995	1996	1997
3.6	3.0	11.8	6.8	7.6	10.4	5.1	3.0	-1.3	4.4
1998	1999	2000	2001	2002	2003	2004	2005	2006	2007
7.3	6.2	5.8	5.8	6.3	12.1	3.9	4.1	5.7	5.8
2008	2009	2010	2011	2012	2013	2014	2015	2016	2017
2.6	4.6	5.7	7.3	4.5	3.2	8.3	5.2	8.6	6.2

표 2.1은 일본 시가현 히코네시(彦根市)에 대한 30년간(1988년부터 2017년까지 매년 10월1일)의 최저기온을 나타내고 있다. 이 데이터는 일본 기상청 웹사이트로부터 수집했다. 이 표에서 10월 1일의 기온에 대해서 어떤 특성을 찾아낼 수 있을까? 이를 위해서는 다른 날과 비교해보지 않으면 않된다. 표 2.2는 같은 기간동안 히코네시의 12월 1일의 최저기온을 나타내고 있다. 표 2.1과 2.2를 비교해보면 무엇을 알아낼 수 있을까? 10월 1일보다 12월 1일이 전체적으로 기온이 낮은 것처럼 보인다. 그러나, 정말로 그럴까? 그리고, 정말로 그렇다면 어느정도 낮은 것일까?

현실세계에는 다양한 데이터가 존재한다. 대부분의 경우, 실제 데이터는 너무나 방대하여 전체적인 모습을 파악하기도 어렵다. 표 2.1과 표 2.2는 겨우 30개의 기온 데이터를 나타내고 있음에도 불구하고 전체적으로 파악하여 비교하는 것이 수월하지 않다. 데이터를 파악할 수 없으면 효과적으로 활용할 수도 없다. 따라서, 데이터를 분석하여 활용할 수 있기 위해서는, 데이터를 직감적으로 파악하는 방법이 필요하다. 데이터를 직감적으로 파악하기 위한 다양한 방법들이 개발되어 있으나, 그 중에서도 기본적으로 가장 유용한 방법을 소개하고자 한다.

2.1

히스토그램/상자수염그림/평균값과 분산

2.1.1 데이터의 전처리

데이터사이언스 분야에서는 개수 또는 길이 등과 같은 데이터 뿐만 아니라, 남여 성별이나 생물의 종 등과 같은 데이터도 다룬다. 개수와 길이 등과같이 수량(10개, 25cm)을 나타내는 데이터를 양적 데이터(quantitative data)라고 부르며, 성별이나 생물의 종 등과 같이 수량이 아닌 분류항목(여자, 백조)을 나타내는 데이터를 질적 데이터(qualitative data)라고 부른다.

개수와 길이는 "A는 B보다 3개 많다", "C는 D보다 4cm 길다" 등과 같이 차이를 사용하여 나타낼 수 있다. 또한, "개수가 5배", "길이가 2배" 등과 같이 배수를 사용하여 나타낼 수도 있다. 이와 같이, 데이터 간의 차이와 비율을 측정할 수 있는 척도를 비율척도(ratio scale)라고 한다. 한편, 오늘의 기온은 10℃이므로 어제의 기온 2℃보다 8℃ 높다라고 표현할 수 있지만, 어제 기온의 5배라고는 표현하지 않는다(만약, 이런 표현이 가능하다면, −6℃의 경우에는 −3배가 되었다라고 표현하게 된다). 또한, 오후5시는 오후2시의 3시간후라고 표현하지만, 2.5배라고 표현하지 않는다(그러나, "5시간은 2시간의 2.5배"라고 표현할 수 있다). 이와 같이 여러 데이터 사이의 차이는 의미를 갖지만 비율은 의미를 갖지 않는 양적 데이터를 간격척도 또는 등간척도 또는 구간척도(interval scale)라고 부른다. 양적 데이터에는 개수와 같이 정수로 표현되는 이산 데이터(discrete data)와 길이와 같이 소수로 표현되는 연속 데이터(continuous data)가 있다.

"작다/중간정도이다/크다"와 "매우좋다/좋다/나쁘다/매우나쁘다"는 질적 데이터이다. 이와 같이 대소 · 전후가 정해진 질적 데이터를 순서척도 또는 서열척도(ordinal scale)라고 부른다. 한편, "남 · 여"와 "백조 · 비둘기 · 백로"등과 같이 순서가 없는 질적 데이터를 명의척도 또는 명목척도(nominal scale)라고 부른다.

히스토그램은 양적 데이터의 분포를 나타내는 그래프이다. 값을 0이상 10미만, 10이상 20미만, 20이상 30미만, … 등과 같은 구간으로 나누어서, 각각의 구간에 포함되는 데이터의 개수를 막대의 길이로 나타낸다. 히스토그램을 사용하면 데이터의 값들이 어떻게 흩어져있는지에 대한 경향을 살펴볼 수 있다.

그림 2.1은 히스토그램의 예이다. 히스토그램에서는, 각 구간들에 포함되는 데이터의 개수(도수, 빈도)를 막대의 길이로 표현한다. 막대의 길이는 상대도수(도수의 총합에 대한 각 구간의 도수의 비율, 즉, "도수/도수의총합계"를 나타내는 경우도 있다. 예를 들면, 그림 2.1의 히스토그램으로부터, 60이상 65미만의 값을 갖는 데이터가 10개 존재한다는 사실을 알 수 있다. 이와 같이 히스토그램을 사용하면 데이터의 값들이 어떻게 흩어져 있는지를 직감적으로 파악할 수 있다. 연속 데이터의 히스토그램은 각각의 막대들을 간격없이 나열하여 표현한다.

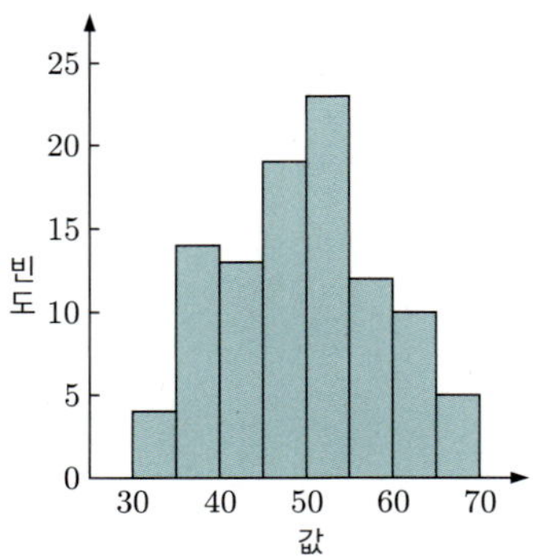

〈그림 2.1〉 히스토그램의 예

다양한 데이터에 대해서 히스토그램을 작성해 보면, 흩어진 정도가 여러형태로 나타난다는 사실을 알 수 있다. 예를 들면, 그림 2.2A와 그림 2.2B를 비교해 보자. 그림 2.2A가 그림 2.2B보다도 흩어진 정도가 적음을 알 수 있다. 흩어진 정도가 적은 쪽이 큰쪽에 비해서 막대들의 범위가 좁다.

또한, 히스토그램이 좌측 또는 우측으로 치우쳐진 모양새가 되는 경우도 있다. 그림 2.2C에서는 작은 값에 데이터가 집중되어 있지만, 큰 값을 갖는 데이터도 조금이나마 존재하고 있음을 알 수 있다. 그림 2.2C와같은 흩어진 모양새를 "오른쪽으로 기울어져 있다(right-skewed)"라고 한다. 좌우가 반대로 되어 있는 형태라면, "왼쪽으로 기울어져 있다(left-skewed)"라고 한다. 또한, 히스토그램이 그림 2.2D와 같은 형태로 되어 있는 경우도 있다. 그림 2.2D의 히스토그램은, 2개의 산봉우리가 존재한다. 이와같은 형태를 갖는 히스토그램을 이봉형 또는 쌍봉형(bimodal) 히스토그램이라고 하며, 2개 이상의 산봉우리를 갖는 경우에는 다봉형(multimodal) 히스토그램이라고 표현한다. 반대로, 1개의 산봉우리가 존재하는 경우(그림 2.2의 A, B, C)에는 단봉형(unimodal) 이라고 부른다.

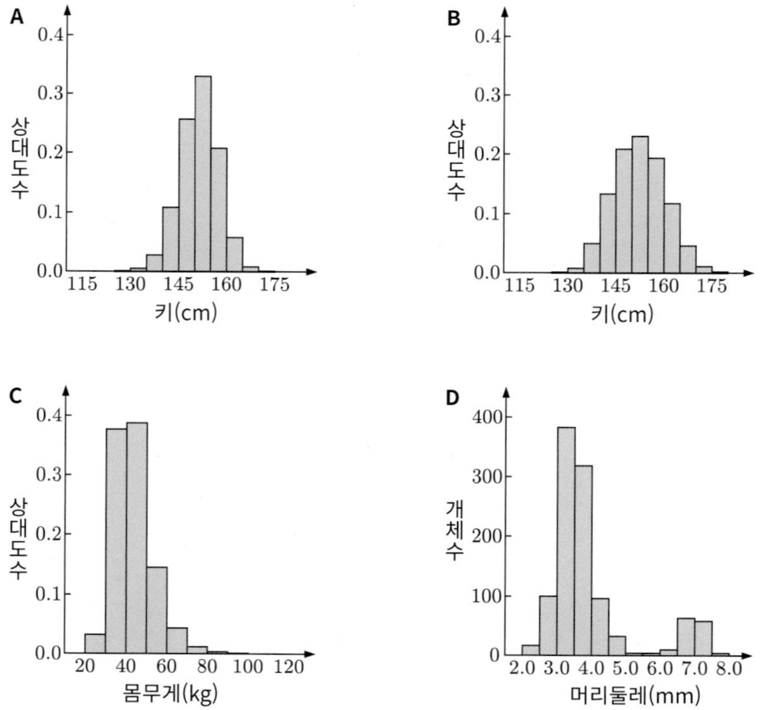

〈그림 2.2〉 다양한 형태의 히스토그램. **A** : 흩어진 정도가 적다, **B** : 흩어진 정도가 크다, **C** : 오른쪽으로 기울어져 있다, **D** : 쌍봉형. **A**는 12세 여자들의 키, **B**는 12세 남자들의 키, **C**는 12세 남자들의 몸무게로 2017년도 학교보건통계조사(https://www.e-stat.go.jp/stat-search/files?tstat=000001011648)에서 인용, **D**는 기가스 왕개미들 중에서 일개미의 머리부분 둘레에 대한 분포(Pfeiffer M. & Linsenmair K. E., 2000)로서 소형 일개미와 대형 일개미로 나누어져 있음을 알 수 있다.

그림 2.3은 1988년부터 2017년까지 30년간 히코네시의 각 년도별 10월 1일, 11월 1일, 12월 1일의 최저기온에 관한 히스토그램이다. 10월 1일과 12월 1일의 데이터는 표 2.1과 표 2.2에 나타난 것과 같다. 이러한 히스토그램들을 비교해보면, 10월 1일, 11월 1일, 12월 1일은 순서대로 기온이 점차 낮아지고 있음을 확인할 수 있다. 또한, 이와같은 히스토그램들로부터 12월 1일에는 0℃ 이하로 내려간 날이 있음을 읽어낼 수 있다. 히스토그램은 표 형태보다는 데이터의 경향을 훨씬더 파악하기 수월하다.

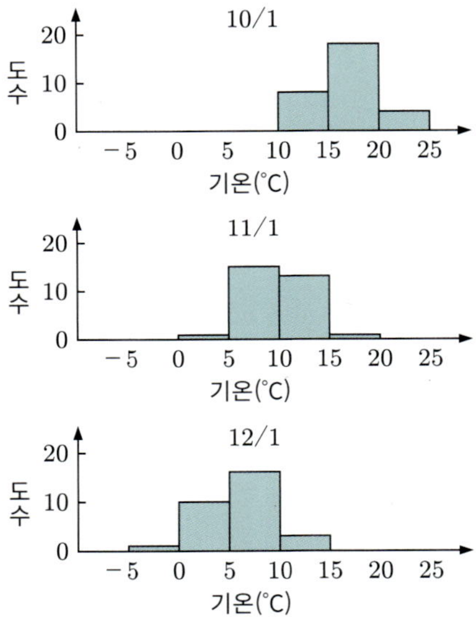

〈그림 2.3〉 1988년부터 2017년까지 30년간 히코네시의 10월1일, 11월1일, 12월1일의 최저기온에 대한 히스토그램

그림 2.3의 3개 히스토그램은 가로축의 범위를 모두 맞추어 표현하고 있다. 10월1일은 10℃ 미만인 날은 없고, 12월1일은 15℃이상인 날이 없다. 따라서, 10월1일은 가로축을 10℃~25℃, 12월1일은 −5℃~15℃로 조정하는 것도 가능하다. 그러나, 가로축의 범위를 각 히스토그램마다 다르게 하면 서로 비교하기 어렵게 된다. 따라서, 그림 2.3과 같이, 유사한 데이터를 비교하기 위하여 여러 개의 히스토그램을 나열하는 경우에는, 가로축의 범위를 통일해서 표현하는 것이 좋다. 또한, 세로축의 범위도 서로 동일하게 맞추어서 표현하는 것이 가독성을 높여준다. 그림 2.3에서 히스토그램 3개 모두 세로축이 0부터 20까지로 되어 있지만, 만약 이중 1개의 세로축만 0~30으로 그

범위를 바꾼다면 빈도를 서로 비교하기 어렵게 된다. 이처럼 여러 개의 히스토그램을 동시에 나타내는 경우는 비교하기 수월하도록 표현할 필요가 있다.

이제 구간의 갯수를 결정하는 방법에 대해 설명한다. 그림 2.3의 히스토그램들은 모두 5℃ 간격으로 6개의 구간으로 나누어져 있다. 동일한 데이터로 히스토그램을 표현하는 경우, 10℃ 간격의 3개 구간으로 나누거나, 2.5℃간격의 12개 구간으로 나누어도 좋다. 하지만, 구간을 나누는 방법에 있어서 간격이 너무 커지면 데이터의 분포를 파악하기 어려워지고, 반대로 간격이 너무 세밀해져도 그 분포를 이해하기가 어려워진다..

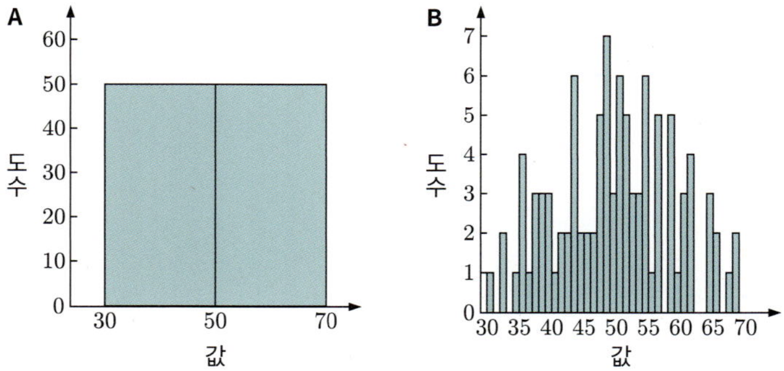

〈그림 2.4〉 구간이 지나치게 넓은 히스토그램(A)과 너무 좁은 히스토그램(B)

그림 2.4A와 B는 그림 2.1과 동일한 데이터를 히스토그램으로 표현한 것으로서, 그림 2.4A는 구간 간격이 너무 넓고, 그림 2.4B는 너무 세밀하게 되어 있다. 구간을 몇개로 나누면 좋은지는 경우에 따라 서로 다르다. 그러나, 일반적으로 표본의 크기(샘플 사이즈) n에 대한 제곱근($\sqrt{n}$) 정도가 좋은 것으로 알려져 있다. 실제로 이러한 방법을 적용해보도록 하자. 그림 2.1과 그림 2.4는 100개의 데이터를 나타내고 있다. $\sqrt{100} = 10$이므로, 10개의 구간으로 나누는 것이 적합하다. 그림 2.1은 8개 구간으로 나누어져 있으므로, 이러한 기준에 거의 맞는다고 할 수 있다. 또한, 4.1.3절에서 설명하는 스터제스(H.A. Sturges)의 공식을 자주 사용하기도 한다.

지금까지의 히스토그램에서는 구간의 폭이 일정한 간격을 가지고 있었다. 그러나, 좌우로 기울어져 있는 형태의 히스토그램은 구간의 폭을 일정하게 하면 극단적으로 데이터의 개수가 지극히 적은 구간이 발생하게 된다(그림 2.5A). 이와같은 경우에는 구간의 폭을 적절하게 변경하면 이해하기 쉬운 형태가 된다(그림 2.5B). 구간의 폭을 변경하는 경우에는 막대의 길이 보다는 막대의 면적이 도수에 비례하게 표현되며, 세로축은 도수가 아니라 각 구간의 도수 비율을 구간의 폭으로 나눈 값(밀도)을 나타내게 된다. 즉, 면적의 총합계가 1이 된다.

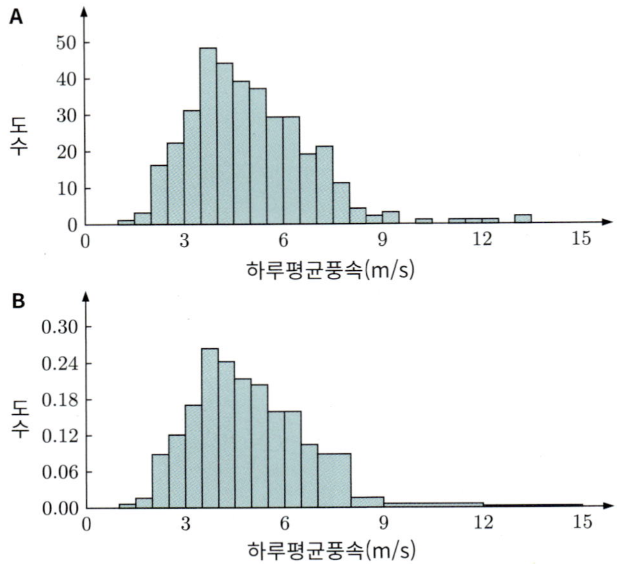

〈그림 2.5〉 구간의 폭이 일정한 히스토그램(A)과 구간의 폭을 적절하게 변경한 히스토그램(B). 일본 나하시(那覇市)의 2017년1월1일부터 2017년12월31일까지의 일평균풍속에 관한 데이터를 사용하였음.

2.1.2 상자수염그림

히스토그램은 데이터가 어떻게 흩어져있는지를 알기쉽게 나타내어, 히스토그램으로부터 다양한 정보를 읽어낼 수 있다. 예를 들면, 그림 2.2와 같이 흩어진 모양새, 기울어진 모양새, 다봉형태 등을 확인할 수 있다. 그림 2.3을 살펴보면, 몇℃부터 몇℃까지의 범위에 몇개의 데이터가 포함되어 있는지를 읽어낼 수 있다. 그러나, 반대로 이야기해보면, 히스토그램은 정보량이 너무 많다. 실제로는 몇℃부터 ℃까지의 범위에 몇개의 데이터가 포함되었는지를 읽어낼 필요가 없는 경우도 많다. 보다 간편하게 요점만 알 수 있는 도면이 더 유용한 경우도 있다. 특히, 그림 2.3에서는 3일(10월1일, 11월1일, 12월1일)의 최저기온을 나타내고 있지만, 만약 히스토그램을 사용하여 12개월간의 모든 달의 최저기온을 표시하거나 최고기온까지 포함해서 표시하게 되면, 도면이 너무 복잡하게 되어 정보를 읽어내기 어렵게 될 것이다. 따라서, 데이터의 흩어진 모양새를 보다 간편하게 나타낼 수 있는 도면이 필요하다.

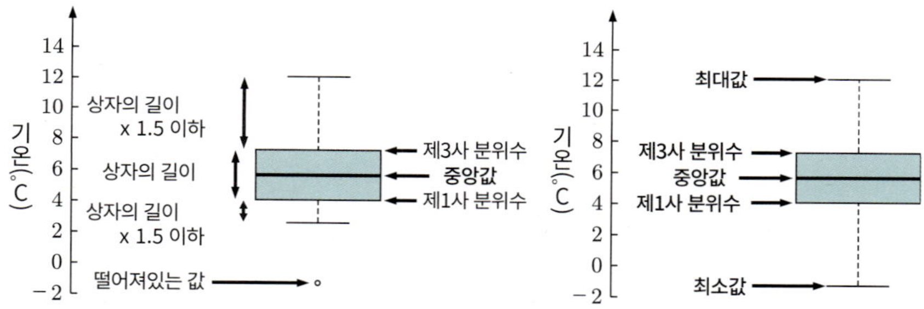

〈그림 2.6〉 A : 튜키(John W. Tukey)방식의 상자수염그림 , B : 간편법으로 표현한 상자수염그림

상자수염그림 (box−and−whisker plot, box−and−whisker diagram)은 데이터의 흩어진 모양새를 그림 2.6과 같이 상자와 수염을 사용하여 상자에 수염이 달려있는 형태로 나타낸 도면이다. 상자수염그림 을 사용하면 데이터의 중앙값, 최소값, 최대값, 제1사분위수, 제3사분위수 등의 위치를 한번에 표시할 수 있다.

이때 중앙값, 제1사분위수, 제3사분위수의 의미를 간단히 설명하도록 한다("사분위수"를 "사분위점"이라고 부르는 경우도 있다). 중앙값은 데이터를 값의 크기에 따라서 오름차순으로 정렬했을 때, 중앙부분에 위치하는 값을 의미한다. 예를 들면,

$$8, 7, 12, 5, 11$$

은, 오름차순으로 정렬하면,

$$5, 7, 8, 11, 12$$

이므로, 중앙값은 8이 된다. 데이터가 짝수개인 경우에는, 중앙부분에 위치하는 2개의 값에 대하여 평균값을 구하여 중앙값으로 한다. 예를 들면,

$$8, 7, 12, 5, 11, 1$$

을 정렬하면,

$$1, 5, 7, 8, 11, 12$$

이므로, 중앙값은

$$\frac{7+8}{2} = 7.5 \tag{2.1}$$

가 된다.

제1사분위수(first quartile)와 제3사분위수(third quartile)는, 데이터를 중앙값 기준으로, 값이 작은 데이터와 값이 큰 데이터로 분할하여 구한다. 제1사분위수는 값이 작은 데이터의 중앙값이고, 제3사분위수는 값이 큰 데이터의 중앙값이다. 예를 들면,

$$1, 5, 7, 8, 11, 12$$

는

1, 5, 7과 8, 11, 12

와 같이 2개 그룹으로 분할되어, 제1사분위수는 5이고 제3사분위수는 11이 된다.

실제 데이터에서 제1사분위수와 제3사분위수를 구하는 경우에는 주의가 필요하다. 우선, 중앙값을 이용하여 값이 작은 데이터와 큰 데이터로 분할할 때, 원래 데이터의 크기가 홀수개인지 짝수개인지에 따라서 다루는 방법이 서로 다르다. 짝수개인 경우에는 앞서 살펴보았듯이 같은 크기의

2개 그룹으로 분할된다. 그러나, 홀수개인 경우에는 중앙값을 제외하고 작은 데이터와 큰 데이터로 분할하거나, 중앙값을 양쪽 그룹(작은 데이터와 큰 데이터)에 모두 포함시킬 수 있다. 중앙값을 제외하는 경우에는,

5, 7, 8, 11, 12

를

5, 7과 11, 12

로 분할하여, 제1사분위수는 6이고 제3사분위수는 11.5가 된다. 중앙값을 양쪽 그룹에 포함시키는 경우에는,

5, 7, 8, 11, 12

를

5, 7, 8과 8, 11, 12

로 분할하여, 제1사분위수는 7이고 제3사분위수는 11이 된다. 이와같은 방식으로 사분위수을 구하는 법을 힌지법(Hinge)이라고 부른다. 사분위수를 구하는 방법에는 이밖에도 다양하게 제안되어 있으며, 사용하는 소프트웨어에 따라서 서로다른 값이 출력되는 경우도 있다. 제4장 4.1.2절에서는 다른 방식으로 사분위수를 구하는 방법을 소개한다. 또한, 제3사분위수와 제1사분위수의 차를 사분위범위(IQR : Interquartile range)라고 부른다.

상자수염그림 은 다음과 같은 절차에 따라서 그린다.

1. 데이터의 제1사분위수와 제3사분위수 사이에 상자를 그린다.
2. 중앙값의 위치에 선분을 긋는다.

3. 상자로부터 상자 길이(사분위범위)의 1.5배 이상 떨어져 있는 점(떨어져있는 값)을 흰색 동그라미 점으로 그린다.

4. 떨어져있는 값이 아닌 데이터의 최대값과 최소값까지 상자로부터 수염을 그려나간다.

이와같은 방법으로 표 2.2의 12월1일의 최저기온을 그린 것이 그림 2.6A이다. 이와같은 상자수염그림 작성법을 튜키방식이라고 부른다.

상자수염그림 에는 더욱 간편한 작성방법도 있다(그림 2.6B). 이 방법에서는 떨어져있는 값을 표시하지 않으며, 모든 데이터들 중에서 최대값과 최소값까지 상자로부터 수염을 그려나간다. 그림 2.6에서는 상자수염그림 을 세로 방향으로 그렸으나, 90도 회전시켜서 가로 방향으로 그리는 경우도 많다.

그림 2.7은 1988년부터 2017년까지 30년간 히코네시의 매달 첫째날의 최저기온을 튜키방식을 적용하여 그린 상자수염그림 이다. 히스토그램에서도 살펴볼 수 있었던 것처럼, 상자수염그림 에서도 10월1일, 11월1일, 12월1일로 진행되면서 최저기온이 내려가고 있음을 알 수 있다. 또한, 8월1일, 9월1일, 12월1일에는 떨어져있는 값(outlier)이 존재한다. 9월1일은 최저기온이 좁은 범위에 집중되어 있으며, 드물게도 이 범위의 위아래에 크게 벗어난 년도가 존재함을 알 수 있다. 그림 2.7을 히스토그램으로 표현한다면, 12개의 히스토그램을 그려야되므로 상당히 복잡해져서 살펴보기 어렵게 된다는 사실에 주의하기 바란다. 상자수염그림 으로부터 데이터의 흩어진 모양새를 효율적으로 읽어낼 수 있다.

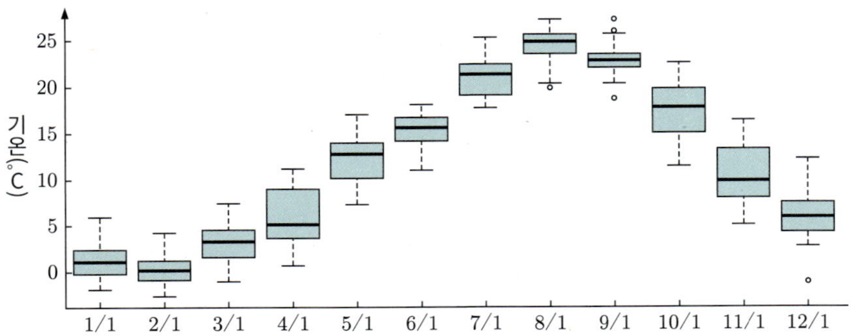

〈그림 2.7〉 1988년부터 2017년까지 30년간 히코네시의 매달 첫째날의 최저기온을 나타낸 상자수염그림

상자수염그림 은 데이터의 흩어진 정도가 적은 경우에는 짧아지게 되지만, 데이터의 흩어진 정도가 큰 경우에는 길어지게 된다. 단봉 형태에 관해서는, 히스토그램의 산봉우리는 상자수염그림 에서는 상자 내부에 존재하는 경우가 많다. 오른쪽 또는 왼쪽으로 기울어져 있는 경우, 기울어지는 방향으로 수염이 길게 늘어지거나 떨어져있는 값이 여러 개 존재하게 된다. 상자수염그림 을 사용한 데이터의 가시화는 통계분석에서 매우 중요한 요소이다.

2.1.3 평균값과 분산

히스토그램이나 상자수염그림 은 데이터가 어떤 모양새로 흩어져있는지를 그림 (도면)으로 나타낸다. 데이터를 그림 (도면)으로 나타내는 경우, 데이터의 전체적인 특징을 파악하기 수월하다. 그러나, 그림 이나 도면이 아니라, 숫자값으로 나타낼 필요도 있다. 데이터의 값을 집약하여 1개의 숫자값으로 나타내면 보다 간편하게 되며, 이러한 숫자값으로 집약한 것을 대표값이라고 부른다. 상자수염그림 을 설명하는 부분에서 다루었던 중앙값도 대표값의 한 종류이다.

대표값 중에서 가장 많이 사용되는 것이 평균값이다. $x_1, \cdots, x_n$을 n개의 데이터라고 하면, 평균값은 이러한 데이터들의 합을 표본의 크기(샘플 사이즈) n으로 나눈 값이다. 이를 수식으로 표현하면,

$$\begin{aligned}\bar{x} &= \frac{x_1 + x_2 + \cdots + x_n}{n} \\ &= \frac{1}{n}\sum_{i=1}^{n} x_i\end{aligned} \tag{2.2}$$

가 된다. 평균값은 변수의 윗쪽에 선을 그어서 $\bar{x}$와 같이 표현하는 경우가 많다("엑스 바"라고 읽는다). 값이 전체적으로 커지면 평균값도 커지고, 반대로 값이 전체적으로 작아지면 평균값도 작아진다. 5cm, 10cm, 12cm, 13cm의 평균값은,

$$\frac{5+10+12+13}{4} = 10\ cm \tag{2.3}$$

가 된다.

평균값과 중앙값은 데이터의 위치를 측정하는 지표이며, 데이터의 흩어진 정도를 측정하는 지표로는 분산과 표준편차가 있다. 데이터의 흩어진 정도가 클 수록 분산과 표준편차의 값은 커지며, 반대로 데이터의 흩어진 정도가 작을 수록 분산과 표준편차의 값은 작아진다. 분산과 표준편차를 계산하면, 그림 2.2A는 그림 2.2B보다도 작아진다.

분산과 표준편차는, 다음과 같이 구할 수 있다. $x_1, \cdots, x_n$을 n개의 데이터라고 하면, 분산 s^2는

$$\begin{aligned} s^2 &= \frac{(x_1-\overline{x})^2+(x_2-\overline{x})^2+\cdots+(x_n-\overline{x})^2}{n} \\ &= \frac{1}{n}\sum_{i=1}^{n}(x_i-\overline{x})^2 \end{aligned} \tag{2.4}$$

에 의해서 구할 수 있다. 단, $\overline{x}$는 앞서 정의한 평균값이다. 이러한 분산과는 형태가 조금 다른 불편분산(unbiased variance) σ^2을 사용하는 경우도 있다. 불편분산은

$$\begin{aligned} \sigma^2 &= \frac{(x_1-\overline{x})^2+(x_2-\overline{x})^2+\cdots+(x_n-\overline{x})^2}{n-1} \\ &= \frac{1}{n-1}\sum_{i=1}^{n}(x_i-\overline{x})^2 \end{aligned} \tag{2.5}$$

와 같이 $n-1$로 나누어서 구할 수 있다. 분산과 불편분산에는

$$\sigma^2 = \frac{n}{n-1}s^2 \tag{2.6}$$

와 같은 관계가 있다. 분산의 제곱근$\sqrt{s^2}$(또는 불편분산의 제곱근$\sqrt{\sigma^2}$)을 표준편차(standard deviation)라고 부른다.

분산 및 표준편차의 성질을 살펴보도록 하자. x_i는 모두 실수이며 $\overline{x}$도 실수가 된다. 식(2.4)로부터, 분산은 실수의 제곱을 모두 더해서 n으로 나눈 것이다. 실수의 제곱은 음수 값이 아니므로, 분산도 음수 값이 아님을 알 수 있다. 표준편차는 분산의 제곱근이므로, 이것 또한 음수 값이 아니다.

분산과 표준편차는 음수 값이 아니므로, 0 또는 양수 값이 된다. 분산과 표준편차가 0이 되는 경우가 존재할 수 있을까? $x_i - \overline{x}$가 모두 0이 된다면 분산과 표준편차도 모두 0이 된다. 즉, 모든 값이 같은 값으로 되어 있는 경우에는 분산과 표준편차가 0이 된다.

5cm, 10cm, 12cm, 13cm에 대한 분산은

$$\frac{(5-10)^2+(10-10)^2+(12-10)^2+(13-10)^2}{4}=9.5\ \mathrm{cm}^2 \tag{2.7}$$

이 된다. 표준편차는 분산의 제곱근이므로,

$$\sqrt{9.5} \approx 3.08\ \mathrm{cm} \tag{2.8}$$

이다. 평균값과 표준편차는 원래의 값과 같은 단위이지만, 분산은 단위가 다르다는 사실을 알 수 있다. 단위가 다르면 흩어진 정도를 나타내는 지표로서 이해하기 어려우므로, 이후에서는 같은 단위를 사용하는 표준편차를 주로 사용하도록 한다.

간단한 데이터에 대해서 표준편차를 계산해 보도록 하자. 표 2.3에 2011년부터 2017년까지의 7년간 히코네시의 10월1일, 11월1일, 12월1의 각 최저기온과 평균값, 그리고 표준편차를 나타내고 있다. 최저기온의 흩어진 정도가 적은 날은 표준편차 값이 적어지고, 큰 날은 표준편차가 커짐을 알 수 있다.

이제 마지막으로 평균값의 성질에 대해서 설명하도록 한다. 샘플 사이즈가 커지면 평균값은 어떤 값(표본의 배후에 존재할 것으로 예상되는 모집단의 기대값)에 근접하게 된다(대수의 법칙이라고 부른다). 이러한 성질은 통계학의 중요한 기초 사항들 중에 하나이다.

〈표 2.3〉 히코네시의 2011년부터 2017년까지의 10월1일, 11월1일, 12월1의 각 최저기온과 평균값, 표준편차(℃)

	2011	2012	2013	2014	2015	2016	2017	평균	표준편차
10/1	14.7	19.4	20.0	20.3	15.4	19.8	12.1	17.4	3.0
11/1	11.3	9.8	9.7	14.3	5.8	7.9	5.9	9.2	2.8
12/1	7.3	4.5	3.2	8.3	5.2	8.6	6.2	6.2	1.9

과/제/학/습

2.1-1 e-Stat로부터 국세조사를 토대로하는 시군구의 인구를 다운로드하여 히스토그램으로 표현하시오.

2.1-2 기상청 웹 사이트로부터 지난 30년간 각 지역의 1월1일의 기온을 다운로드하고, 상자수염그림 으로 표현하시오. 또한, 각각의 평균값과 표준편차를 구하시오.

2.2

산포도와 상관관계

여기에서는, 개인, 개체 등과 같은 대상들으로부터 얻은 2종류의 양적 데이터(quantitative data) 사이의 관계를 시각적으로 나타낸 산포도(scatter plot)와 2종류의 양적 데이터 사이의 직선적인 관계의 강도를 나타내는 상관계수(correlation coefficient)에 대해서 설명한다. 상관계수의 범위는 −1과 1사이의 값으로서, 0으로부터 멀어질 수록 관계가 강하다는 것을 나타낸다.

2.2.1 2개의 양적 데이터

2종류의 양적 데이터를 변수 X와 Y로 나타내면, 표 2.4와 같이 전체 n개 쌍(pair) 의 데이터로 표현할 수 있다. 예를 들면, 첫 번째 개체는 변수 X의 값을 x_1, 변수 Y의 값을 y_1로 나타낸다. 또한, n 번째 개체에 대하여, 변수 X의 값을 x_n, 변수 Y의 값을 y_n로 나타낸다. 관례적으로 변수명은 알파벳 대문자로, 변수의 값은 소문자로 나타낸다. 표 2.4에서는 편의상 각 변수의 값을 행으로 나열하고 있지만, Excel 등에 입력하는 경우에는 변수를 열에 나열하는 것이 편리하다.

〈표 2.4〉 n개 쌍의 2종류 데이터

개체	1	2	3	…	n
변수 X	x_1	x_2	x_3	…	x_n
변수 Y	y_1	y_2	y_3	…	y_n

예를 들어서, 2016년 시가현(滋賀県) 오오쯔시(大津市)의 매월 하루최고기온에 대한 평균값(℃)과 2인이상 가구의 세대별 음료지출금액(엔)으로 구성된 2종류의 양적 데이터를 표 2.5에 나타내었다(이하에서는 각각 "하루최고기온"과 "음료지출금액"이라고 부르기로 한다). 매월 하루최고기온은 일본 기상청의 기상데이터 검색사이트로부터, 그리고, 음료지출금액은 "가계조사"(일본 총무성)로부터 수집하였다.

〈표 2.5〉 하루최고기온과 음료지출금액에 관한 데이터

월	1	2	3	4	5	6
하루최고기온(℃)	9.1	10.2	14.1	19.8	25.0	26.8
음료지출금액(엔)	3416	3549	4639	3857	3989	4837
월	**7**	**8**	**9**	**10**	**11**	**12**
하루최고기온(℃)	31.1	34.0	28.5	22.9	15.7	11.3
음료지출금액(엔)	5419	5548	4311	4692	3607	4002

2.2.2 산포도

2종류의 양적 데이터에 대한 산포도를 작성하는 방법에 대해서 설명한다. n개 쌍의 데이터를 $(x_1, y_1), (x_2, y_2), \cdots, (x_n, y_n)$라고 했을 때, (x_i, y_i)를 좌표로 하는 점($i=1, \cdots, n$)들을 X−Y 평면 위에 표현한다.

예를 들어, 그림 2.8에는 매월 하루최고기온과 음료지출금액, 즉 2종류의 데이터(표 2.5)에 대한 산포도를 나타내고 있다. 가로축에는 하루최고기온을, 세로축에는 음료지출금액을 표현하고 있다. 12개 쌍의 데이터를 ○(원의 내부를 칠하지 않도록 함)로 표기하면 점들이 중첩하는 것을 나타낼 수 있다.

산포도를 살펴보는 방법에 대해서 설명하기로 한다. 산포도에 2개의 보조선 $X = \bar{x}$, $Y = \bar{y}$을 추가 기입한다. 이때, $\bar{x}$, $\bar{y}$는 각각 변수 X와 Y의 평균값이다. 보조선이 교차하는 점의 좌표는 $(\bar{x}, \bar{y})$가 된다. 이러한 보조선에 의해서 X−Y 평면은 4개의 구역으로 분할되어 어떤 구역에 데이터 점이 많이 존재하는가를 조사한다.

예를 들어, 그림 2.8에 2개의 보조선(점선)을 추가하면 그림 2.9과 같다.

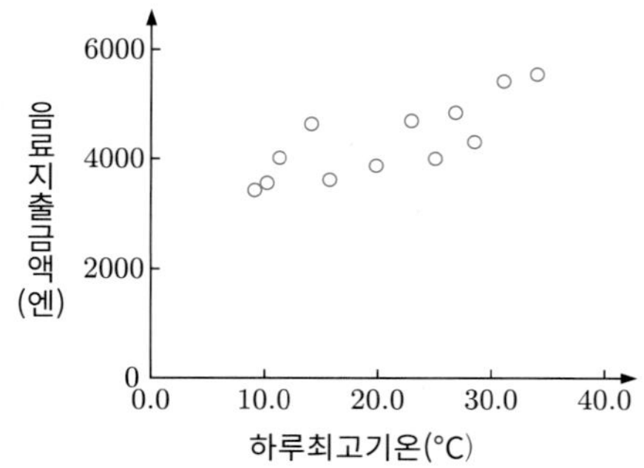

〈그림 2.8〉 하루최고기온과 음료지출금액의 산포도

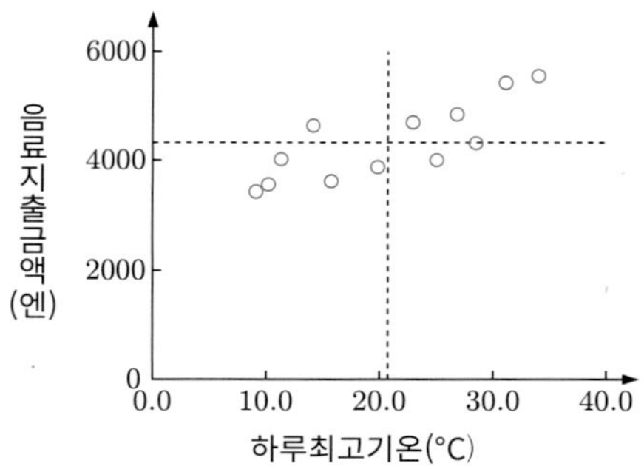

〈그림 2.9〉 그림 2.8의 산포도에 보조선(점선)을 추가한 산포도

위의 그림과 같이 오른쪽 위와 왼쪽 아래에 있는 구역에 데이터 점들이 많은 경우, 오른쪽으로 상승하는 경향이 있다라고 말한다. 즉, 하루최고기온이 상승하면 음료지출금액이 증가하는 경향이 있다. 단, 이것은 겉보기에 불과하며, 실제로 어떠한 원인이 있는지에 대해서는 더 조사해 볼 필요가 있다(2.4.1절 참조요망).

산포도를 관찰하는 방법에 대해서 몇가지 예를 살펴보기로 한다. 그림 2.10~그림 2.13의 산포도는 2016년 시가현 오오쯔시의 매월 기상데이터와 음료지출금액 간의 관계를 나타내고 있다. 특히, 그림 2.10의 가로축은 각 월의 최고기온을 나타내고 있다.

이러한 산포도들로부터, 월최고기온과 음료지출금액 사이의 관계는 오른쪽으로 상승하는 경향(그림 2.10)이 있고, 최대풍속과 음료지출금액 사이의 관계는 오른쪽으로 하강하는 경향(그림 2.11)이 있다. 또한, 합계강수량과 음료지출금액 사이의 관계는 오른쪽으로 약간 상승하는 경향(그림 2.12)을 보이고 있고, 평균풍속과 음료지출금액 사이의 관계는 약간 오른쪽으로 하강하고 있어서, 평균풍속의 흩어짐 정도가 최대풍속에 비해서 적다는 사실을 알 수 있다(그림 2.13).

이어서, 떨어져있는 값(outlier)의 영향에 대해서 설명하기로 한다. 예를 들어, 가상의 데이터를 추가한 산포도(그림 2.14)를 살펴보도록 하자. 그림 2.14는 그림 2.8에 점 1개(△)를 추가한 것이다. △로 표시된 점은 ○로 표시된 다른 점들에 비해서 음료지출금액의 값이 극단적으로 낮기 때문에 떨어져있는 값으로 설정한다. 산포도로부터 떨어져있는 값이 발견되는 경우에는, 원래 데이터와 비교하여 입력에 오류가 없는지를 확인해보고, 데이터를 해석할 때 해당 값을 삭제할 것인지를 검토하도록 한다.

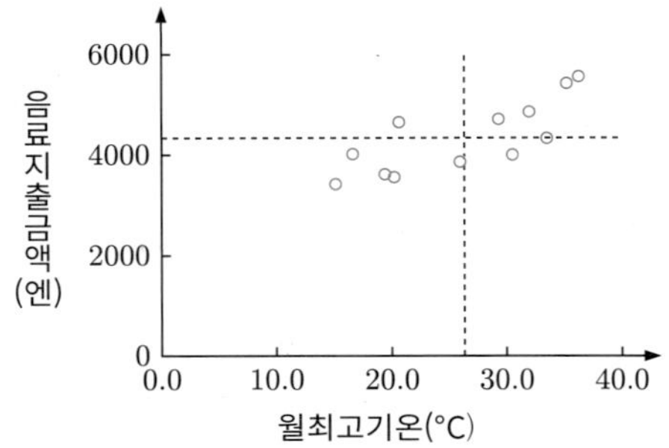

〈그림 2.10〉 월최고기온과 음료지출금액에 대한 산포도

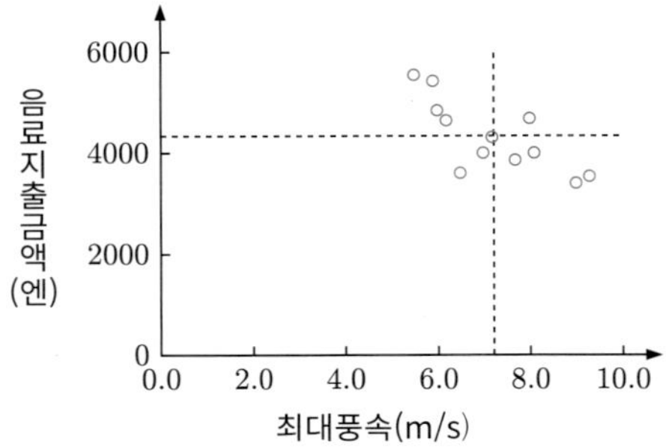

〈그림 2.11〉 최대풍속과 음료지출금액에 대한 산포도

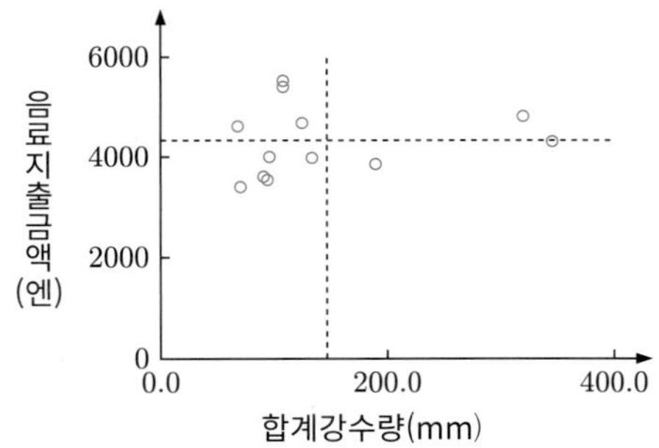

〈그림 2.12〉 합계강수량과 음료지출금액의 산포도

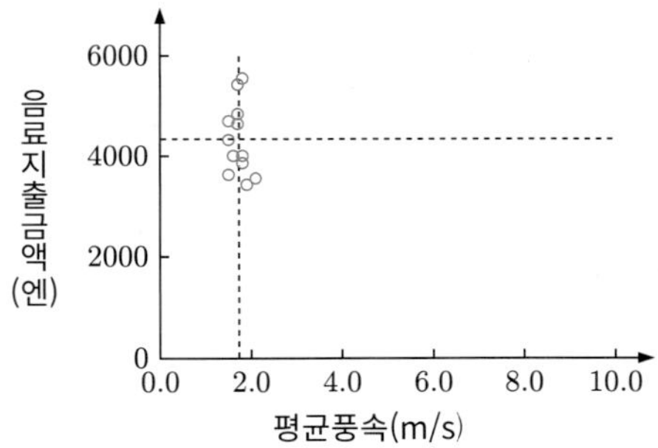

〈그림 2.13〉 평균풍속과 음료지출금액의 산포도

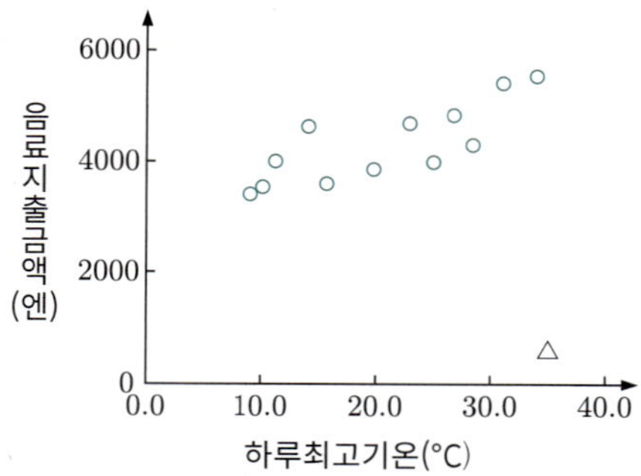

〈그림 2.14〉 가상의 데이터를 추가한 산포도

2.2.3 상관계수

2종류의 양적 데이터에 대한 상관계수에 대해서 설명하기로 한다. 변수와 의 상관계수 는 다음과 같은 식으로 주어진다.

$$\text{상관계수 } r_{XY} = \frac{[X\text{와 } Y\text{의 공분산}]}{[X\text{의 표준편차}]\times[Y\text{의 표준편차}]} = \frac{s_{XY}}{s_X s_Y} \tag{2.9}$$

식(2.9)의 분자는 변수 X와 Y의 공분산 s_{XY}이고 , 분모는 변수 X의 표준편차 s_X와 변수 Y의 표준편차 s_Y의 곱이다. 이때, 변수 X와 Y의 공분산 s_{XY}는 변수 X의 편차와 변수 Y의 편차의 곱을 평균한 것으로 주어진다. 변수 X의 편차는 변수 X의 값에서 평균값 $\bar{x}$를 뺀 양$(x_i-\bar{x})$이며, 변수 Y에 대해서도 마찬가지이다. 식으로 표현하면, X와 Y의 공분산 s_{XY}는 다음과 같이 나타낼 수 있다.

$$\begin{aligned} s_{XY} &= \frac{1}{n}\{(x_1-\bar{x})(y_1-\bar{y})+\cdots+(x_n-\bar{x})(y_n-\bar{y})\} \\ &= \frac{1}{n}\sum_{i=1}^{n}(x_i-\bar{x})(y_i-\bar{y}) \end{aligned} \tag{2.10}$$

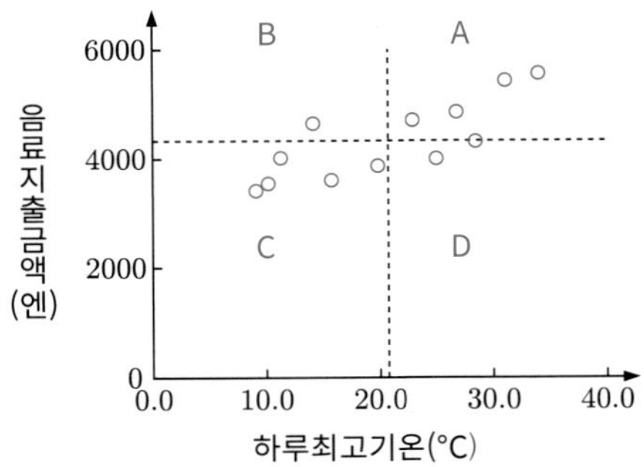

〈그림 2.15〉 4개 영역으로 분할한 산포도

상관계수의 부호에 대해서 살펴보도록 하자. 상관계수의 부호는 공분산을 구할 때 사용한 편차의 곱을 합한 값의 부호와 같다. 여기에서는 산포도를 살펴보는 방법에 관한 부분에서 사용한 하루 최고기온과 음료지출금액의 산포도를 예로 들어서 설명하기로 한다. 산포도에 2개의 보조선 $X = \bar{x}, Y = \bar{y}$를 추가하여 X−Y 평면을 4개의 영역 A, B, C, D로 분할한다(그림 2.15). 그림 2.15의 오른쪽 상단의 영역 A에서는 $x_i - \bar{x}$와 $y_i - \bar{y}$가 모두 양수 값이므로 편차의 곱 $(x_i - \bar{x})(y_i - \bar{y})$도 양수 값이 된다. 또한, 왼쪽 하단의 영역 C에서는 $x_i - \bar{x}$와 $y_i - \bar{y}$가 모두 음수 값이므로 편차의 곱은 양수 값이 된다. 한편, 왼쪽 상단의 영역 B에서는, $x_i - \bar{x}$가 음수 값이고 $y_i - \bar{y}$가 양수 값이므로, 편차의 곱은 음수 값이 된다. 또한 오른쪽 하단의 영역 D에서는 $x_i - \bar{x}$가 양수 값이고 $y_i - \bar{y}$가 음수 값이므로, 편차의 곱은 음수 값이 된다. 따라서, 영역A와 영역 C에 존재하는 점이 영역B와 D에 있는 점보다 많으면서, 오른쪽으로 상향하는 경우에는 상관계수의 부호는 +가 되는 경향이 있다. 반대로, 영역 A와 C에 있는 점이 영역 B와 D에 있는 점보다 적어면서 오른쪽으로 내려가는 경우, 상관계수의 부호는 −가 되는 경향이 있다. 상관계수가 양수 값인 경우에는 **양의 상관관계**, 음수 값인 경우에는 **음의 상관관계**가 있다라고 한다. 또한, 상관계수가 0인 경우에는 **무상관**이라고 한다. 실제 데이터에서는 상관계수가 정확하게 0이 되는 경우는 드물다.

상관계수의 값에 대한 평가는 사용분야에 따라서 다르다. 한가지 기준으로서, 상관계수의 절대값이 0부터 0.2이하이면 거의 관계가 없으며, 0.2부터 0.4이하인 경우에는 약한 관계, 0.4부터 0.7이하인 경우는 중간정도의 관계, 0.7부터 1.0는 강한 관계가 있다라고 한다. 이때, 여기에서 말하고 있는 "관계"는 직선관계를 의미한다.

상관관계의 예를 몇가지 살펴보도록 하자. 그림 2.15에서 사용하고 있는 데이터에 대하여, 하루최고기온과 음료지출금액 사이의 상관계수는 0.8이며, 2개의 데이터 사이에는 강한 양의 상관관계가 있다라고 할 수 있다. 또한, 그림 2.10에서 사용하고 있는 데이터에 대해서, 월최고기온과 음료지출금액 사이의 상관계수가 0.8이므로 강한 양의 상관관계가 있다라고 할 수 있다. 또한, 그림 2.11의 경우에는, 최대풍속과 음료지출금액 사이의 상관계수가 −0.8이므로, 강한 음의 상관관계가 있다라고 할 수 있다. 또한, 그림 2.12의 경우에는 합계강수량과 음료지출금액 사이의 상관계수는 0.2이므로, 거의 관계가 없다. 그리고, 그림 2.13의 경우에는 평균풍속과 음료지출금액 사이의 상관계수는 −0.2이므로, 거의 관계가 없다라고 할 수 있다.

마지막으로 떨어져있는 값의 영향에 대해서 살펴보도록 하자. 데이터가 떨어져있는 값을 포함하면 상관계수의 값이 크게 변하는 경우가 있다. 그림 2.8의 산포도에서 상관계수는 0.8이었다. 한편, 그림 2.14의 데이터는 △로 표시되어 있는 떨어져있는 값을 포함하고 있으며, 상관계수는 거의 0이 된다. 이와 같이 2가지 양적 수치들 사이의 관계를 요약하는 경우에는 상관계수를 산포도와 함께 이용하는 것이 좋다.

과/제/학/습

2.2 2016년 시가현 오오쯔시의 매월 하루최고기온의 평균값(℃)과 2인 이상 가구의 세대별 아이스크림 지출금액(엔)에 관한 데이터(표 2.6)를 사용하여, 2종류의 데이터 사이의 관계를 조사하시오. 단, 2인 이상 세대별 아이스크림 지출금액(엔)은 "가계조사"(일본 총무성)로부터 추출한 것이다.

〈표 2.6〉 하루최고기온과 아이스크림지출금액

월	1	2	3	4	5	6	7	8	9	10	11	12
하루최고기온(℃)	9.1	10.2	14.1	19.8	25.0	26.8	31.1	34.0	28.5	22.9	15.7	11.3
아이스크림지출금액(엔)	402	361	330	480	708	792	1482	1235	830	615	453	427

2.3

회귀직선

여기에서는 2가지 양적 데이터 사이의 관계를 정식화하는 회귀직선(Regression Line)에 대해서 소개하도록 한다.

2.3.1 회귀직선과 최소제곱법

표 2.4에 주어진 2종류의 양적 데이터 X와 Y가 주어졌을 때, 변수 X의 값으로부터 변수 Y의 값을 예측하는 것을 생각해보자. 이때, X를 **설명변수**(독립변수), Y를 **목적변수**(종속변수 또는 피설명변수)라고 부른다. 2개의 변수에 직선관계가 예상되는 경우에, 이에 근사하는 직선을 **회귀직선**이라고 부른다. 이러한 회귀직선을 다음과 같은 식으로 나타낸다고 하자.

$$\hat{y} = b_0 + b_1 x \tag{2.11}$$

이때, $\hat{y}$은 Y의 예측값이고, b_0와 b_1은 각각 회귀직선의 절편과 기울기이다.

n개의 데이터 $(x_i,\ y_i)(i = 1,\ 2,\ \cdots\ ,n)$로부터 회귀직선의 절편과 기울기를 구하기 위하여 최소제곱법을 이용한다. 최소제곱법에서는 Y축방향의 잔차(residual) $e = y - \hat{y}$에 주목하고, 데이터 y_i와

x_i에 대응하는 예측값 $\hat{y_i}$와의 차에 대한 제곱 합이 최소가 되도록 회귀직선의 절편과 기울기를 결정한다. 그 결과, 기울기 b_1는 다음과 같은 식으로 구할 수 있다.

$$\begin{aligned} b_1 &= \frac{[X\text{와 } Y\text{의 공분산}]}{[X\text{의 표준편차}]^2} = \frac{s_{XY}}{{s_X}^2} \\ &= [X\text{와 } Y\text{의 상관계수}] \times \frac{[Y\text{의 표준편차}]}{[X\text{의 표준편차}]} = r_{XY}\frac{s_Y}{s_X} \end{aligned} \tag{2.12}$$

식(2.12)의 분자가 변수 X와 Y의 공분산 s_{XY}이고, 분모가 변수 X의 표준편차의 제곱, 즉, X의 분산 ${s_X}^2$이 된다. 이것은 변수 X와 Y의 상관계수 r_{XY}에 s_X(변수 Y의 표준편차를 변수 X의 표준편차로 나눈 값)을 곱한 것과 같다. 절편 b_0는 다음과 같은 식으로 구할 수 있다.

$$b_0 = \bar{y} - b_1\bar{x} \tag{2.13}$$

식(2.13)은 회귀직선이 각 변수의 평균값을 좌표로 갖는 점$(\bar{x}, \bar{y})$을 반드시 통과한다는 것을 의미한다.

예를 들어 표 2.5의 12쌍의 데이터를 사용하여 하루최고기온으로부터 음료지불금액을 예측해 보도록 하자. 최소제곱법을 사용하면 다음과 같은 회귀직선을 구할 수 있다.

$$\hat{y} = 2947.8 + 66.4 \times x \tag{2.14}$$

예측은 변수 X의 데이터 범위내에서 수행하는 것이 좋다. 이 예에서는 하루최고기온은 9.1~34.0℃의 값으로 구성되어 있으며, 하루최고기온이 10℃인 경우의 음료지불금액은 2947.8+66.4×10=3611.8엔으로 예측된다. 또한, 회귀직선의 기울기에 주목해보면, 기온이 1℃ 상승하면 평균적으로 음료지불금액이 66.4엔씩 증가하는 경향을 나타낸다. 또한, 회귀직선은 각 변수의 평균값을 좌표로 갖는 점(20.7, 4322.2)를 통과한다(그림 2.16).

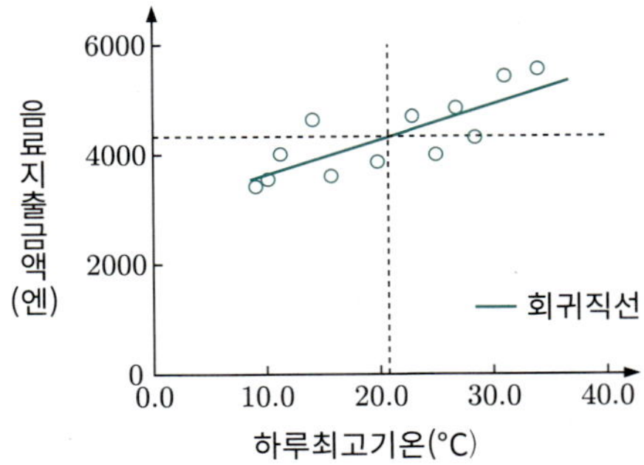

〈그림 2.16〉 하루최고기온과 음료지불금액에 관한 산포도와 회귀직선

2.3.2 목적변수의 변동과 결정계수

"회귀직선"이 데이터를 적절하게 피팅(fitting)하고 있는가를 평가하기 위하여, 목적변수의 변동을 살펴보도록 하자. 실제 데이터 y와 예측값 $\hat{y}$ 사이의 차 $y-\hat{y}$를 잔차(Residual)라고 부른다. 변수 X와 Y에 관한 n개의 데이터 $(x_i, y_i)(i=1, 2, \cdots, n)$에 대하여, 다음과 같은 3가지 변동을 살펴보도록 하자.

- **데이터의 변동**: 데이터와 평균값의 차에 대한 제곱합

$$S_y^2 = (y_1 - \bar{y})^2 + \cdots + (y_n - \bar{y})^2 \tag{2.15}$$

- **예측값의 변동**: 예측값과 평균값의 차에 대한 제곱합

$$S_{\hat{y}}^2 = (\hat{y}_1 - \bar{y})^2 + \cdots + (\hat{y}_n - \bar{y})^2 \tag{2.16}$$

- **잔차의 변동**: 데이터와 예측값의 차에 대한 제곱합

$$S_e^2 = (y_1 - \hat{y}_1)^2 + \cdots + (y_n - \hat{y}_n)^2 \tag{2.17}$$

이때, 예측값의 변동과 잔차의 변동을 더하면 데이터의 변동과 같다. 즉,

$$S_y^2 = S_{\hat{y}}^2 + S_e^2 \tag{2.18}$$

이와같은 성질은 추정한 회귀직선이 주어진 실제 데이터에 얼마나 적합한지를 측정하는 척도(결정계수. coefficient of determination)에 사용된다.

결정계수 R^2는 데이터의 변동 S_y^2과 예측값의 변동 $S_{\hat{y}}^2$을 사용하여 계산한다.

$$R^2 = \frac{S_{\hat{y}}^2}{S_y^2} = 1 - \frac{S_e^2}{S_y^2} \tag{2.19}$$

결정계수 R^2는 0부터 1까지의 값을 갖는다. 잔차의 변동이 0에 가까워지면 결정계수는 1에 가까워지며, 실제 데이터에 대한 회귀직선의 적합성이 좋다라고 한다. 한편, 잔차의 변동이 커지게 되면, 결정계수 R^2는 0에 가까워지게 되고, 이러한 경우에는 해당 회귀직선의 실제 데이터에 대한 적합성은 나쁘다라고 한다(즉, 결정계수가 0에 가까운 값을 가지면 회귀직선의 유용성은 낮아지며, 결정계수의 값이 1에 가까워지면 회귀직선의 유용성이 높아진다). 또한, 결정계수 R^2는 변수 X와 Y의 상관계수를 제곱한 값으로 사용되기도 한다.

한가지 예로서, 하루최고기온으로부터 음료지출금액을 예측하는 회귀직선(그림 2.16)에 대하여 실제 데이터에 대한 적합성을 살펴보면, 상관계수는 0.8이고 결정계수는 0.64로 계산되어, 실제 데이터에 대한 적합성은 나쁘지 않다고 할 수 있다. 또 다른 예로서, Messerli(New England Journal of Medicine, 2012)에 의해 보고되었던 23개국의 초콜릿 소비량으로부터 노벨상수상자수를 예측하는 회귀직선의 적합성을 계산해보도록 하자. 그림 2.17로부터, 초콜릿의 소비량이 증가할수록 노벨상수상자 수가 증가하는 관계를 알 수 있다. 상관관계는 0.791이고 결정계수는 0.63으로서, 회귀직선의 적합성은 나쁘지 않다고 할 수 있다. 단, 초콜릿과 노벨상 사이의 상관관계와 결정계수는 모두 허위적 관계를 나타낸다(다음절에서 소개할 허위적 상관을 참조하기 바란다).

또다른 예로서, 2016년 시가현 오오쯔시의 매달 하루최고기온(℃)을 월(1~12월)단위로 예측하는

회귀직선의 적합성을 살펴보도록 하자. 그림 2.18에서, 하루최고기온은 1월부터 8월까지 상승하지만, 그 이후에는 하강한다. 즉, 산포도로부터 2개의 양들 사이의 관계는 직선 형태가 아님을 알 수 있다. 이러한 2종류의 양적 데이터들 사이의 상관계수는 0.309, 결정계수는 0.10으로서, 회귀직선(빨간색 직선)의 적합성은 나쁘다고 할 수 있다. 이러한 예와 같이, 2종류의 양적 데이터들 사이의 관계가 직선형태가 아닌 경우도 있다. 이러한 경우에는 산포도를 사용하여 관계를 시각화하고, 다른 방법을 사용하여 관계를 요약하거나 정식화하는 것을 고려할 필요가 있다.

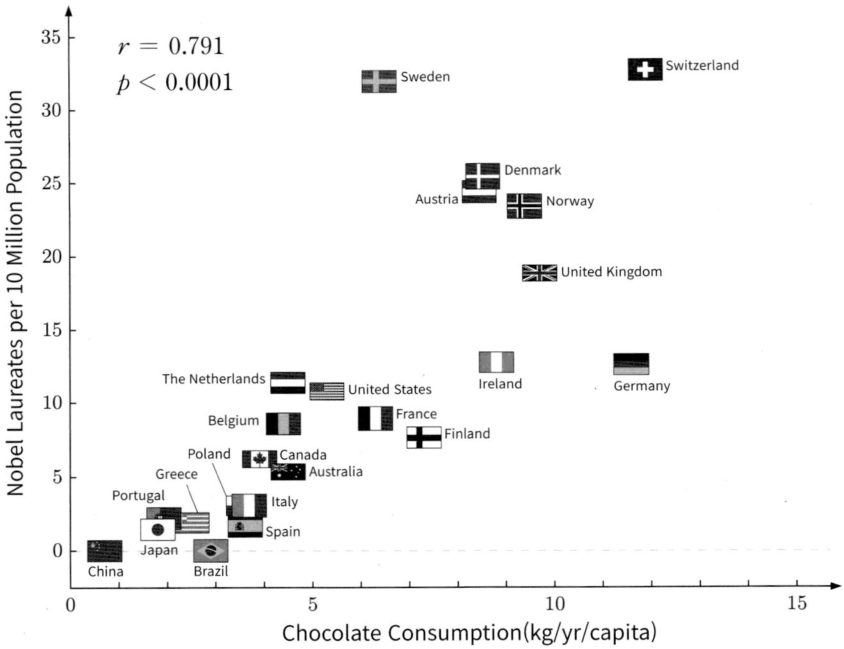

〈그림 2.17〉 초콜릿소비량과 노벨상수상자 수의 관계(출전: Messeili(2012))

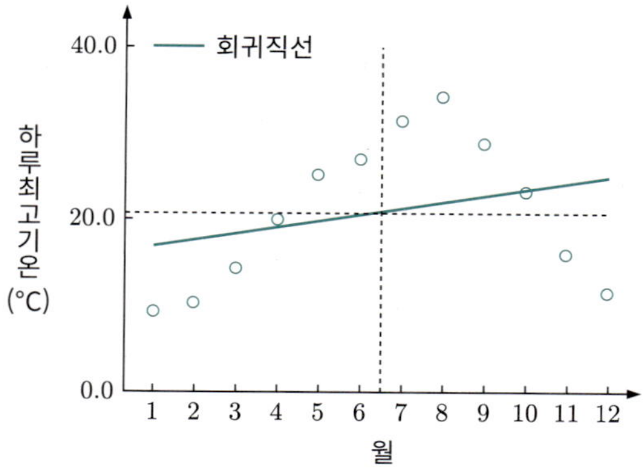

〈그림 2.18〉 매월-하루최고기온 사이의 관계

과/제/학/습

2.3 2016년 시가현 오오쯔시의 매월 하루최고기온의 평균값(℃)과 아이스크림 지출금액(엔)에 관한 데이터(표 2.6)를 사용하여, 회귀직선을 구하고, 하루최고기온이 10℃인 경우에 아이스크림지출금액을 예측하시오. 또한, 회귀직선이 데이터에 적합한지에 대해서도 살펴보시오.

2.4

데이터분석에서 주의사항

데이터분석을 올바르게 실시하기 위해서는, 데이터수집 계획을 적절하게 세워서 데이터를 수집해야 할 뿐만 아니라, 분석결과에 대해서 올바르게 해석하는 것이 중요하다. 여기에서는 먼저, 상관관계와 인과관계의 차이점을 설명하고, 2개 그룹의 비교방법과 다양한 데이터 수집방법, 적절한 그래프 사용법 등에 대해서 설명하기로 한다.

2.4.1 상관관계와 인과관계

2개의 변수들 사이의 관계를 살펴보기 위해서는 2.2절에서 설명한 산포도를 그려보거나 상관계수를 계산해보는 것이 일반적이다. 한편, 2개 변수들 사이에 상관관계가 존재할 경우, 이러한 변수들 사이에 인과관계(원인과 결과 관계)가 존재한다고 말할 수 있을까? 즉, 한쪽 변수가 또다른 쪽의 변수의 원인이 되어, 원인이 되는 변수를 조정함으로써 다른 쪽의 변수를 어느정도 조작하는 것이 가능할까? 사실, 이러한 관계는 반드시 성립한다고는 할 수 없다. 2개 변수들 사이에 상관관계가 존재하더라도, 그렇다고 해서 인과관계가 존재한다고는 말할 수 없다.

한가지 예를 살펴보도록 하자. 그림 2.19는 2015년 지방자치단체별 경찰직원 수("지방공공단체정원관리관계조사", 일본 총무성)와 형법범죄 인지건 수("경찰백서", 일본 경시청)의 산포도를 나타내고 있다.

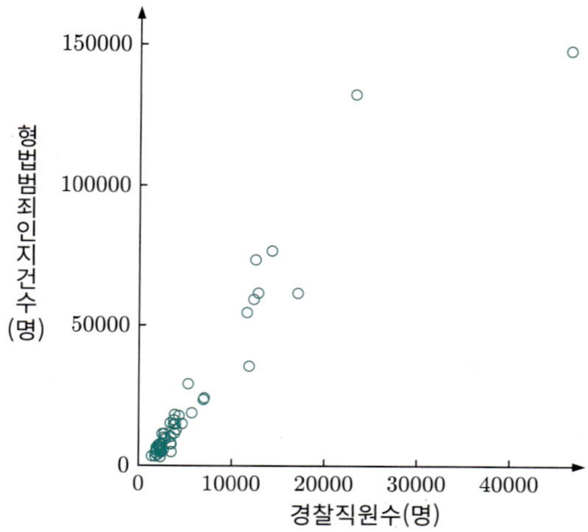

〈그림 2.19〉 2015년 지방자치단체별 경찰직원 수와 형법범죄 인지건 수의 산포도

그림 2.19의 산포도에 대한 상관계수는 0.95이다. 이것으로부터 경찰직원수와 형법 범죄 인지건수 사이에는 강한 인과관계가 존재한다라고 생각할 수 있을까? 즉, 경찰직원이 많아질 수록 형법범죄가 증가한다고 판단할 수 있을까? 또는, 형법범죄가 많아질 수록, 경찰직원이 늘어난다고 말할 수 있을까? 전자(경찰직원이 많아질 수록 형법범죄가 증가한다)는 명확하게 부자연스러운 판단이다. 한편, 후자(형법범죄가 많아질 수록, 경찰직원이 늘어난다)에 대해서는 부자연스럽지는 않지만, 여기에서는 다른 요인에 대해서 살펴보기로 한다. 지방자치단체의 인구라는 요인을 생각해보면, 인구가 늘어날 수록 경찰직원이 증가하고 형법범죄도 늘어난다고 할 수 있다. 그림 2.20의 왼쪽 그림은 지방자치단체별 인구("국세조사", 일본 총무성)와 형법 범죄 인지 건수의 산포도이고, 오른쪽 그림은 지방자치단체별 인구와 경찰직원 수의 산포도이다. 각 산포도의 상관계수는, 각각 0.96과 0.95이다.

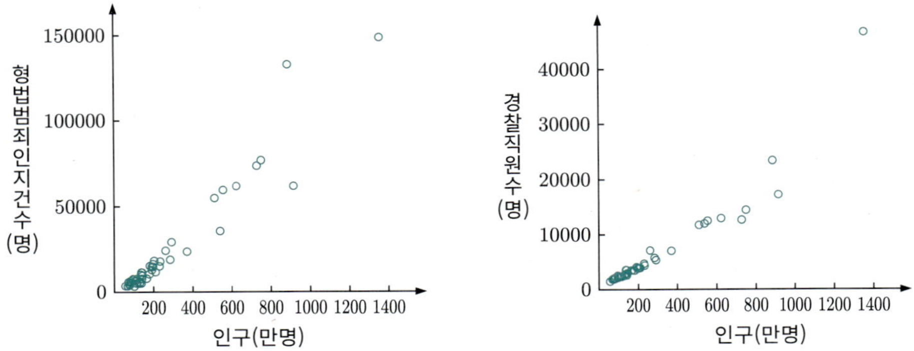

〈그림 2.20〉 2015년 지자체별 인구와 형법 범죄 인지 건수의 산포도(왼쪽), 인구와 경찰직원수의 산포도(오른쪽)

위의 예로부터, 살펴보려는 2개의 변수 각각과 강한 상관관계를 갖는 또다른 변수가 존재하는 경우, 원래의 2개 변수들의 상관이 강하게 되어버리는 현상이 발생한다. 이와같은 상관을 허위상관관계(Spurious correlation)라고 부른다. 또한, 허위상관관계의 원인이 되는 변수를 제3의 변수(또는, 제3변수)라고 한다. 위에서 살펴본 예에서, 인구와 같이 제3변수의 데이터가 마련되어 있다면 다양한 검토가 가능하지만, 제3변수의 데이터를 반드시 수집할 수 있다라고 보장할 수 없다. 수집되어 있지 않은(또는 입수할 수 없는) 제3변수를 잠재변수(latent variable)라고 부른다. 그림 2.17에서는 초코릿소비량과 노벨상수상자 수 사이에 강한 상관관계가 존재하지만, 사실은 1명당 GNP(국민총생산)를 제3변수로 하는 허위상관관계이다.

만약, 제3변수가 존재하는 경우에 그 영향을 제거하는 방법으로는, 제3변수에 의한 계층화 방법, 제3변수가 비율척도(계량적, 계수적)인 경우에 주목하고 있는 변수를 제3변수의 단위량으로 변환시키는 방법, 편상관계수(Partial Coefficient of Correlation)를 계산하는 방법 등이 있다.

계층화 방법에 대하여 살펴보자. 제3변수의 영향을 받고 있다는 것은, 제3변수의 값이 가까운 것만으로 비교해보면, 제3변수의 영향을 제거할 수 있다. 그림 2.19를 살펴보면, 일부 지방자치단체에서는 경찰직원수와 형법 범죄 인지건수가 다른 지자체 보다 상당히 많은 상태이므로, 인구가 600만명 이하의 지자체로 한정시켜서 계층화한다. 그림 2.21은 그림 2.19에 대하여 인구가 100만명 미만(검은색), 100만명이상 200만명 미만(파란색), 200만명이상 600만명 미만(빨간색)으로 계층화한 산포도이다. 그림 2.21을 살펴보면, 각 계층에서의 상관은 그림 2.19에 비해서 작아져 있음을 알 수 있다. 각 계층의 상관계수는 100만명 미만에서는 0.77, 100만명이상 200만명미만에서는 0.70, 200만명이상 600만명미만에서는 0.91으로 되어있어서, 전체적인 상관계수보다도 작아져있다. 원래는 좀더 세분화하여 계층화하면 좋겠지만, 47개 지자체만 존재하기 때문에 더이상 세분화하기 어렵다.

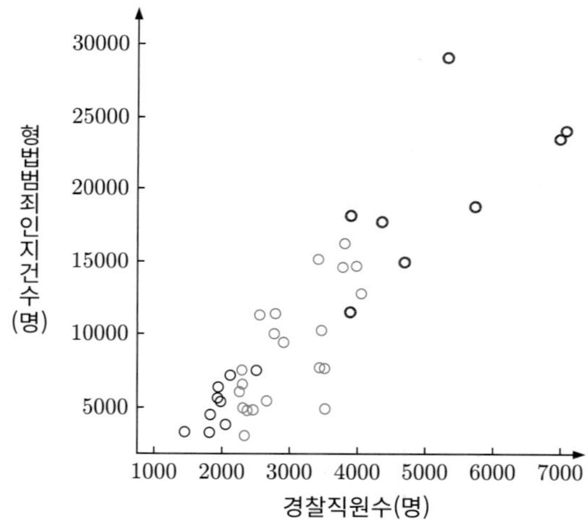

〈그림 2.21〉 2015년 지차체별 경찰직원수와 형법 범죄 인지건수에 대한 계층화된 산포도

다음으로는 각 변수들을 제3변수의 단위량으로 변환하는 방법에 대해서 설명하도록 한다. 위의 예에서 다루고 있는 경찰직원수와 형법 범죄 인지건수에 대해서, 인구 1000명 단위로 변환하여 인구의 영향을 제외시킨다. 그림 2.22는 각 지자체의 인구 1000명당 경찰직원수와 형법 범죄 인지건수에 대한 산포도이다. 이러한 산포도의 상관계수는 0.12이다. 이 결과로부터 인구의 영향을 제거하면 상관이 거의 없어진다는 사실을 확인할 수 있다.

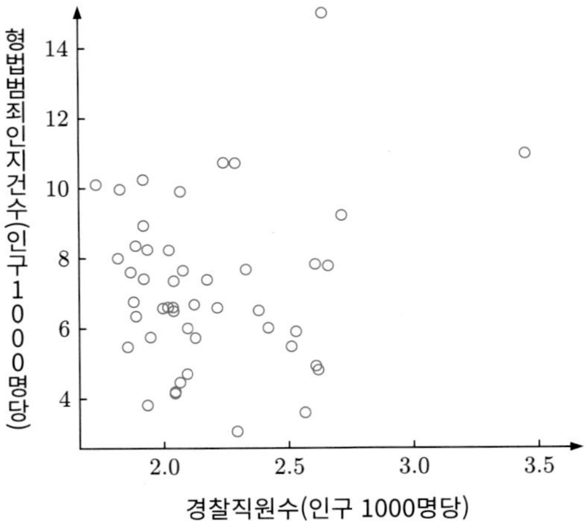

〈그림 2.22〉 2015년 지자체별 인구 1000명당 경찰직원수와 형법 범죄 인지건수에 대한 산포도

마지막으로, 편상관계수(Partial Coefficient of Correlation)에 대해서 설명하도록 한다. 편상관계수는, 관계를 조사하고자 하는 2개의 변수들에 대해서, 다른 변수의 영향을 제거한 상관계수이다. 데이터를 (x_1, y_1, z_1), $\cdots$, (x_n, y_n, z_n)이라고 하자. 이때, z_1, $\cdots$, z_n의 영향을 제거한 (x_1, y_1), $\cdots$, (x_n, y_n)의 상관을 다음과 같이 생각하도록 한다.

다른 변수들의 영향을 제거하는 방법으로서, 회귀직선에 관한 개념을 이용한다. Z를 설명변수, X를 목적변수로 하는 회귀직선에 의해, z_i에 대응하는 X의 예측값 $\hat{x}_i$를 구한다. $\hat{x}_i$는 x_i들 중에서 Z에 의해서 “설명되는” 부분이므로, 잔차 $x_i - \hat{x}_i$, $\cdots$, $x_n - \hat{x}_n$는 X로부터 Z의 영향을 제거한 데이터로 생각할 수 있다. 실제로, $(x_i - \hat{x}_i, z_i)(i = 1, 2, \cdots, n)$의 상관계수는 0이 됨을 확인할 수 있다. 이와 같은 방법으로 Y에 대해서도 Z를 설명변수, Y를 목적변수로 하는 회귀직선을 생각하여, Y로부터 Z의 영향을 제거한 데이터 $y_1 - \hat{y}_1$, $\cdots$, $y_n - \hat{y}_n$을 구한다. 이어서, $(x_i - \hat{x}_i, y_i - \hat{y}_i)(i = 1, 2, \cdots, n)$의 상관계수를 살펴보도록 한다. 이것은 z의 영향을 제거한 x와 y의 편상관계수라고 부르며,

$$\frac{r_{XY} - r_{XZ}r_{YZ}}{\sqrt{(1 - r_{XZ}^2)(1 - r_{YZ}^2)}} \tag{2.20}$$

으로 구할 수 있다. 여기에서, r_{XY}는 X와 Y의 상관계수 r_{XZ}는 X와 Z의 상관계수, r_{YZ}는 Y와 Z의 상관계수이다. 그림 2.19에 대해서, 인구의 영향을 제거한 47개 지자체의 경찰직원수와 형법범죄 인지건수의 편상관계수는 0.37이 된다.

이와 같이 특정한 변수의 영향을 제거한 상관을 조사하는 방법들이 몇가지 알려져있지만, 어느 것이 가장 좋은지에 대해서는 상황에 따라서 서로 다르므로, 상황에 맞게 적절하게 선택해서 사용할 수 있어야 한다. 또한, 제3변수가 확보되어 있는 경우에는 이와같은 조정을 할 수 있지만, 그렇지 않은 경우에는 불가능하다(즉, 잠재변수의 영향을 제거할 수 없다). 데이터를 수집하는 단계에서 잠재변수를 간과하지 않도록 주의할 필요가 있다.

2.4.2 관찰연구와 실험연구

앞의 절에서는 2개 변수들 사이의 관계를 조사할 때, 다른 변수의 영향을 제거하는 방법에 대해서 설명하였다. 그러나, 이런 방법을 사용하더라도 인과관계를 완전하게 조사할 수는 없다. 따라서, 여기에서는 어떤 사건의 영향을 조사하는 연구에 대해서 설명하도록 한다.

어떤 사건의 영향을 조사하려는 경우, 그 사건을 수행한 경우와 수행하지 않은 경우를 비교하면 편리하다. 예를 들면, 담배를 피우면 폐암발생률이 증가하는지 여부를 조사하기 위하여, 흡연자와 비흡연자 사이의 폐암발생률을 조사한다. 이때, 흡연 여부는 각자의 의지에 따르고 있다. 이와 같이, 어떤 사건을 수행하는지 여부를 본인이 결정할 수 있는 상황하에서, 그 사건의 결과를 비교하는 연구를 관찰연구라고 부른다.

관찰연구에서는 그림 2.23과 같이, 흡연 여부에 따른 영향을 조사하려고 했음에도 불구하고, 흡연자와 비흡연자 각각의 특징에 대한 차이로부터 발생하는 영향도 포함되므로, 원인을 특정하기 어렵게 된다.

따라서, 관찰연구를 수행하는 경우에는 조사하려는 사건 이외의 조건들을 가능한 한 살펴볼 필요가 있다. 예를 들면, 흡연자와 비흡연자를 비교하는 경우, 특정한 성별(남성 또는 여성), 음주여부,

혼인여부, 평소 식생활 습관 등의 조건을 살펴보면서 비교함으로써, 흡연여부의 영향을 조사할 수 있다. 단, 앞서 설명한 경우와 마찬가지로, 조사하지 않은 조건의 차이에 대해서는 조정할 수 없으므로, 결과에 영향을 줄 수 있을 것 같은 데이터는 사전에 모두 모아둘 필요가 있다.

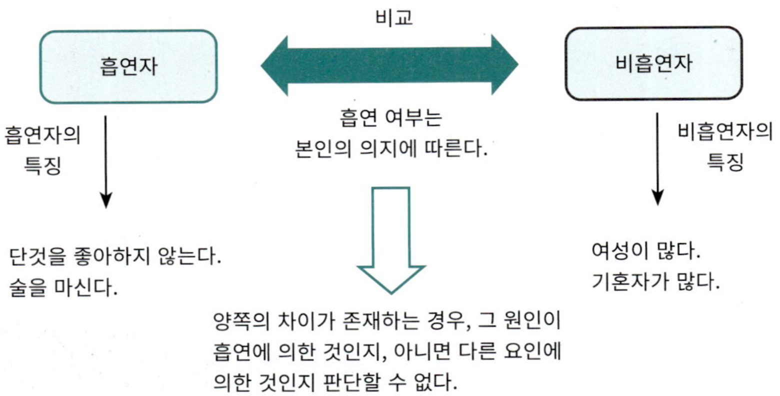

〈그림 2.23〉 관찰연구의 예

한편, 실험연구는 어떤 사건의 영향을 조사할 때, 그 사건을 적용할 것인가 여부를 연구자가 할당한 상태에서 서로간의 차이점에 대해서 조사하는 연구이다. 이때 수행하는 할당작업에 대해서는, 무작위로 할당한다는 점이 중요하다. 피실험자를 무작위로 할당함으로써, 다양한 피실험자가 존재하더라도 유사한 성질을 갖는 피실험자가 각 그룹에 같은 정도로 포함될 것으로 기대할 수 있다.

그림 2.24는 어떤 건강식품의 효과를 조사하기 위한 실험연구의 예를 보여주고 있다. 이 예에서는, 그룹A와 그룹B에 각각 소속된 사람들에 대하여 1개월간의 영향에 대한 차이점을 조사함으로써, 건강식품의 효과를 측정한다. 실험연구에서는, 어떤 건강식품을 섭취했는지 여부 외에는 그룹 사이의 특징에 관한 차이점은 존재하지 않으므로, 건강식품의 효과를 구체적으로 측정하는 것이 가능하게 된다.

그림 2.24의 비교에 있어서, 그룹B에 소속된 사람들에게 "건강식품을 먹지 않도록" 하는 것이 아니라, "건강식품과 유사한 제품을 먹도록" 한다는 점에 중요한 의미가 있다. 사람들에게 약을 먹이

거나 건강식품을 먹도록 하면 예상했던 것 보다 더 다양한 효과가 나타난다고 알려져 있다. 이와 같은 효과를 플라시보 효과(또는, 위약효과)라고 부른다. 만약, 그룹A와 그룹B에 소속된 사람들에게 자신들이 건강식품을 먹고 있는지 여부를 알려주면, 건강식품의 효과를 올바르게 파악할 수 없게 된다. 따라서, 이와같은 비교실험에서는 피실험자가 어떤 그룹에 소속되어 있는지를 알 수 없도록 하는 것이 중요하다.

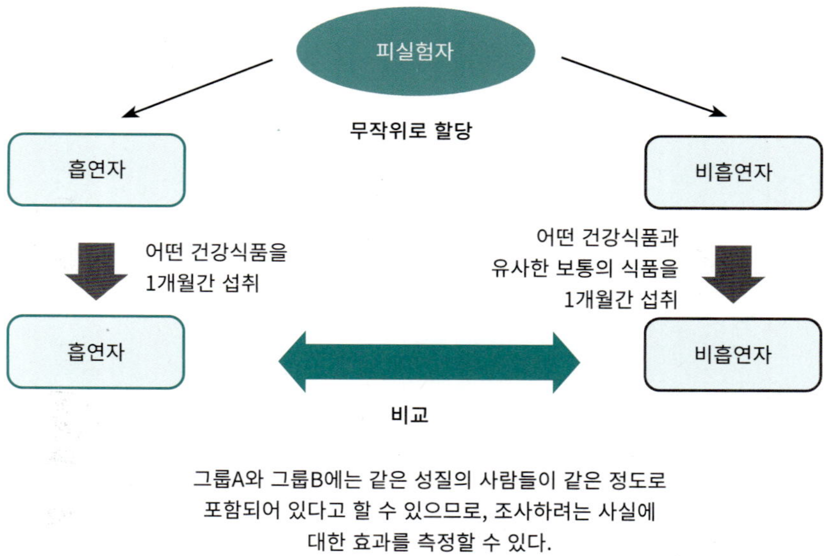

〈그림 2.24〉 실험연구의 예

2.4.3 표본조사

어떤 조사를 수행하는 경우, 조사 대상의 전체 집합을 모집단(population 또는 universe)이라고 부른다. 모집단 전체를 조사하는 것이 바람직하지만, 일반적으로 모집단 전체를 조사하는 것이 어려운 경우가 많다. 이와같은 경우에는 모집단의 일부분을 추출하여 조사를 수행하게 된다. 이와 같이, 모집단으로부터 조사를 위해서 추출한 대상들의 집합을 표본(sample)이라고 부른다. 표본을 구성하는 대상의 개수를 샘플 사이즈(sample size) 또는 표본 크기라고 부른다. 예를 들면, TV 시청률조사에서는 TV를 보유하고 있는 모든 세대가 모집단이며, 시청률을 조사하는 장치를 설치하고 있는 세대들이 표본이 된다. 또한, 정당의 지지율 조사에서는, 유권자 전체가 모집단이며, 전화조사를 수행한 대상자 전원이 표본이 된다.

모집단 전체에 대한 조사가 어려운 것은 주로 다음과 같은 2가지가 이유 때문이다.

- **비용 및 시간 문제**

  예를 들면, 우리나라 국민 전체를 조사하려는 경우, 모집단 전체를 조사하기 위해서는 막대한 비용과 시간이 소요되므로 조사에 어려움이 많다.

- **물리적 문제**

  예를 들면, 어떤 약제품의 효과를 조사하려는 경우, 모집단은 앞으로 해당 약제품을 사용할 사람들 전체가 되기 때문에, 모집단 전체를 미리 조사하는 것은 불가능하다.

이와 같이 모집단 전체에 대한 조사가 어려운 경우에는, 모집단으로부터 표본을 추출한다. 이때, 표본의 특징과 모집단의 특징이 유사한 경향이 유지될 수 있도록 하는 것이 중요하다.

표본의 특징과 모집단의 특징 사이의 차이를 확률적으로 낮게 하는 기본적인 방법이 단순 무작위 추출(simple random sampling)이다. 단순 무작위 추출은 모집단으로부터 표본을 완전히 무작위(랜덤하게)로 고르는 기법이다. 그러나, 모집단이 방대한 경우에는, 단순 무작위 추출 방법을 사용하면 비용이 들게 된다. 예를 들면, 모집단이 우리나라 국민 전체가 되는 경우, 단순 무작위 추출 방법을 수행하면, 각 사람마다 조사를 위하여 우리나라 각 지역을 방문하지 않으면 안된다. 따라서, 단순 무작위 추출보다 조사 비용을 줄일 수 있는 표본 추출 방법이 다양하게 제안되어 있다. 여기에서는 4가지 표본 추출 방법에 대해서 설명하기로 한다.

첫번째 표본 추출 방법으로는 계통추출법(Systematic Sampling. 체계적 표집법이라고도 부름)이 있다. 계통추출법은 모집단의 대상 전체에 대하여 일련번호를 부여하고, 적당한 대상부터 같은 간격으로 표본을 추출하는 방법이다(그림 2.25). 계통추출법에서는 일련번호가 무작위로 부여되어 있으면, 모집단과 표본 사이의 특징 차이가 확률적으로 작아지지만, 표본조사 비용은 그다지 줄어들지 않는다.

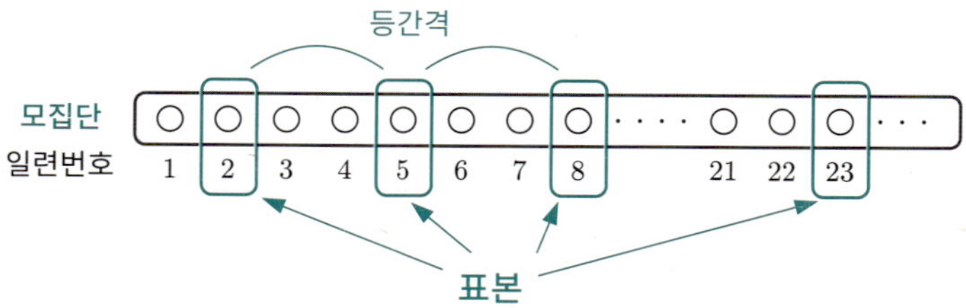

〈그림 2.25〉 계통추출법

두번째 표본 추출 방법은 클러스터 추출법(Cluster Sampling. 군집표본추출법이라고도 부름)이다. 클러스터 추출법은 모집단을 몇개의 그룹으로 분할하고, 무작위로 추출한 1개 또는 여러 개의 그룹을 표본으로 선택하는 방법이다(그림 2.26). 모집단과 표본의 특징 차이를 적게 하기 위해서는 특수한 치우침이 있는 그룹을 만들지 않도록 해야 한다.

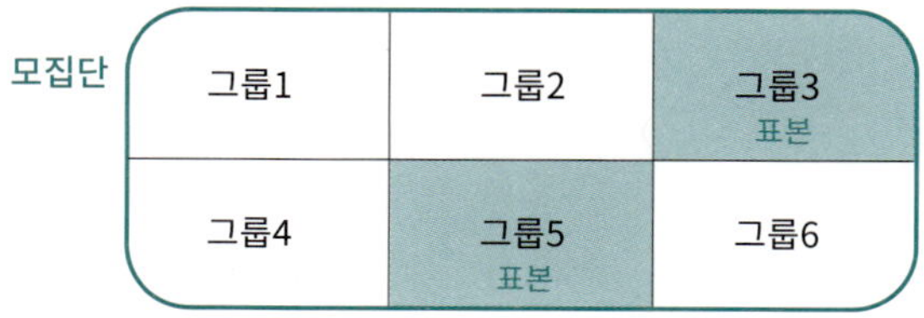

〈그림 2.26〉 클러스터 추출법

세번째 표본 추출 방법으로는 층화 추출법(Stratified sampling)이 있다. 층화 추출법은 모집단 속에서 유사한 성질을 갖는 그룹(계층)으로 나누어서(예를 들면, 성별 또는 시대별로 나눔), 각 그룹에서 표본을 추출하는 방법이다. 일반적으로 모집단에서 각 그룹의 비율과 표본에서 각 그룹의 비율이 같아지도록 표본을 추출한다(그림 2.27).

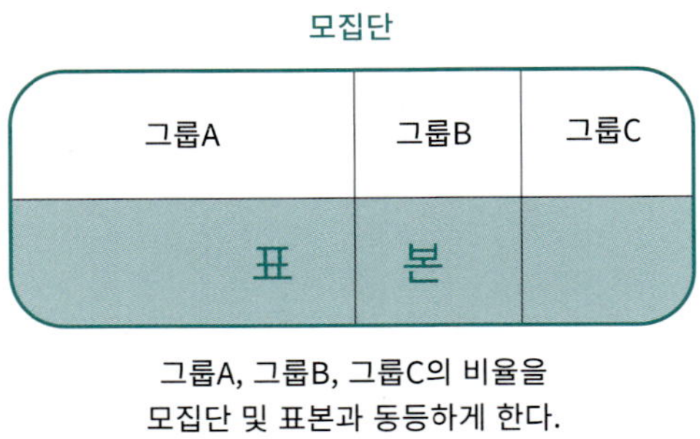

〈그림 2.27〉 층화 추출법

예를 들어, 어떤 대학교의 학생 전체를 모집단으로 하고, 이 대학교에는 A학부, B학부, C학부, D학부, E학부와 같은 5개 학부에 각각 1000명, 200명, 400명, 800명, 100명의 학생들이 재학중이라고 가정하자. 표본으로서 100명을 추출하려는 경우, A학부에서 40명, B학부에서 8명, C학부에서 16명, D학부에서 32명, E학부에서 4명을 추출한다. 이때, 각 학부의 비율이 모집단의 구성과 일치한다. 층화 추출법에서는 각 그룹에 비슷한 사람을 모이게 하는 것이 중요하다.

네번째 표본 추출 방법으로 다단추출법(multi-stage sampling)이 있다. 다단추출법은 클러스터 추출법을 반복수행하고 마지막 단계에서 단순 무작위 추출법을 수행하는 방법이다. 계층이 늘어날 수록 모집단과 표본의 차이가 커지기 쉽다는 점에 주의해야 한다.

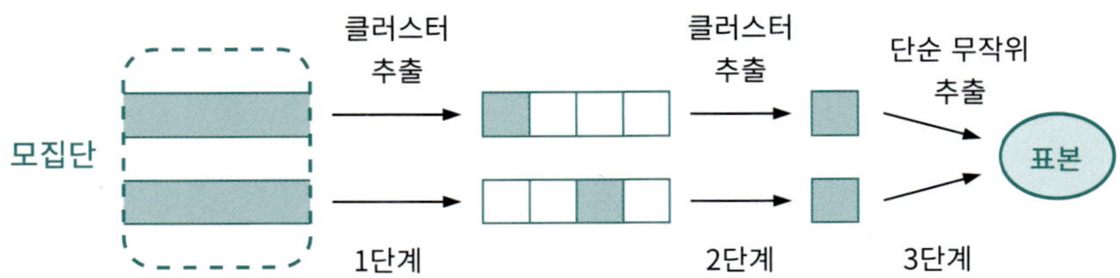

〈그림 2.28〉 다단추출법

모집단과 표본의 차이 정도와 표본 추출 비용 등을 고려하면서 적절한 표본 추출을 수행하는 것이 중요하다.

2.4.4 적절한 그래프 사용법

데이터의 특징을 수월하게 파악하기 위해서는 적절한 그래프를 사용하여 가시화할 필요가 있다. 데이터의 종류, 항목수, 비교하려는 내용에 따라서 다양한 그래프를 사용할 수 있다. 기본적으로는 다음을 참고하여 그래프를 선택하도록 한다.

- 각 카테고리(항목)의 양을 비교하는 경우에는, 막대그래프를 사용한다.
- 양적 데이터의 분포를 확인하는 경우에는, 히스토그램을 사용한다.
- 데이터의 시간적 변화를 살펴보려는 경우에는, 꺾은선 그래프를 사용한다.
- 어떤 데이터에 포함된 각종 비율을 파악하려는 경우에는, 파이 그래프(파이 차트)를 사용한다.
- 여러 개의 데이터에 포함된 각종 비율을 비교하려는 경우에는, 띠 그래프(Band graph)를 사용한다.
- 여러 개의 데이터에 대한 총량 및 각종 비율을 비교하려는 경우에는, 누적 막대 그래프(Stacked bar graph)를 사용한다.
- 2종류의 양적 데이터 사이의 관계를 살펴보려는 경우에는, 산포도(Scatter graph)를 사용한다.

히스토그램과 산포도에 대해서는 각각 2.1.1절과 2.2.2절에서 설명하였으므로, 여기에서는 그밖의 다른 그래프들을 사용할 때 주의해야 할 사항에 대해서 설명하기로 한다.

우선, 막대 그래프에 대한 사용법에 대해서 설명하도록 한다. 그림 2.29는 어떤 제품의 중량을 나타낸 막대 그래프이다. B의 중량이 가장 가볍고 C가 가장 무겁다고 느껴질 것이다. 이 막대 그래프는 부적절한 그래프에 대한 전형적인 예를 보여주고 있다. 그림 2.29에서와 같이 막대 길이의 차이가 크게 보이는 눈금을 설정하지 않도록 한다. 예를 들면, 전체의 1% 또는 0.1%정도에 불과한 변동이 있는 부분이라도 확대해 보면 큰 차이가 나는 것처럼 보인다.

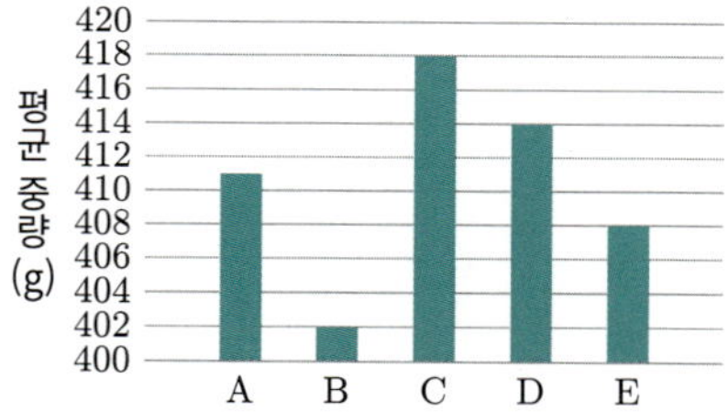

〈그림 2.29〉 막대 그래프의 예1

위의 예에 대해서, 눈금을 0부터 시작하도록 표시한 것이 그림 2.30의 왼쪽에 있는 막대 그래프이다. 이렇게 변형된 막대 그래프에서 확인할 수 있듯이, 중량의 차이는 총량과 비교하면 지극히 작다. 막대 그래프는 막대의 길이로 양을 나타내는 그래프이므로, 눈금을 0부터 시작하는 것이 중요하다. 단, 품질관리 분야 등에서는, 어떤 기준량과의 차이를 나타내려는 의도가 있을 수 있다. 그런 경우에는 기준량과의 차이에 대한 그래프를 작성하도록 한다. 또한, 카테고리 A, B, C, D, E가 학년을 나타내거나, 설문조사에서 "매우 그렇다", "그렇다", "보통이다", "그렇지 않다", "매우 그렇지 않다"와 같이 순서가 정해진 것이라면, 순서를 변경해서는 않된다. 그러나, 상품명을 나타내는 경우처럼, 순서가 특별한 의미를 갖지 않는 경우에는, 그림 2.30의 오른쪽에 있는 막대 그래프와 같이 내림차순으로 정렬하여 파악하기 수월하도록 표현할 수 있다. 또한, 그래프를 그리면서 단위를 명확히 하는 것도 중요하다.

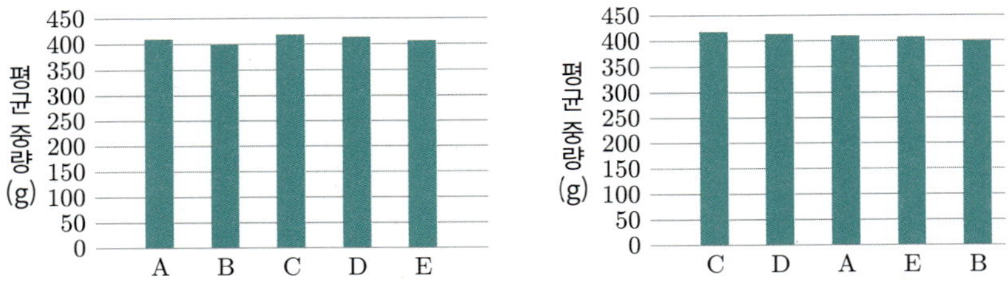

〈그림 2.30〉 막대 그래프의 예2

이어서 꺾은선 그래프와 막대 그래프의 차이점에 대해서 설명하도록 한다. 우선, 꺾은선 그래프는 시간적인 변화를 살펴보기 위한 그래프이므로, 눈금을 반드시 0부터 시작할 필요는 없지만, 여러 개의 그래프들을 비교하려는 경우에는 눈금을 통일시키는 것이 좋다. 예를 들어, 그림 2.31은 어떤 2개 점포들의 매상 추이를 나타낸 꺾은선 그래프로서, 부적절한 예를 보여주고 있다. 그림 2.31을 살펴보면, 점포A의 매상이 높고 안정화되어 있는 것처럼 보인다. 그러나, 2개 그래프의 눈금은 서로 다르게 되어 있다. 한편, 각 그래프의 눈금을 통일시킨 것이 그림 2.32로서, 앞서 살펴보았던 그림 2.31과는 상당히 다른 느낌을 받게 된다. 이와 같이, 여러 개의 그래프들을 비교하는 경우에는 눈금을 통일시켜서 비교하는 것이 중요하다.

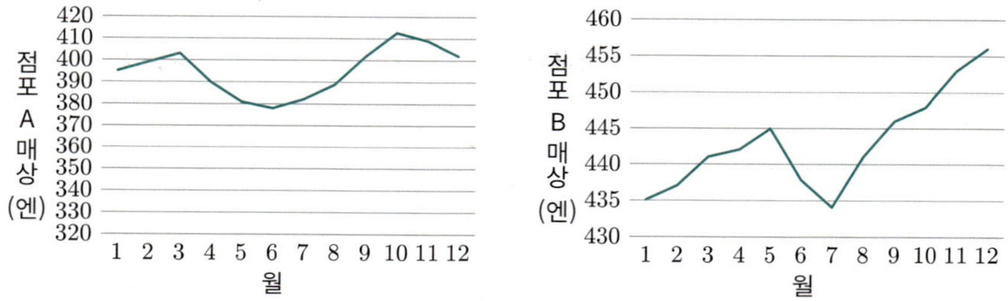

〈그림 2.31〉 꺾은선 그래프의 예1

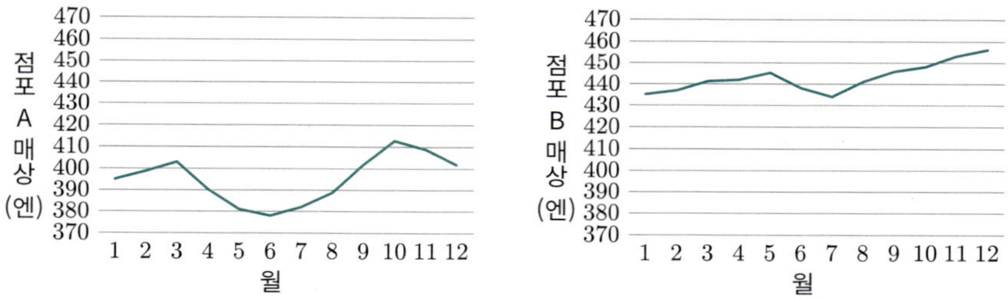

〈그림 2.32〉 꺾은선 그래프의 예2

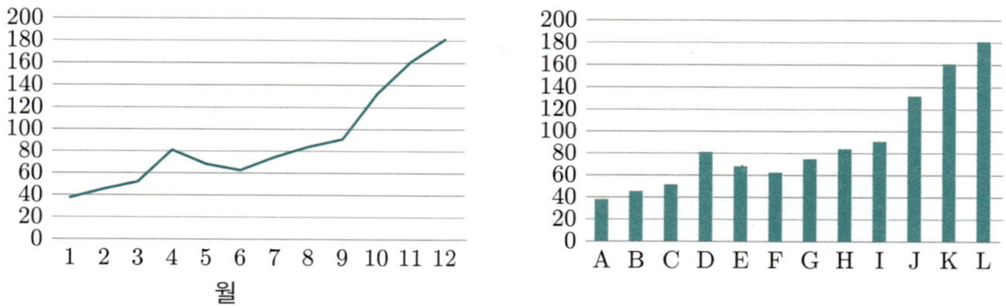

〈그림 2.33〉 꺾은선 그래프와 막대 그래프

또한, 그림 2.33에서는 세로축이 완전히 같은 데이터에 대해서 꺾은선 그래프와 막대 그래프로 나타내고 있다. 꺾은선 그래프는 증가량 및 감소량을 직선의 기울기로 파악할 수 있다는 장점이 있다. 예를 들면, 10월이후 매달 직선의 기울기가 작아지고 있으므로, 증가량이 적어지고 있음을 파악할 수 있다. 한편, 막대 그래프는 비교 대상이 주변에 위치한 데이터에 한정되지 않으므로, 직선으로 연결하는 것은 의미가 없다.

파이 그래프(파이 차트)에서는 각 속성의 비율을 원의 각도를 사용하여 나타내고 있다. 그림 2.34의 왼쪽 그림은 어떤 도시의 연령구성을 나타낸 파이 그래프이다. 어떤 데이터에 포함되는 비율을 파악하려는 경우에 파이 그래프가 적절하지만, 2개 이상의 그래프들에서 비율을 비교하기에는 적절하지 않다. 2개의 원을 비교하여 각 비율에 대해서 어느 한쪽이 더 큰가를 판단하는 것은 어렵다. 이런 경우에는 그림 2.34의 오른쪽 그림과 같은 띠 그래프를 사용하도록 한다. 띠 그래프는 길이가 비율을 나타내므로, 그래프들간의 비율을 비교하기 수월하다.

또한, 파이 그래프와 띠 그래프에서는 비율을 표현할 수만 있으며, 비율과 양을 동시에 파악하기 위해서는 누적 막대 그래프(그림 2.35의 왼쪽 그림)와 클러스터형 막대 그래프(clustered bar graph. 묶은 막대 그래프: 그림 2.35의 오른쪽 그림)를 이용하는 것이 좋다.

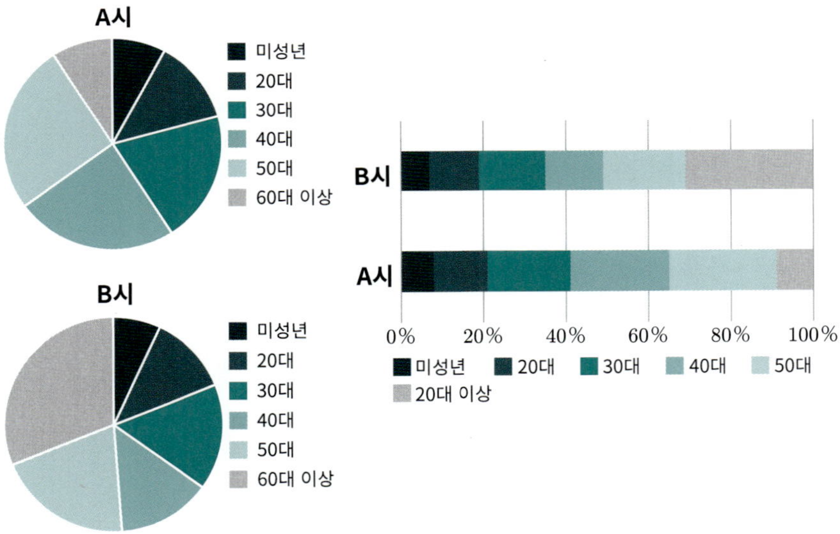

〈그림 2.34〉 파이 그래프와 띠 그래프

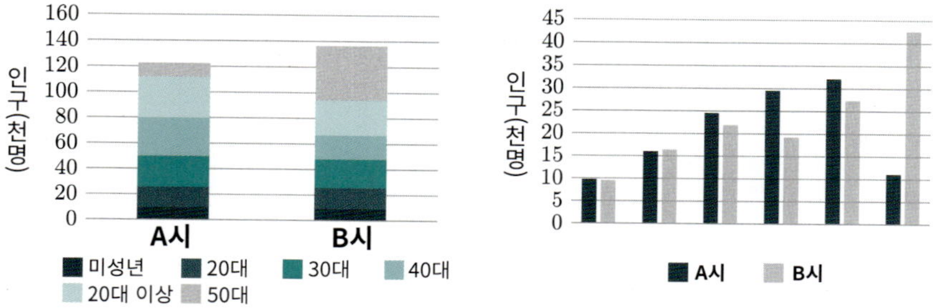

〈그림 2.35〉 누적 막대 그래프와 클러스터형 막대 그래프

마지막으로, 파이 그래프를 대신하여 자주 사용되는 3D 파이 그래프에 대해서 설명하도록 한다. 3D 파이 그래프는 파이 그래프를 입체적으로 묘사하여 비스듬하게 바라본 모습을 표현한 것으로서, 비율을 시각적으로 파악할 수 없기 때문에 사용하는 것은 바람직하지 않다. 예를 들어, 그림 2.36은 판매액을 구성하는 몇가지 상품들의 비율을 3D 파이 그래프와 일반적인 파이 그래프로 나타내고 있다. 그림 2.36을 살펴보면 가장 비율이 큰 상품은 상품B와 상품E로서, 모두 22%로 되어 있다. 그 다음으로 비율이 큰 상품은 D와 E로서 각각 17%이다. 일반적인 파이 그래프에서는 이와 같은 비율을 어느정도 파악할 수 있지만, 3D 파이 그래프에서는 파악하기 어렵다. 비율에 대한 수치가 병기되어 있지 않은 3D 파이 그래프를 사용하면 착각을 일으킬 수 있어서 아무런 장점을 갖지 못한다.

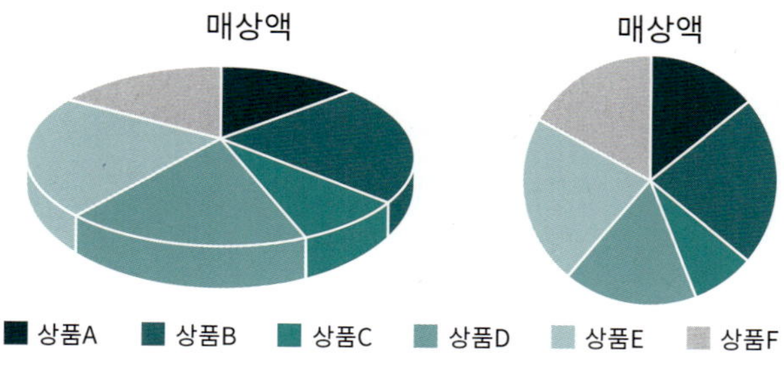

〈그림 2.36〉 3D 파이 그래프와 파이 그래프

과제학습

2.4-1 소득이 성적과 학력에 영향을 주는지의 여부를 실험연구를 통해 그 조사가 가능한지 검토하시오.

2.4-2 허위상관관계에 관한 아래의 설명(a)~(c) 중에서 가장 적절한 것을 1개 선택하시오.

(a) 어떤 체인 음식점에 대해서, 한달간의 매상과 점포면적 사이의 관계를 조사한 결과, 강한 음의 상관을 보이고 있다(즉, 점포면적이 작은 점포일수록 매상이 높아지는 경향이 있다). 따라서, 점포주변을 지나다니는 행인 숫자가 제3변수로 되어 있지 않은지 조사해본 결과, 행인 숫자와 한달간의 매상 사이의 관계는 강한 양의 상관관계가 있으며, 행인 숫자와 점포면적 사이의 관계는 강한 음의 상관관계가 있으므로, 한달간의 매상과 점포면적의 상관관계는 허위상관관계라고 할 수 있다.

(b) 어떤 공장에서 제조하고 있는 제품의 중량에 관련된 공정을 조사해본 결과, 어떤 공정에서의 설정값A와 제품의 중량 사이의 상관관계가 상당히 강했다. 그러나, 현장으로부터 해당 공정이 중량에 관련될리 없다는 의견이 있었다. 따라서, 다른 공정이 중량에 관련되어 있을 것으로 생각되어, 기온 등과 같은 환경정보에 대해서는 전혀 조사해 보지 않고서, 다른 공정에 관한 데이터를 수집하여 해당 공정의 영향을 제거한 설정값A와 제품의 중량 사이의 편상관계수를 조사해본 결과, 원래의 상관계수와 큰 차이가 없었으므로, 이것은 허위상관관계가 아니라고 할 수 있다.

(c) 어떤 슈퍼마켓에서 하루의 매상과 강수량 사이의 관계를 조사해 본 결과, 양의 상관관계를 보였다. 이에 이런 상관관계가 허위상관관계가 아닐까 생각하여, 우산의 판매수와의 관계를 조사해 보았다. 그 결과, 우산의 판매수와 하루의 매상 사이에는 상관관계를 발견할 수 없었으나, 우산의 판매수와 강수량 사이에는 강한 상관관계가 발견되었기에, 우산의 판매수가 제3변수라고 할 수 있다.

제

03

장

데이터사이언스 분야의 분석기법

제3장에서는 데이터사이언스 분야에서 사용하고 있는 몇가지 분석기법들을 소개한다. 이러한 분석기법들은, 실제 비즈니스와 연구에서 사용하고 있으며, 제4장에서 소개할 소프트웨어에도 내장되어 있으므로 간단하게 활용할 수 있다.

3.1

크로스집계 (cross tabulation. 교차집계)

데이터를 분석할 때, 다양한 속성들에 따라서 데이터를 분류하여 표 형태로 정리하면 유용한 경우가 많다. 이와 같이 여러 개의 속성들에 맞추어서 표 형식으로 정리한 것을 교차집계라고 부른다.

예를 들면, 인터넷에서 상품을 판매하는 회사에서 "쿠폰을 배포하여 매상을 늘리자"라고 생각했다고 하자. 쿠폰의 효과를 분석하기 위해서는, 고객을 2가지 그룹("쿠폰을 배포했다"와 "쿠폰을 배포하지 않았다")으로 나누어서 분석할 필요가 있다.

〈표 3.1〉 교차집계표①

	상품을 구매했다	상품을 구매하지 않았다	합계
쿠폰을 배포했다	20	80	100
쿠폰을 배포하지 않았다	30	170	200
합계	50	250	300

표 3.1은 항목명과 합계를 나타내는 행과 열(첫번째 행과 열 및 네번째 행과 열)을 제외하면 2행 2열로 구성되어 있으므로, 2x2 교차집계표라고 부른다(Cross Table 또는 분할표라고도 부른다). 이러한 집계표로부터,

- 쿠폰을 배포한 100명 중에서 20명(20%)이 상품을 구매했다.
- 한편, 쿠폰을 배포하지 않았던 200명 중에서, 상품을 구매한 사람은 30명(15%)에 불과하다.

라는 사실을 읽어낼 수 있어서, "쿠폰 배포는 매상 증가로 이어지는 것 같다"라고 추론할 수 있다.

더욱 자세하게 "쿠폰 배포의 효과는 남녀간에 차이가 있을까?"에 대하여 살펴보기 위해서는, 표의 세로축을 더 상세하게 나누어 볼 필요가 있다. 표 3.2는 분류항목이 3개로 되었으므로, 2x2x2형태의 3중 교차집계표라고 부른다. 또한, 성별이 아니라 연령계급(예를 들면, 10대, 20대, 30대, 40대, 50대 이상 등과 같은 5개 그룹)으로 나눌 경우에는 2x5x2형태의 교차집계표가 된다.

〈표 3.2〉 교차집계표②

		상품을 구매했다	상품을 구매하지 않았다	합계
쿠폰을 배포했다	남성	12	38	50
	여성	8	42	50
쿠폰을 배포하지 않았다	남성	20	100	120
	여성	10	70	80
합계		50	250	300

교차집계표의 항목을 증가시키면 보다 자세한 분석이 가능하게 된다. 그러나, 너무 지나치게 상세하게 되면 각 항목에 포함된 데이터가 적어지게 되어 결과에 대한 신뢰도가 낮아질 우려가 있으므로, 어떤 항목을 선택할 것인가에 대해서는 분석담당자가 판단력을 발휘해야 한다.

3.2

회귀분석

앞서 2.3절에서 설명한 바와같이, 회귀직선은 각 요인들의 영향을 수치적으로 나타낼 수 있으므로 데이터분석에서 강력한 무기가 될 수 있다.

3.2.1 선형회귀

예를 들어, 슈퍼마켓의 구매 담당자가 내일 영업을 위해서 아이스크림을 몇개 구매할 것인가를 결정해야되는 상황을 생각해보도록 하자. 구매 담당자는 내일 아이스크림이 몇개 팔릴 것인가를 예측할 수 있어야 한다. 아이스크림의 판매수량에 영향을 주는 요인으로는 여러가지를 생각해 볼 수 있으나, “더운 날에는 아이스크림이 많이 팔릴 것이다”라는 아이디어가 가장 직관적으로 떠오를 것이다. 이때, 과거의 데이터로부터 각 날짜의 아이스크림 판매수량과 최고기온 데이터를 조사하여 회귀분석을 수행한다. 예를 들어, 회귀직선의 수식(회귀식)이 다음과 같이 구해졌다고 가정해 보자.

$$\hat{y} = 210.8 + 134.2x \tag{3.1}$$

위의 회귀식에서 $\hat{y}$은 아이스크림의 판매수량에 대한 예측값(단위: 개)이고, x는 최고기온(℃)이다. 위의 회귀식으로부터 "최고기온이 1℃ 상승하면, 아이스크림의 판매수량은 134.2개씩 증가할 것이다"라는 예측이 가능하며, 내일의 예상최고기온이 30℃라면 (3.1)의 회귀식에 $x = 30$을 대입하여 $\hat{y} = 4236.8$이라는 예측을 할 수 있다.

또한, 최고기온뿐만 아니라, "가격을 저렴하게 하면 많이 판매된다", "평일보다는 휴일에 많이 팔린다" 등과 같은 요인들을 추가할 수도 있다.

가격에 대해서는, 회귀식(3.1)의 오른쪽 항에 변수를 추가하면 된다. "휴일 여부"는 수치가 아니므로 회귀식(3.1)에 그대로 추가할 수는 없으나, "휴일인 경우에는 1, 평일인 경우에는 0"과 같은 값을 갖는 변수 D를 회귀식에 포함시킬 수 있다. 이와같은 변수를 더미변수(Dummy Variable)라고 부른다. 이와 같이 설명변수가 2개 이상 존재하는 회귀분석을 다중회귀분석(multiple regression analysis)이라고 부른다. 반면, 변수가 1개 존재하는 경우에는 단순회귀분석(simple regression analysis)이라고 부른다. 단순회귀분석과 유사한 방법으로, 최소자승법을 토대로 계산용 소프트웨어를 이용하여 회귀직선을 구할 수 있다. 예를 들면, 다음과 같은 회귀식을 구했다고 가정해 보자.

$$\hat{y} = 195.4 + 118.1x - 5.8p + 30.4D \quad (3.2)$$

이때, p는 아이스크림 1개의 가격(엔)이고, D는 휴일/평일을 나타내는 더미변수(휴일이면 1, 평일이면 0)이다. 회귀식(3.2)로부터, "아이스크림의 가격을 1엔 올리면, 매상이 5.8개 줄어든다", "휴일은 평일에 비해서 매상이 30.4개 올라간다" 등과 같은 예측을 할 수 있다.

3.2.2 결과를 살펴보는 방법(예: 평균수명과 담배)

일본 후생노동성이 발표한 "지자체별 생명표(2015년)"에 의하면, 남성 평균수명 기준, 시가현이 나가노현을 뛰어넘어서 일본내에서 최고 장수 지자체로 조사되었다. 이러한 결과에 대하여 다양한 요인들이 있겠지만, "시가현의 흡연률이 낮다"라는 사실에 주목해 보자. 흡연이 건강에 나쁜 영향을 준다는 사실은 여러가지 의학 연구에서 지적되고 있으므로, 지자체별 데이터를 사용하여 평균수명과 흡연율 사이의 관계를 살펴보도록 하자.

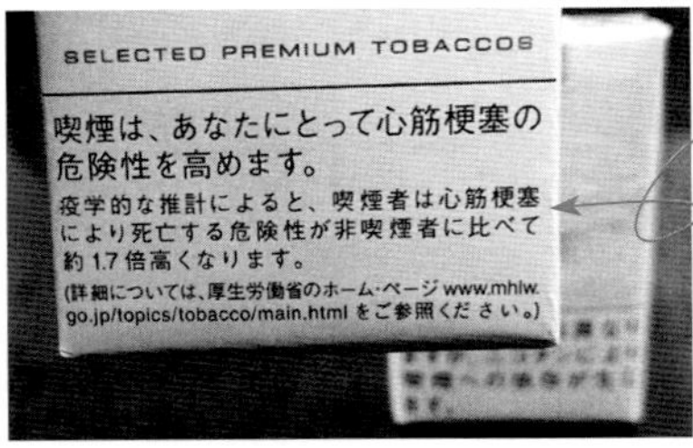

흡연은 당신에게 심근경색의 위험성을 높입니다. 의학적 추계에 의하면, 흡연자는 심근경색에 의한 사망 위험성이 비흡연자에 비해서 약1.7배 높습니다.

〈그림 3.1〉 일본의 담배갑 흡연 경고 표시

이때, "국민보건 • 영양조사(일본 후생노동성, 2012년)"의 흡연율(남성, 20세이상)과 "지자체별 생명표(일본 후생노동성, 2015년)"의 평균수명(남성)에 관한 데이터를 사용하도록 한다. 이러한 데이터는 인터넷을 통해 간단하게 수집할 수 있다. 제2장에서 소개한 산포도를 그려서 회귀분석을 수행한 결과가 그림 3.2에 표시되어 있다.

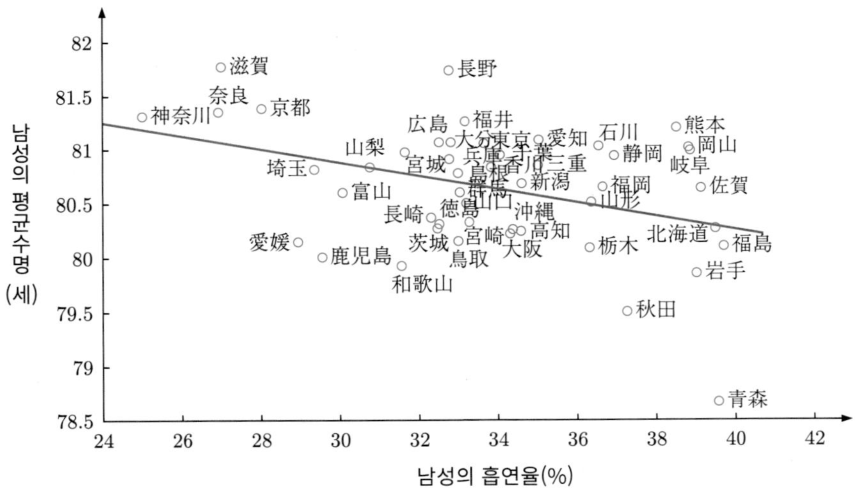

〈그림 3.2〉 흡연율과 평균수명

표계산용 소프트웨어 Excel을 사용하여 회귀분석을 수행하면 그림 3.3과 같은 결과가 출력된다. 그림 3.3을 살펴보면, 회귀식은,

$$(\text{평균수명에 대한 예측값}) = 82.7 - 0.06 \times (\text{흡연율}) \tag{3.3}$$

과 같은 식임을 알 수 있다.

회귀분석	
다중상관 R	0.386613
다중결정계수 R2	0.14947
보정 R2	0.130569
표준편차	0.537603
관측수	47

	계수	표준오차	t	P-값
절편	82.74262	0.747502	110.6921	1.78E-56
X 값 1	-0.06186	0.021997	-2.81215	0.007266

〈그림 3.3〉 회귀분석 결과

그림 3.3의 결과에서 우선적으로 주목해야 할 부분은, 결정계수("다중결정계수 R2") 부분이다. 결정계수는 회귀식이 어느 정도로 적합한지를 나타내는 척도로서, 0부터 1 사이의 값을 갖는다. 이 값이 클 수록(즉, 1에 근접할 수록) 회귀식으로서 적합하다고 할 수 있다. 위의 예에서는 결정계수가 0.14947이므로 비교적 낮은 편이다. 즉, 흡연율만으로는 지자체별 평균수명의 차이를 충분하게 모델링할 수 없음을 시사한다. 시계열 데이터와 같이 일정한 경향(트렌드)을 갖는 경우에는 결정계수는 0.9정도의 큰 값이 되는 경우도 있지만, 위의 예와 같이 어느 한 시점에서 지자체별 데이터는 횡단적인 데이터(Cross-session data)의 특성을 가지고 있어서, 결정계수는 그다지 크지 않은 경향을 보이며, 약 0.3~0.4정도가 되는 것이 일반적이다.

이어서, "X 값 1"의 "계수"가 −0.06으로 되어 있는 부분을 살펴보도록 한다. 이 값은 X(여기에서는 흡연율(%))의 계수가 −0.06이라는 것을 나타내고 있으며, "흡연율이 1% 증가하면, 평균수명이 0.06살 짧아지는 경향이 있다"는 것을 의미하고 있다. 이러한 계수가 커질 수록, 해당 변수가 결과(목적변수)에 미치는 영향이 커지게 되며, 변수의 단위를 무엇으로 하는가(예를 들면, 퍼센트(백분율)로 하는지, 아니면 퍼밀(천분율)로 하는지)에 따라 결과도 다르게 된다는 점을 주의해야 한다.

이제, "X 값 1"의 "t" 또는 "P−값"이 −2.8과 0.007로 되어 있는 부분을 살펴보도록 하자. 이 값들은 계수가 0인지 아닌지에 대한 t검정을 수행한 결과를 나타내고 있다. t검정에 대한 상세한 사항은 전문 서적을 참고하기 바라며, 여기에서 다루는 분석에서 가장 중요한 점은 "흡연율은 평균수명에 음의 영향을 주고 있다고 할 수 있는가", 즉, "회귀분석의 계수가 정말로 0이 아니라고 해도 좋은가"라는 것이다. 위의 예에서 보여주고 있는 계산결과에서는, 계수가 −0.06으로 되어 있으나 통계분석에서는 데이터의 오차가 발생하기 마련이므로, 우연히 계수가 음수가 되었을지도 모른다. 이와같은 오차를 고려해서 위의 회귀계수를 분석해보면, t 값이 −2.8로 되어 있다. 이 값을 t분포라고 하는 확률분포의 표와 대조시켜보면, "원래의 계수는 0이지만 이번에는 우연히 0으로부터 0.06이상 벗어난 확률은 0.007이다"라는 사실이 P−값이 0.007이라는 것을 의미한다. 확률 0.007(=0.7%)은 지극히 발생하기 어려운 확률이므로, 이 경우에는 "흡연율이 평균수명에 끼치는 영향은 0이 아니라고 판단해도 좋다"라는 결론에 도달하게 된다. P−값은 얼마가 좋은가에 대해서는 특별히 정해진 것은 없지만, 경제학이나 사회학에서는 P−값을 0.05(=5%)이하로 하여 판단기준으로 삼는 경우가 일반적이다.

3.2.3 떨어져있는 값의 영향

제2장에서 설명한 바와같이, 떨어져있는 값(Outlier)은 상관계수와 회귀분석의 결과에 커다란 영향을 준다. 따라서, 실제 분석을 수행할 때에는 가능한 한 산포도를 그려서 떨어져있는 값이 없는지 확인해야 된다.

떨어져있는 값이 존재하는 경우에는, 그 값을 분석 대상에서 제외하는 경우가 많지만, 정말로 제외시켜도 좋은지는 충분히 생각해 볼 필요가 있다. 예를 들어, 대규모 지진과 같이 좀처럼 발생하지 않는 현상을 분석하는 경우에는, 지진 발생은 대부분이 떨어져있는 값으로 분류되기 쉽다. 이런 경우에 떨어져있는 값들을 전부 제외시켜버리면, 분석의 의미가 없어져 버린다. 떨어져있는 값을 산포도 등으로 확인한 이후에, 이런 값들을 제외시킬 것인지 여부는 데이터의 특성과 분석 목적을 충분히 고려하여 결정해야 한다.

3.2.4 역 회귀 분석

앞서 살펴보았던 평균수명에 관한 예에서는, 흡연율을 설명변수로 하고 평균수명을 목적변수로 설정하였으나, 설명변수와 목적변수를 무엇으로 설정할 것인가는 상당히 중요한 문제이다. 실제로 어느쪽을 설명변수로 하는가에 의해 회귀분석의 결과는 서로 다르게 된다.

이런 현상에 대해서는, 회귀계수를 구할 때의 최소제곱법으로 어떤 계산을 하고 있는가를 생각해 보면 알 수 있을 것이다. 그림 3.4와 같이 설명변수가 (가로축)라고 하면, 최소제곱법은 세로방향의 거리에 대한 제곱의 전체합을 최소화하는 것이고, 설명변수가 (세로축)라고 하면, 가로 방향의 거리에 대한 제곱의 전체합을 최소화하는 것이다. 이와 같이 계산하고 있는 내용이 서로 다르기 때문에 계산결과도 당연히 서로 다르게 된다.

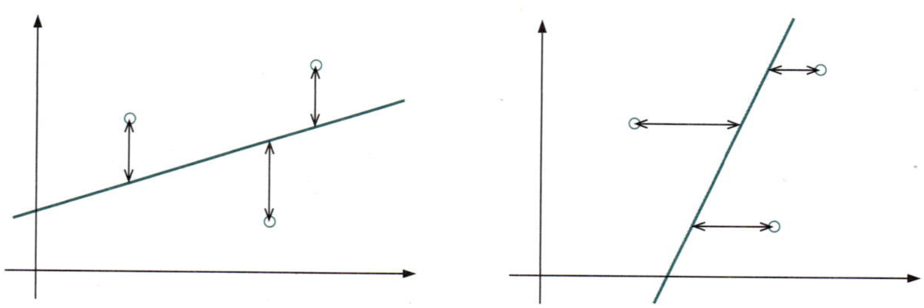

〈그림 3.4〉 역 회귀 분석

예를 들어, 를 설명변수로 설정하여,

$$\hat{y} = 0.4 + 0.8x \tag{3.4}$$

와 같은 회귀식을 구했다고 해서, 이 식을 x에 대해서 풀면 $x = -0.5 + 1.25\hat{y}$가 되므로 y를 설명변수로 설정해서 회귀분석을 수행한 결과가 이와 동일하다고 할 수 없다(x와 y가 완전하게 일직선상에 놓여져 있는 경우 이외에는 이렇게 되지 않는다)는 것이다.

이와같은 특성에 관한 가장 유명한 사례로서, "회귀분석"이라는 명칭의 어원(regression)으로도 되어 있는, 영국 인류학자 프랜시스 골턴 경(Sir Francis Galton)의 연구를 손꼽을 수 있다. 골턴 경은 부모의 키와 자녀의 키 사이의 관련성을 조사하기 위해, 오늘날 우리들이 사용하고 있는 회귀분석을 수행(부모의 키를 설명변수로 하고 자녀의 키를 목적변수로 설정해서 계산)한 결과, 회귀계수가 1보다 작은 양수가 됨을 밝혀냈다. 골턴 경은 이러한 결과를, 부모의 키가 큰 경우에 그 자녀도 키가 큰 경향이 있으나, 부모만큼 크지 않고 평균에 가깝게 된다라는 의미에서, "평범한 사람으로 회귀"라고 불렀다. 이것이 "회귀분석"의 어원으로 되었으나, 이러한 분석결과가 미래세대의 자손들의 키가 점점 평균값에 가까워져 간다는 것을 의미하는 것은 아니다. 실제로 이런 사례에 대하여 반대로 부모의 키를 목적변수로 하고 자녀의 키를 설명변수로 하여 분석하더라도, 계수는 1보다 작은 양수가 된다(즉, 부모의 키가 평균에 회귀되어 간다).

데이터분석에 있어서 분석의 목적에 맞추어서 설명변수와 목적변수를 선택할 필요가 있다.

3.2.5 주성분 분석에 의한 설명변수의 합성

빅데이터를 분석하는 경우, "데이터의 항목이 너무 많아서 곤란하다"는 상황이 자주 발생한다. 예를 들면, 마케팅 분석을 수행할 때, 고객이 어떤 상품을 구매했는지에 대한 데이터를 살펴보게 되면 "A사의 가방을 구매했다", "B사의 구두를 샀다", … 등과 같은 항목들이 너무 많아 처리하는 데 곤란한 경우가 있다. 회귀분석을 수행하는 경우에 설명변수의 개수가 지나치게 많으면 변수들 사이의 관계가 복잡하게 된다. 이러한 경우에는 주성분 분석(PCA : Principal Component Analysis)이라는 방법을 사용하여 유사한 변수들을 모아 새로운 변수를 만든다. 또한, 기계학습에서는 주성분 분석 및 기타 방법들을 사용하여 만든 데이터의 특징을 나타내는 유용한 변수를 특징량이라고 부른다.

예를 들어, 학교에서 시험 점수를 분석하는 경우를 생각해 보자. 시험과목으로는 영어, 수학, 물리, 화학, 지리, 등 다양하지만, 물리와 화학의 점수는 상당히 유사하게 되는 경향이 있다. 이와같은 경우에, 그림 3.5와 같이 물리와 화학의 1차함수가 향하는 방향으로 새로운 축을 만들면 양쪽 과목의 특징을 발견해 낼 수 있는 새로운 변수(예를 들면, "이과"라는 명칭을 붙이자)를 만들 수 있다. 이와같은 방법을 주성분 분석이라고 부른다.

구체적인 계산은 선형대수학 분야의 지식이 필요하므로 여기에서는 자세한 설명은 생략하겠지만, 빅데이터 분석에서는 변수가 너무 많은 경우에는 주성분 분석을 통해 변수를 줄이는(차원을 낮추는) 경우가 많다.

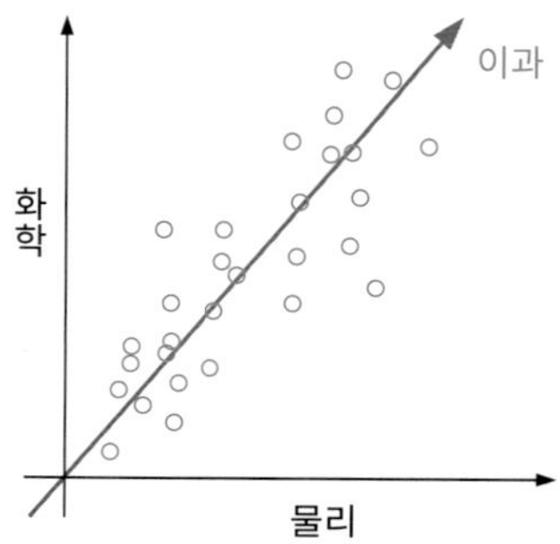

〈그림 3.5〉 주성분 분석

3.2.6 로지스틱 회귀분석

앞서 살펴보았던 예에서는 회귀분석의 목적변수 Y는 연속적인 값들을 가지고 있었다. 그러나, 실제 비즈니스 분야에서는 연속적인 값들 뿐만 아니라 "상품을 구입할까 구입하지 않을까"라든가 "로켓 발사가 성공할까 실패할까" 등과 같은 질적 변수에 대해서도 요인을 분석하려는 경우가 있다.

이와같은 경우에, 목적변수 Y가 갖는 값들을 앞서 소개했던 더미 변수와 유사하게, "상품을 구입한 경우에는 1, 구입하지 않은 경우에는 0"과 같이 설정하면 회귀분석을 수행할 수 있다. 단, 이때 제2장에서 설명한 직선을 적용해보면 실제 데이터와의 차이가 커지게 되는 경우를 발견할 수 있을 것이다. 따라서, 이러한 경우에는 로지스틱 곡선(Logistic Curve)이라고 부르는 곡선을 적용한 회귀식

$$\hat{y} = \frac{1}{1 + \exp(-(a + bx))} \tag{3.5}$$

을 활용하여 계수 a, b의 값을 추정하는 경우가 많다. 이때, $\exp(x) = e^x$ (e는 네이피어 상수로서 약 2.71828)은 지수함수이다. 이와 같이 로지스틱 곡선을 적용하는 회귀분석을 로지스틱 회귀분석(Logistic Regression Analysis)이라고 부른다[12].

12 엄밀하게는 로지스틱 회귀분석은 로지스틱 곡선이 0부터 1사이의 값을 갖는다는 사실로부터, $\hat{y}$을 "$y = 1$로 하는 확률"로 간주하여, 주어진 데이터가 발생할 확률("우도", likelihood 라고 부름)이 최대가 되는 계수 a, b의 값을 구한다.

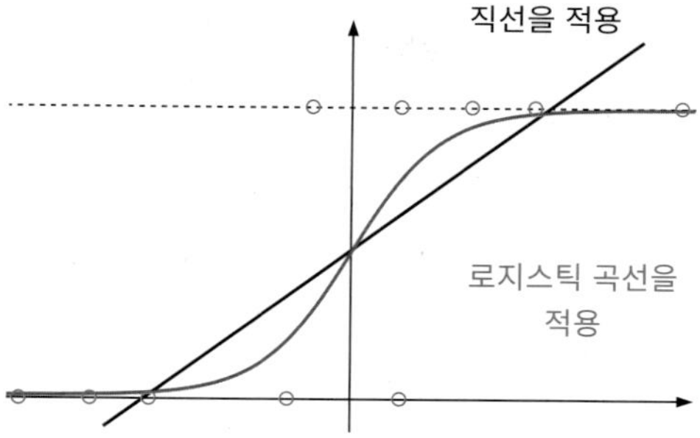

〈그림 3.6〉 로지스틱 곡선

또한, 로지스틱 곡선은 3.7절에서 소개할 뉴럴 네트워크에서도 자주 사용되고 있다. 로지스틱 곡선은 형태가 알파벳 S와 비슷하여 시그모이드 곡선(sigmoid curve)이라고 부르는 경우도 있다. 의미하는 바가 같아서 어떤 명칭을 사용해도 좋겠지만, 뉴럴 네트워크와 인공지능 분야에서는 시그모이드라고 부르는 경우가 많다.

로지스틱 회귀분석은 제2장에서 설명한 최소제곱법이 아니라 최우도법(maximum likelihood method)이라고 부르는 방법을 사용하여 계산한다. 로지스틱 회귀분석은 Excel에 내장되어 있지 않지만, 제4장에서 소개하는 통계해석 소프트웨어 R에는 내장되어 있어서 간단하게 이용할 수 있다.

3.3

베이즈 추론

3.3.1 베이즈 정리

베이즈 추론(Bayesian inference)은 확률론 분야에서 베이즈 정리를(Bayes' theorem) 토대로 관측된 데이터로부터 원인을 추측하는 방법이다.

어떤 사건 A가 일어날 확률을 $P(A)$로 나타내고, 사건 B가 발생했을 경우에 사건 A가 일어날 조건부 확률을 $P(A|B)$로 표기한다. 정의에 의해

$$P(A|B) = \frac{P(A \cap B)}{P(B)} \tag{3.6}$$

이다. 이때, $P(A \cap B)$는 A, B가 함께 일어날 확률을 나타낸다.

베이즈 정리는, 모든 사건들이 서로 교차하지 않는 n개의 사건 A_1, A_2, $\cdots$, A_n으로 나누어져 있을 때, 어떤 사건 B가 일어났을 때의 조건부 확률 $P(A_1|B)$는,

$$P(A_1|B) = \frac{P(B|A_1) \times P(A_1)}{P(B|A_1) \times P(A_1) + P(B|A_2) \times P(A_2) + \cdots + P(B|A_n) \times P(A_n)} \tag{3.7}$$

이라고 정의되어 있다.

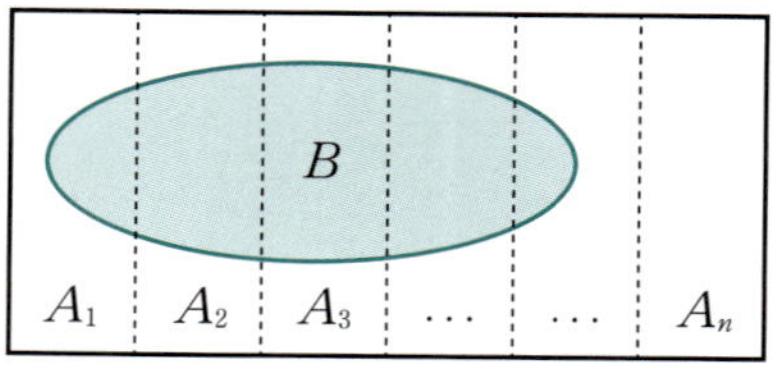

〈그림 3.7〉 베이즈 정리

위의 정의는 그림 3.7을 살펴보면 보다 쉽게 이해할 수 있다. 확률을 면적으로 나타내면, 조건부 확률은 면적의 비율이 되므로, 조건부 확률 $P(A_1|B)$는, 그림 3.7에서는

$$\frac{(A_1\text{과 } B\text{의 공통부분의 면적})}{(B\text{ 전체의 면적})} \tag{3.8}$$

이며, A_1과 B의 공통부분이 베이즈 정리의 분자이고, B 전체는 세로방향의 점선을 따라서 절단한 것을 합친 것으로서 분모에 해당한다. "정리(theorem)"라는 용어가 붙어있는 것은, 조건부 확률로부터 곧바로 도출되는 자명한 식이기 때문이다. 베이즈 추론에서는 $P(A_1)$을 A_1의 사전확률(순수하게 A_1이 일어날 확률)로서, 그리고 $P(A_1|B)$를 사건 B가 일어난 후의 A_1의 사후확률(B라는 사건이 발생했을 경우, A_1이 일어날 확률)로서 이용한다.

3.3.2 베이즈 추론의 응용사례(스팸 메일 검출)

베이즈 추론의 응용사례로서, 스멤 메일 검출에 대해서 설명한다. 우리들은 매일 대량의 이메일을 수신하고 있으며, 수신된 이메일 중에는 의심스러운 광고내용 등이 포함된 스팸 메일이 많다. 스팸 메일과 정상적인 메일을 자동적으로 판별할 수는 없을까? 이때 적용할 수 있는 방법론 중 하나가 베이즈 추론이다.

〈그림 3.8〉 스팸메일

스팸 메일에는 "무료초대" 또는 "당첨" 등과 같이, 메일을 읽어보는 사람을 현혹시키는 몇가지 특징적인 단어들이 사용되는 경우가 많다. 물론, 스팸 메일이 아닌 일반 메일에도 이러한 단어들이 사용되는 경우도 있지만, 확률적으로는 스팸 메일에서 사용되는 경우가 더 많을 것이다. 메일에 포함된 단어를 토대로 스팸 메일 여부를 확률적으로 판단하는 것을 살펴보도록 한다.

베이즈 추론을 수행하기 위해서는, "사전확률" 및 "조건부 확률"이 필요하다. 사전확률은 과거의 데이터로부터 획득할 수 있다. 예를 들어, 표 3.3과 같은 과거 데이터로부터, "무료초대"와 "당첨"이라는 단어를 포함하는 메일이 스팸 메일일 확률을 계산해 보도록 하자.

〈표 3.3〉 베이즈 추론

	"무료초대"	"당첨"	스팸메일 여부
1	—	○	스팸메일
2	○	—	스팸메일
3	—	○	스팸메일
4	—	—	일반 메일
5	○	—	일반 메일
6	—	○	일반 메일
7	—	—	일반 메일
8	—	—	일반 메일
9	—	—	일반 메일
10	—	—	일반 메일

스팸 메일일 확률을 P(스팸메일), "무료"라는 단어를 포함하는 메일이 스팸 메일일 조건부 확률을 P(스팸메일 | "무료")로 나타내도록 한다.

10건의 메일 중에서 3건이 스팸 메일이고 7건이 일반 메일이므로, 사전확률은 P(스팸메일) = 0.3, P(스팸메일이 아니다) = 0.7이다. 또한, P("무료초대" ∩ "당첨" | 스팸메일) 등과 같은 조건부 확률이 필요하며, 위와같은 방법으로 계산해도 되지만, 판정하기 위해 사용하는 단어의 개수가 늘어날 경우(예를 들어 n개), 각 단어들이 포함되어 있는지 여부에 대한 조합이 2^n개가 되어 상당한 양의 계산이 필요하다. 또한, 표 3.3과 같이, "무료초대"와 "당첨"을 모두 포함하는 데이터가 존재하지 않는 경우도 있을 수 있다. 따라서, 실무적으로 자주 사용되는 "단순 베이즈 모델(Naive Bayesian Model)"에서는, "스팸메일에 대해서, "무료초대"라는 단어가 사용되고 있는지 여부와 "당첨"이라는 단어가 사용되고 있는지 여부는 독립적이다", 즉,

$$P(\text{"무료초대"} \cap \text{"당첨"} | \text{스팸메일}) = P(\text{"무료초대"} | \text{스팸메일}) \times P(\text{"당첨"} | \text{스팸메일}) \tag{3.9}$$

로 가정한다. 이렇게 하면, 조건부 확률에 대해서는 n개의 값을 준비해두면 되므로 계산량이 줄어든다. 일반메일에 대해서도 동일한 방법으로 가정한다.

이러한 가정을 토대로, 조건부 확률을 계산해 보면,

$$\begin{aligned} &P(\text{"무료초대"} \cap \text{"당첨"} | \text{스팸메일}) \\ &= P(\text{"무료초대"} | \text{스팸메일}) \times P(\text{"당첨"} | \text{스팸메일}) \\ &= \frac{1}{3} \times \frac{2}{3} = \frac{2}{9} \end{aligned} \tag{3.10}$$

$$\begin{aligned} &P(\text{"무료초대"} \cap \text{"당첨"} | \text{일반메일}) \\ &= P(\text{"무료초대"} | \text{일반메일}) \times P(\text{"당첨"} | \text{일반메일}) \\ &= \frac{1}{7} \times \frac{1}{7} = \frac{1}{49} \end{aligned} \tag{3.11}$$

가 되어, 베이즈 정리에 의해,

$$P(\text{스팸메일}|\text{"무료초대"} \cap \text{"당첨"}) = \frac{\frac{2}{9} \times \frac{3}{10}}{\frac{2}{9} \times \frac{3}{10} \times \frac{1}{49} \times \frac{7}{10}} = \frac{14}{17} = 0.82\cdots \tag{3.12}$$

으로 계산된다. 위의 결과로부터, 수신함에 도착하는 임의의 메일이 스팸일 확률은 30%이지만, 특정 메일이 "무료초대"와 "당첨"이라는 단어를 포함하고 있는 메일의 경우는 스팸메일일 확률이 82%로 상승한다.

베이즈 추론은 위와같은 사례뿐만 아니라 다양한 분야에서 응용되고 있으며, 그 예는 다음과 같다.

- B씨의 체온이 39도이고 근육통 증세가 있으나 기침은 하지 않는다. 이와같은 경우에 B씨는 인플루엔자에 감염된 것인가?
- 용의자 C는 범행현장에 남겨진 혈흔과 혈액형이 일치하며, 신고 있던 신발의 제조사도 현장에 남겨진 족적과 일치하고 있다. 이와같은 경우, 용의자C는 범인인가?

3.4

연관성 분석

연관성 분석(Association Analysis)은, "기저귀를 구입하는 사람은 동시에 맥주를 구입할 확률이 높다"라는 분석으로 유명해진 분석기법으로서, 마케팅 분야에서는 "어떤 상품들이 함께 장바구니에 들어 있는가?"라는 의미에서 장바구니 분석(Basket Analysis)이라고도 부른다. 대량의 데이터로부터 어떤 2개의 사항이 동시에 발생할 가능성이 높은지를 발견하려는 경우에 사용하는, 단순하지만 범용성이 높은 기법이다.

〈그림 3.9〉 슈퍼마켓

우선, "기저귀를 구입하는 사람은 동시에 맥주를 구입할 확률이 높은가?"가 수학적으로는 어떻게 표현되는지를 살펴보도록 하자. 확률론의 관점에서는, "어떤 사람이 기저귀를 구입했다는 조건 하에 맥주도 구입할 확률"이라는 조건부 확률을 구하는 문제와 대응된다.

기저귀를 구입할 확률을 P(기저귀)로 나타내기로 한다면, 조건부 확률은

$$P(\text{맥주}|\text{기저귀}) = \frac{P(\text{맥주} \cap \text{기저귀})}{P(\text{기저귀})} \tag{3.13}$$

이다. 한편, 위의 조건부 확률과 비교하기 위하여, "어떤 사람이 기저귀를 구입했는지 여부에 관계없이(조건없이) 맥주를 구입할 확률"(P(맥주)로 나타냄)을 살펴보도록 하자. "기저귀를 구입하는 사람은, 일반적인 사람들에 비해서 동시에 맥주를 구입할 확률이 높다"는 것은, P(맥주|기저귀)가 P(맥주)보다 크다는 것이므로, $\frac{P(\text{맥주}|\text{기저귀})}{P(\text{맥주})}$가 1보다 크게 되는지를 살펴보면 된다.

조건부 확률의 정의에 의해,

$$\frac{P(\text{맥주}|\text{기저귀})}{P(\text{맥주})} = \frac{P(\text{맥주} \cap \text{기저귀})}{P(\text{기저귀}) \times P(\text{맥주})} \tag{3.14}$$

가 된다. 이것을 향상도(리프트 값. Lift)라고 부르며, 향상도가 1보다 크면 "기저귀를 구입하는 사람은 동시에 맥주도 구입할 확률이 높다"라고 할 수 있다. 이와같은 경우, 판매상점에서는 기저귀 옆에 맥주를 진열해 두면, 매상을 높을 수 있다고 기대할 수 있을 것이다. 이와 같이 향상도를 계산하여 "어떤 2가지 사항들이 동시에 발생할 가능성이 높은지 여부"를 분석하는 기법을 연관성 분석이라고 한다.

다만, 실제의 비즈니스에서는 향상도가 1보다 높다고 해서 반드시 상품들을 나란히 진열하지는 않는다. 기저귀를 구입한 사람이 맥주도 함께 구입할 확률이 원래 0.1%정도라고 했을 때, 이러한 확률값이 일반적인 사람이 맥주를 구입할 확률의 2배가 된다고 해서 일부러 상품 진열을 변경시키지는 않을 것이다. 또한, 맥주와 기저귀를 함께 구입하는 사람이 1년간 1명 또는 2명에 불과하다면, 상품 진열을 변경하지는 않을 것이다. 따라서, 향상도가 1보다 큰지 여부 뿐만 아니라,

- 지지도 = P(기저귀 ∩ 맥주) (3.15)

- $$\text{신뢰도(기저귀} \rightarrow \text{맥주)} = P(\text{맥주}|\text{기저귀}) = \frac{P(\text{맥주} \cap \text{기저귀})}{P(\text{기저귀})} \tag{3.16}$$

등과 같은 지표들을 사용하여, (예를 들면)"지지도와 신뢰도가 0.1이상인 것들 중에서 향상도가 1을 초과하는 것을 선택한다"와 같은 형태로, 비즈니스에 의미가 있는 것을 선택한다. 또한, 식 (3.14)~(3.16)으로부터 알 수 있듯이, 향상도와 지지도는 기저귀와 맥주의 위치를 뒤바꾸어도 같은 값이 되지만, 신뢰도는 "기저귀 → 맥주"와 "맥주 → 기저귀"가 서로 다른 값이 되기 때문에 위치에 주의해야 한다.

$P(\text{기저귀})$와 $P(\text{맥주} \cap \text{기저귀})$는, 예를 들면 슈퍼마켓의 POS 데이터를 사용하여,

$$P(\text{기저귀}) = \frac{\text{기저귀를 구입한 고객의 수}}{\text{모든 고객의 수}} \tag{3.17}$$

$$P(\text{맥주} \cap \text{기저귀}) = \frac{\text{맥주와 기저귀를 모두 구입한 고객의 수}}{\text{모든 고객의 수}} \tag{3.18}$$

에 의해 구할 수 있다.

슈퍼마켓에서 취급하는 상품의 종류는 상당히 다양하므로, 상품들 중에서 비즈니스 측면에서 의미가 있는 상품들의 조합을 수작업으로 찾아내는 것은 매우 힘들다. 연관성 분석에서 이용하는 향상도와 지지도 및 신뢰도 등의 지표는 곱셈과 나눗셈 만으로 계산할 수 있으므로, 컴퓨터를 사용하면 다량의 상품들의 조합에 대한 각 지표들을 단시간 내에 계산하여 의미있는 조합을 찾아낼 수 있다. 이러한 계산의 편리함이 연관성 분석의 장점이라고 할 수 있다.

연관성 분석은 슈퍼마켓의 상품 분석뿐만 아니라, 설문조사에 대한 응답 분석("만족"이라는 단어와 동시에 나타날 확률이 높은 단어의 추출) 등, 다양한 분야에서 사용할 수 있다.

3.5

클러스터링

3.5.1 거리와 클러스터링

빅데이터를 사용하는 비즈니스에서는 대상의 규모가 일반적으로 지극히 크다. 예를 들면, 인터넷 쇼핑에서 고객의 수가 약 백만명이 되는 경우는 흔하다. 다수의 고객들은 기호가 천차만별일 것이므로 모든 고객들에게 동일한 광고 메일을 한꺼번에 보내는 것은 효과가 좋지 않을 것이다. 따라서, 고객을 몇가지 속성들(나이, 연간 수입, 가족구성, 기존에 구입한 상품 등)을 기준으로하여 서로 유사한 고객들끼리 그룹화한 후, 각각의 그룹에 대해서 최적의 광고 메일을 보내는 것이 보다 효율적일 것이다. 이와 같이 "몇가지 속성들을 사용해서 서로 비슷한 사람들끼리 그룹화하는 것"을 클러스터링(Clustering. 군집 분석)기법이라고 한다. 마케팅 분야에서는 이와같은 그룹을 세그멘트(segment)라고 부르기도 한다.

클러스터링을 수행하기 위해서는, 우선, 어떤 속성을 사용하여 그룹화할 것인가를 결정해야 된다. 인터넷 쇼핑의 경우에는 고객의 연간 수입 또는 기존에 어떤 상품을 얼마나 구입했는가 등과 같은 정보에 초점을 맞춘다. 이와 같이 어떤 속성을 사용해서 클러스터링을 수행할 것인가는, 분석담당자가 분석의 목적을 고려하여 결정할 필요가 있다.

이어서, "서로 비슷한지 여부"(유사성)를 수학적으로 나타낼 필요가 있다. 이것을 수학적으로는 "거리(distance)"라고 정의하여,

서로 비슷하다 ⇔ "거리"가 가깝다

로 판단하게 된다. "거리"라는 것은 "천안시와 아산시는 가깝다"와 같은 물리적인 거리뿐만 아니라, "A씨의 연간 수입은 B씨의 연간 수입과 가깝다"와 같은 경우에도 활용된다. 이 경우,

$$\text{A씨와 B씨의 년간 수입 사이의 "거리"} = |(\text{A씨의 년간 수입}) - (\text{B씨의 년간 수입})| \quad (3.19)$$

과 같이 정의할 수 있다(단, | | 는 절대값을 의미함).

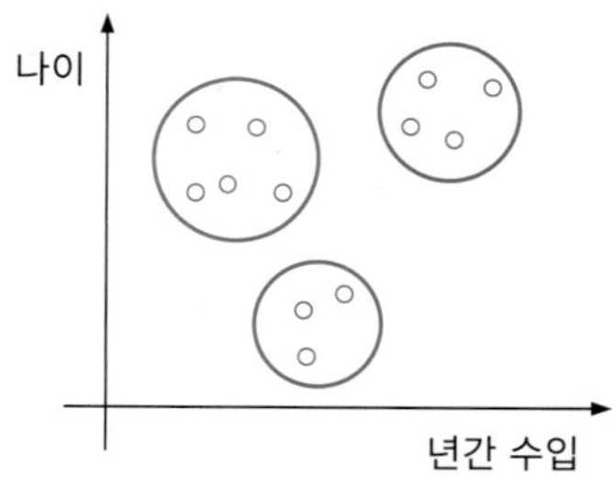

〈그림 3.10〉 클러스터링

또한, 연간 수입 뿐만 아니라, 다른 속성("나이")도 함께 생각하는 경우에는 "거리"는 어떻게 될 것인지 살펴보도록 하자. 그림 3.10에는 2가지 속성("연간 수입"과 "나이")을 사용하여 클러스터링을 수행하는 예를 나타내고 있다. 이 그림에서 A씨와 B씨의 거리는, 피타고라스의 정리를 사용하여

$$\sqrt{(\text{A씨의 년간 수입} - \text{B씨의 년간 수입})^2 + (\text{A씨의 나이} - \text{B씨의 나이})^2} \quad (3.20)$$

로 계산된다. 그림 3.10의 가로축과 세로축의 단위가 서로 다르지만, 여기에서는 추상적인 "거리"라고 생각하도록 한다. 또한, 속성의 종류가 증가하여 3차원, 4차원, … 과 같이 되는 경우에도,

$$\begin{aligned}&[[(\text{A씨의 년간 수입} - \text{B씨의 년간 수입})^2 + (\text{A씨의 나이} - \text{B씨의 나이})^2\\&\quad + (\text{A씨의 가족 인원수} - \text{B씨의 가족 인원수})^2\\&\quad + (\text{A씨의 여행비 지출} - \text{B씨의 여행비 지출})^2 + \cdots]^{\frac{1}{2}}\end{aligned} \tag{3.21}$$

과 같은 방식으로 계산하여 거리를 구할 수 있다.

3.5.2 계층적 클러스터링

위와같은 방식으로 유사성(= "거리")을 측정한 이후에 어떻게 그룹을 만들어가는지에 대해서 살펴보도록 한다. 먼저, 거리가 가장 가까운 2개의 점을 선택하여 하나의 그룹으로 만들고, 다시 반복하여 그룹으로 만들어가는 과정을 거치게 된다. 즉,

1. 먼저 A, B, C, D, E, … 중에서 거리가 가장 가까운 것들을 찾아내서 하나의 그룹으로 만든다(예를 들면, B와 C)
2. 다시, A, {B, C}, D, E, … 중에서 거리가 가장 가까운 것들을 찾아내서 하나의 그룹으로 만든다[13].
3. 다시, … (반복)

등과 같은 계산과정을 수행하는 것이다.

---

13 "A와 {B, C}의 거리"를 어떻게 계산하면 좋을지에 대해서는 반드시 명확하게 되어 있지 않다. 사실은 이와같은 거리 계산에 대해서는 아래와 같은 다양한 방법이 있다.

- "A와 B의 거리"와 "A와 C의 거리" 중에서 가장 짧은 쪽을 선택한다.
- "A와 B의 거리"와 "A와 C의 거리" 중에서 가장 긴 쪽을 선택한다.
- "A와 {B와 C 사이의 중간 지점} 사이의 거리"를 계산한다.

위의 방법들 중에서 어떤 것을 이용하는가에 따라서 그 결과도 서로 다르게 되지만, 이 책에서 다루는 내용의 범위를 넘어서는 주제이므로 여기에서는 상세한 설명은 생략하도록 한다.

그 결과, 그림 3.11과 같은 대진표와 유사한 결과물이 완성된다. 그림 3.11을 살펴보면, 전체를 3개의 그룹(클러스터)으로 분할하고자 한다면, 위로부터 2번째 계층을 기준으로 나눈 결과, A와 {B, C}와 {D, E} 로 구성된 3개 그룹으로 분할된다는 것을 알 수 있다.

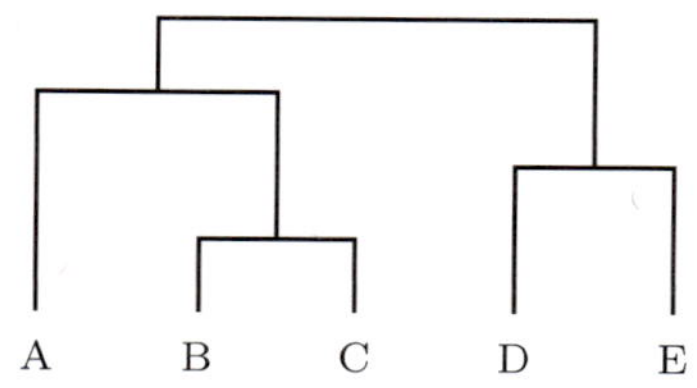

〈그림 3.11〉 계층 클러스터링

이와 같이, 아래로부터 쌓아올라가서 클러스터링을 수행하는 기법을 계층적 클러스터링이라고 부른다.

계층적 클러스터링은 직관적으로 그 의미를 잘 알 수 있다는 장점이 있지만, 계산량이 막대하게 된다는 단점도 있다. 예를 들어, 1만명을 클러스터링하려면 첫 단계에서 거리가 가장 가까운 2명을 찾아내기 위하여 ${}_{10000}C_2 = 49{,}995{,}000$번의 계산을 통해 거리를 비교하고, 다시 ${}_{9999}C_2 = 49{,}985001$번의 계산을 통해 거리를 비교하고, … 등과 같은 연산을 계속해야 된다. 따라서, 빅데이터를 다루는 경우에는 계산량이 커지게 된다는 단점이 있다.

3.5.3 비계층적 클러스터링 : k-means기법(k 평균 군집법)

계층적 클러스터링 기법의 단점을 극복하기 위해서 고안된 것이 비계층적 클러스터링기법이다. 여기에서는 비계층적 클러스터링의 대표적인 기법으로서 k 평균 군집법을 소개하기로 한다.

k 평균 군집법은, 우선 전체를 몇개의 그룹(클러스터)으로 분할할 것인가를 결정한다. 예를 들어, $k = 5$개의 클러스터로 분할하는 경우, 대상을 임의로(randomly) 5개의 그룹으로 나누어보는 것이

다. 이렇게 하면, 당연히 각 그룹에는 가장 거리가 가까운 요소들끼리 군집화되어 있다고 할 수 없을 것이다. 따라서, 5개의 그룹 각각 중심점을 구한 후, 각 점들이 어떤 중심점에 가장 가까운지를 계산하여 가장 가까운 곳으로 다시 그룹화한다. 이렇게 함으로써 각각의 점들이 각 그룹의 중심점들 중에서 가장 가까운 곳으로 재분류될 것이라고 예상할 수도 있지만, 이때 이용한 각 그룹의 중심점은 재분류되기 전에 그룹화할 때의 점들을 토대로 구해진 중심점이므로, 맨 처음의 중심점과 일치하지 않게 된다. 따라서, 다시 새로운 그룹화에 대해서 각 그룹의 중심점을 구하여, 각각의 중심점에 가장 가까운 점들을 모아서 재분류한다. 이와같은 재분류 작업은, 더이상 재분류가 필요 없을 때까지(수렴할 때까지) 반복적으로 수행된다. *k* 평균 군집법은 계산복잡도가 커질 것이라고 생각할 수 있으나, 실제로는 계층적 클러스터링에 비해서 훨씬 더 빠르게 최종 결과에 수렴한다.

클러스터링은 주어진 데이터를 분석 담당자가 원하는 개수의 그룹(클러스터)으로 분할하는 기능을 제공한다. 분석 담당자는 해당 분야의 지식을 활용하여, 분할된 클러스터를 대상으로 보다 상세한 분석을 수행해야 한다. 예를 들어, "이 그룹은 연간수입이 높고 여행경비지출이 많다. 따라서, 이 그룹에 속한 사람들에게 여행상품을 홍보하는 메일을 보내도록 하자"와 같은 해석을 분석 담당자가 생각해 볼 수 있다. 또한, *k* 평균 군집법과 같은 비계층적 클러스터링에서는, 몇개의 클러스터를 만들 것인가에 대한 조건설정뿐만 아니라, 첫 단계에서 수행한 그룹 분류에 의해서 최종 결과가 서로 다르게 되는 경우가 있으므로 주의가 필요하다. 그러나, 이와같은 단점을 가지고 있음에도 불구하고, 전체적인 경향을 파악할 수 있다는 의미에서 강력한 기법이므로 실제 비즈니스 분야에서 많이 사용되고 있다.

3.6

의사결정트리

3.6.1 의사결정트리의 예

독자 여러분들은 타이타닉호의 비극에 대해서 잘 알고 있을 것이다. 초호화여객선 타이타닉호가 첫 항해에서 북대서양 지역의 빙산과 충돌하여 수많은 희생자가 발생했던 비극적인 조난사고였다.

〈그림 3.12〉 타이타닉호 침몰(Willy Stöwer, 1912)

이러한 타이타닉호의 조난사고에서는,

- 여성이 남성보다 더 많이 생존했다.
- 1등객실의 사람들이 2등객실 및 3등객실의 사람들보다 더 많이 생존했다.

등과 같은 사실들이 알려져 있다. 이러한 사실들을 데이터로 검증해보기 위하여, 앞서 소개했던 교차집계표를 사용하는 것이 가장 기본적인 분석방법이다.

단, 위에서 열거하였던 것처럼, 성별 및 객실등급과 같은 여러 개의 요인들 중, 어떤 요인이 생존과 사망에 가장 큰 영향을 주었는지를 분석할 수 있는 기법은 없는 것일까? 아래에 소개할 의사결정트리(Decision Tree) 분석법은 이와 같이 여러 개의 요인들을 정리하여 가시적으로 보여주는 기법이다.

수학적으로 어떤 계산을 수행하고 있는지는 나중에 설명하기로 하고, 우선은 의사결정트리가 어떤 것인지 그림 3.13을 살펴보도록 하자.

타이타닉호에는 승객과 승무원 등을 합하여 총2201명이 탑승하였으며, 탑승객들 중에서 생존자는 711명이고 사망자는 1490명이었다. 타이타닉호에 탑승했던 사람들은, 성별과 나이, 객실등급 등과 같은 항목들에 의해 분류할 수 있으며, 각 항목들 중에서 무엇이 생존과 사망에 크게 관련되었는지를 분석한 것이 그림 3.13이다[14].

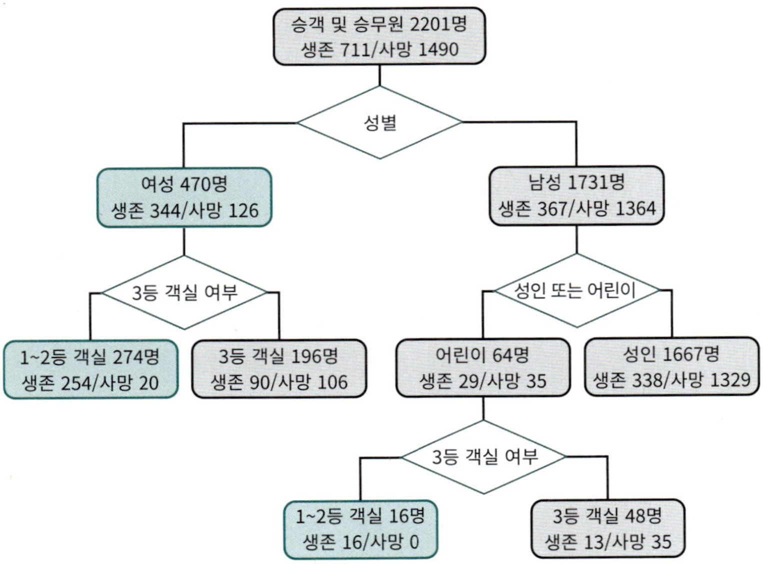

〈그림 3.13〉 의사결정트리

14 타이타닉호의 희생자가 정확하게 몇명인가에 대해서는 다양한 설들이 있으나, 여기에서는 제4장에서 소개하고 있는 통계소프트웨어 R의 데이터 집합에 포함되어 있는 인원수를 사용하였다.

그림 3.13을 살펴보면, 생존 • 사망과 가장 관련이 깊은 것은 성별이라는 사실을 알 수 있다. "성별"에 관한 분기를 왼쪽 아래 방향으로 추적해 가 보면, 여성의 경우에는 470명 중에서 344명이 생존하였고 126명이 사망했다는 사실을 알 수 있으며(생존률 73%), "성별"에 관한 분기를 오른쪽 아래 방향으로 추적해 보면, 남성의 경우에는 1731명 중에서 367명이 생존했고 1364명이 사망(생존률 21%)하여, 성별이 생과 사를 가르는 중요한 요소였음을 알 수 있다. 다음으로, 성별이 여성인 경우 어떠한 항목이 생사와 깊게 관련되어 있는지를 살펴보면, 객실등급이 3등객실 이 외(1등객실, 2등객실, 승무원)의 경우에는 274명 중 254명이 생존하였지만 3등객실의 경우에는 196명 중 90명만 생존했음을 알 수 있다. 그림 3.13에서는 생존률이 50%이상이면 파란색, 50%미만이면 빨간색으로 표시하고 있다.

3.6.2 의사결정트리의 작성방법

그림 3.13이 어떻게 작성되었는지에 대한 수학적인 배경을 설명하고자 한다. 그림 3.13에서 분기되고 있는 정점을 노드(node)라고 부른다. 어떤 노드가 "좋은" 노드라고 할 수 있을까?

$m + n$명의 사람들을 특정 기준(성별 또는 나이)으로 나누었을 때, 왼쪽으로 분류된 사람들의 생존확률을 p_1, 오른쪽으로 분류된 사람들의 생존확률을 p_2라고 하자(그림 3.14). 좋은 노드라고 하는 것은, 분류가 완전하다는 것을 의미한다. 즉, 왼쪽으로 분류된 사람들은 전원 생존($p_1 = 1$)하였고, 오른쪽으로 분류된 사람들은 전원 사망($p_2 = 1$)하였다는 것을 의미한다. 단, 실제로 이와 같이 완전하게 분리할 수 있는 경우는 매우 드물기 때문에, p_1과 p_2가 0과 1에 가까운 경우, 보다 좋은 노드라고 판단하는 것이 일반적이다.

이와 관련하여 여러가지 지표들이 제안되어 있으나, 계산복잡도가 낮은 지표인 Gini계수(Gini Index. "Gini의 불순도 지표"라고도 부름. 경제적 불평등을 계수화한 지표로서 사용되기도 하며, 이탈리아의 수학자 Corrado Gini가 제안함)를 소개하고자 한다.

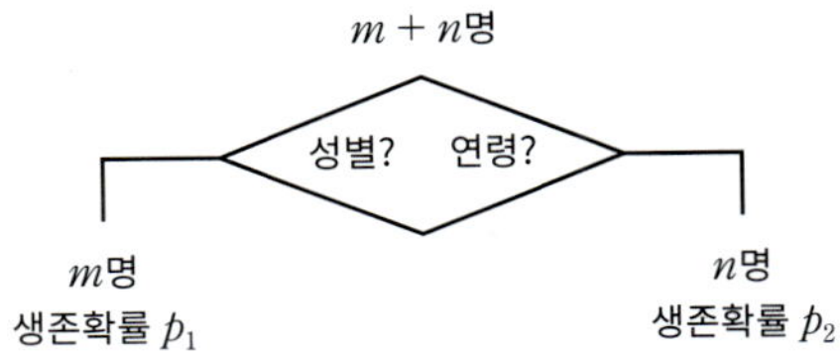

〈그림 3.14〉 의사결정트리

그림 3.14의 왼쪽 분기를 살펴보면, 생존확률은 p_1이며, 따라서 사망할 확률은 $1 - p_1$이 된다. 이때, Gini계수는 다음과 같다.

$$I_G(p_1) = 1 - p_1^2 - (1 - p_1)^2 = 2p_1(1 - p_1) \tag{3.22}$$

위의 식은 $p_1 = 0$과 $p_1 = 1$의 경우에 모두 0이 되어, 윗쪽으로 뾰족한 형태의 2차함수가 된다(그림 3.15). 그림 3.15를 살펴보면, 이 0 또는 1에 가까워질 수록 값은 작아지므로 불순도가 낮아진다(= 명료하게 분류된다)는 사실을 알 수 있다.

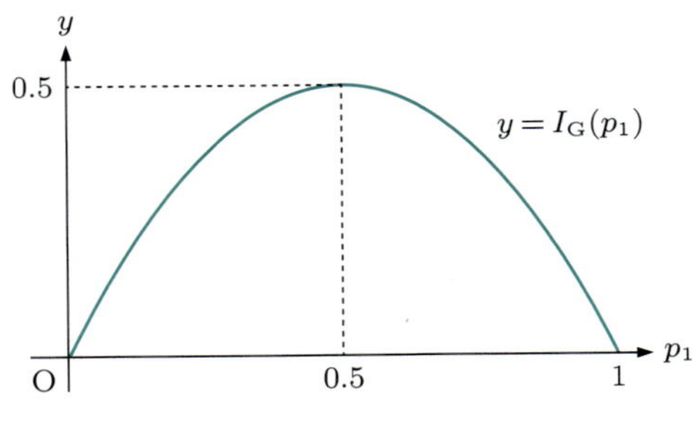

〈그림 3.15〉 Gini계수

위와 같은 방법에 의해서 노드의 왼쪽에 대한 Gini계수를 계산할 수 있으며, 오른쪽도 포함한 노드 전체의 Gini계수를, 좌우의 가중평균

$$I_G = \frac{m}{m+n} I_G(p_1) + \frac{n}{m+n} I_G(p_2) \tag{3.23}$$

으로 정의한다.

"노드를 성별로 했을 때의 Gini계수", "노드를 나이로 했을 때의 Gini계수", "노드를 객실등급으로 했을 때의 Gini계수" 등을 계산하여, Gini계수가 가장 작은 것을 첫 단계의 노드로 선택한다. 그 이후에는 각각의 분기에 대하여, 동일한 방법으로 Gini계수가 가장 작은 노드를 선택해 가면, 최종적으로 그림 3.13과 같은 의사결정트리가 완성된다.

의사결정트리는 분류 규칙을 이해하기 용이하고 시각화 및 계산이 간단하다는 장점으로 인해 비즈니스 분야에서 자주 사용되고 있다. 예를 들어서 "우리 회사가 판매하고 있는 음료를 자주 구매하는 고객은 어떤 사람들인가?"에 대해서 분석하려는 경우에, 나이와 성별, 주거지역 등에 의해 의사결정트리를 작성하여 분석할 수 있다.

3.7

뉴럴네트워크

뉴럴네트워크(인공신경망. ANN : Artificial Neural Network)는 동물 신경회로의 움직임을 모델화한 정보처리 네트워크로서, 최근 인공지능분야의 기초로서 널리 이용되고 있다.

3.7.1 뉴럴네트워크의 개념

동물의 신경 하나하나는 매우 단순한 동작을 수행한다. 외부로부터의 자극(빛이나 열, 아픔 등)이 있을 경우에, 그 자극이 약하면 특별히 아무런 반응도 하지 않지만, 자극의 강도가 특정 한계점(임계값. threshold)을 초과하면 출력신호를 내보내어 네트워크의 다음 세포에 신호가 전달된다. 이러한 신호를 수신한 신경은 다시 동일한 동작을 수행하여, 입력이 임계값(앞의 신경에 관한 임계값과는 서로 다름)을 초과하면 출력신호를 내보낸다. 이러한 동작이 계속 이어져서 복잡한 네트워크를 형성하고 있다.

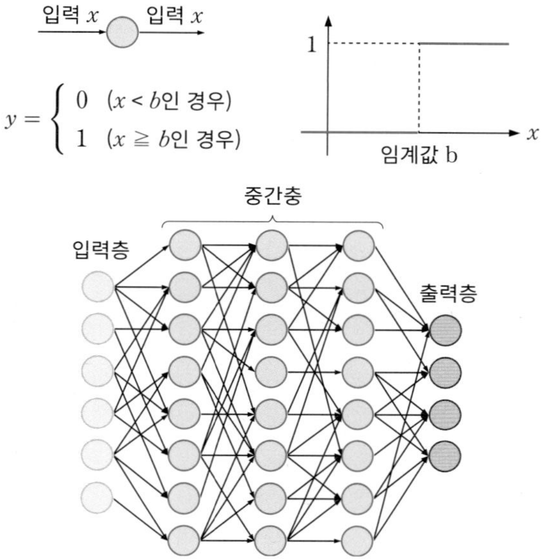

〈그림 3.16〉 뉴럴네트워크

그림 3.16에서, ○로 표현된 정점들을 유닛(unit)이라고 하며, 다수의 유닛 조합을 통해 뉴럴네트워크가 형성된다. 뉴럴네트워크의 가장 왼쪽에 위치하고 있는 유닛들의 집합을 입력층(input layer), 가장 오른쪽에 있는 유닛들의 집합을 출력층(output layer), 중간에 위치한 유닛들의 집합을 중간층(또는, 은닉층. hidden layer)이라고 부른다. 중간층이 여러 개 존재하는 뉴럴네트워크를 심층학습(Deep Learning)이라고 부른다. 여러 개의 유닛에 대해서 출력을 내보내는 유닛도 존재하지만, 반대로 여러 개의 유닛들로부터 입력을 받는 유닛도 있다.

여러 개의 입력을 갖는 유닛은 어떤 방식으로 동작할까? 뉴럴네트워크에서는 여러 개의 입력을 갖는 유닛의 움직임을 다음과 같이 모델화하고 있다.

여러 개의 입력 x_1, x_2, x_3, …이 존재하는 경우, 각각의 입력을 반드시 공평하게 다루는 경우는 없을 것이다. 첫번째 입력은 중요하므로 가중치를 높게 평가하는 경우도 있으며, 어떤 경우에는 다른 입력과는 반대방향(음의 방향)으로 움직이는 것도 있을 것이다. 이러한 사항들을 반영하여 다수의 입력을 받는 유닛을 (3.24)와 같은 1차함수 형태로 정의할 수 있으며,

$$w_1x_1 + w_2x_2 + w_3x_3 + \cdots \tag{3.24}$$

입력이 임계값 b보다 작으면 0, b 이상이면 1을 출력하는 형태로 유닛의 동작을 모델링할 수 있다. 이와 같이, 각 유닛의 동작은 단순하지만, 다수의 유닛들을 조합하여 네트워크를 구성하면 상당히 복잡한 동작을 수행할 수 있다.

3.7.2 간단한 뉴럴네트워크의 예

예를 들어, 그림 3.17과 같이 단일 계층으로 구성된 간단한 네트워크를 생각해 보자.

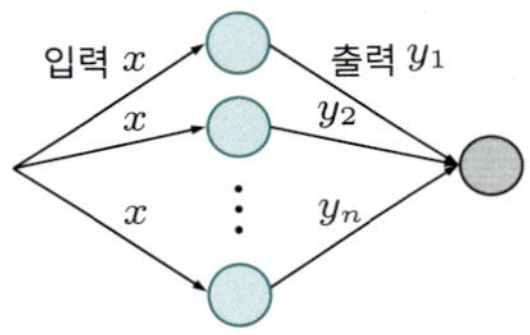

〈그림 3.17〉 간단한 뉴럴 네트워크

이 네트워크에서 n개의 유닛들은 모두 같은 입력 x를 갖지만, 출력에 대해서는 y_1, y_2, $\cdots$, y_n으로 구성되어 있다. 각 유닛들은 임계값이 서로 다르기 때문에, 출력 y_1, y_2, $\cdots$, y_n은 서로 다르게 된다. 또한, 각 출력에 대해서는 가중치가 적용되어

$$w_1y_1 + w_2y_2 + \cdots + w_nx_n \tag{3.25}$$

와 같은 형태가 된다. 또한, 출력 y_1, y_2, $\cdots$, y_n은 간단한 형태를 하고 있어서,

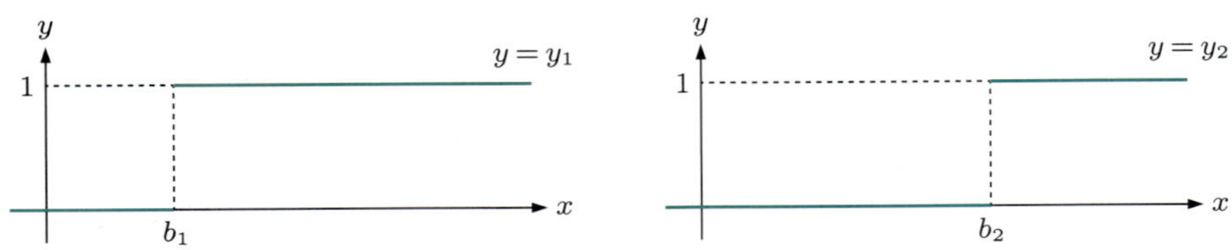

〈그림 3.18〉 계단형 그래프

와 같은 계단형 그래프 형태이다. 위의 사실들을 토대로 $w_1y_1 + w_2y_2$라는 변수를 만들어보면, 그래프는

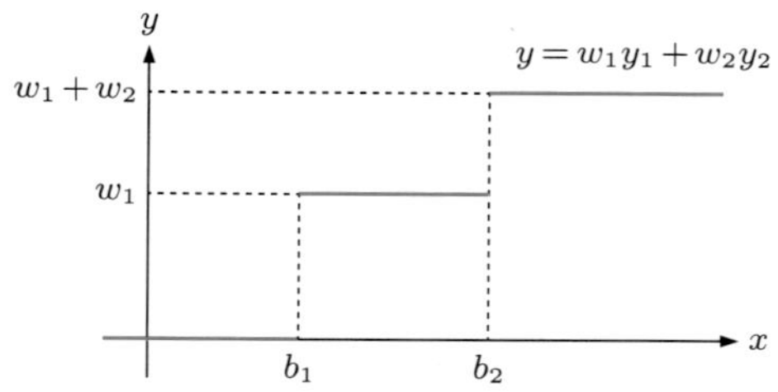

〈그림 3.19〉 계단형 그래프의 합성

와 같이 2단형 계단함수가 된다.

유닛의 개수를 점차 늘려가면 계단의 개수도 점차 많아지게 되어 그림 3.20과 같은 복잡한 형태가 된다. 계단의 폭과 높이를 자유롭게 변경시킬 수 있으며 가중치는 음수값이 될 수도 있으므로 올라가는 형태의 계단 뿐만 아니라 내려가는 형태의 계단도 될 수 있다. 계단의 폭을 점차 좁게 만들게 되면, 예를 들어 2차함수 또는 3차함수, 삼각함수 등과 같은 복잡한 형태도 근사시킬 수 있다.

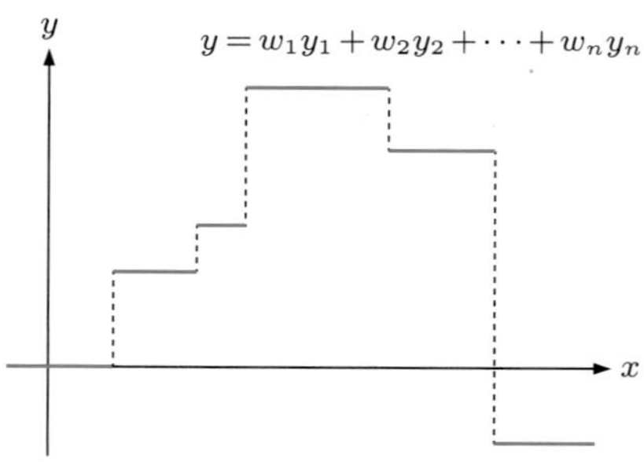

〈그림 3.20〉 계단함수에 의한 근사

또한, 본 절에서 소개된 계단함수 형태의 출력을 갖는 유닛 이외에도, 다양한 형태의 함수를 출력으로 하는 유닛들이 최근 빈번하게 사용되고 있다. 다음 절에서 설명할 기계학습에서는, 뉴럴네트워크를 사용하여 이익을 최대화하거나 손실(오류 또는 예측착오 등)을 최소화하기 위해 미분을 활용한다. 예를 들어, 미분을 통해 도출된 기울기를 활용하여 점진적으로 임계값 b를 변경, 이익의 최대화 혹은 오차의 최소화에 기여하는 b의 값을 찾아낸다. 계단함수는 미분이 불가능한 함수이므로 이와같은 방식에 적합하지 않다. 따라서, 계단함수와 형태가 유사하면서 미분가능한 함수인, 3.2절의 로지스틱 회귀분석에서 소개했던 로지스틱 함수(시그모이드 함수)

$$y = \frac{1}{1 + \exp(-(a + bx))} \tag{3.26}$$

를 사용하는 경우도 있다. 그밖에도 다양한 함수가 제안되어 있으며, 이를 활성화함수라고 부른다.

뉴럴네트워크는 회귀분석과 비슷하게, 목적변수와 설명변수의 데이터로부터 양쪽 변수들 사이의 관계를 찾아내어 예측하는 경우에 사용한다. 예를 들면, 회귀분석에 대한 설명 부분에서 다루었던 기온과 요일로부터 아이스크림의 매상을 예측하는 경우에 뉴럴네트워크를 사용할 수 있다. 회귀분석에서는 회귀식이 어떠한 형태를 하고 있는지(1차식인지 아니면 2차식인지 등)를 스스로 결정할 필요가 있었지만, 뉴럴네트워크에서는 계층의 개수를 확장하여 어떤 복잡한 함수라도 근사시킬 수 있을 뿐만 아니라 어떤 함수가 적합한지를 자동적으로 계산해 준다. 그러나, 목적변수와 설명변수 사이의 관계식이 명시적으로 표현되지 않으므로, 예측에 있어서 높은 정확도를 보이지만, 동작원리를 해석하기 어려운 블랙박스가 될 위험성도 있다.

3.8

기계학습과 인공지능

3.8.1 기계학습과 인공지능의 발전

최근 기계학습(ML)과 인공지능(AI)이라는 용어가 크게 유행하고 있다. 신문을 살펴보면 "기계학습을 이용한 스팸 메일 검출"이라든가 "인공지능이 바둑 챔피언에게 승리", "○○사는 에어컨에 인공지능을 탑재하여 최적의 온도 조절에 성공" 등과 같은 기사들을 매일 볼 수 있다.

인공지능 분야는 급속도로 발전하고 있으며, 전체적인 모습을 모두 소개하는 것은 불가능하므로 여기에서는 기본적인 개념에 대해서 간단히 설명하도록 한다.

"기계학습"과 "인공지능"이라는 용어는, 확고한 학문적 정의 대신, 다수의 사람들이 "대충 이런 의미일 것이다"라는 상태로 사용하고 있는, 이른바 버즈워드(buzzword)로서 사용되고 있다 할 수 있지만,

- "기계학습(Machine Learning)"은, 인간이 다양한 현상들을 경험하거나 목격을 통해 학습하는 것에 비유하여, 기계(컴퓨터)에게도 유사한 방식으로 다수의 데이터를 제공하여 일정한 법칙 등을 찾아내도록 하는 것
- "인공지능(Artificial Intelligence)"은, 기계학습을 사용하여 기계(컴퓨터)에게 인간의 지능과 유사한 형태로 동작하도록 시키는 것

정도로 받아들이면 큰 무리가 없다. 위에서 언급한 "법칙"이란, 다른 분야의 교과서에서 일컫는 "○○의 법칙"일 필요는 없다. 지금까지 소개했던 "기온이 1℃ 올라가면 아이스크림의 매상이 100개 늘어난다"라든가, "타이타닉호에서 생사를 갈랐던 요인은 성별이었다" 등도 "법칙"이다. 또한, 이와같은 단순한 규칙 외에도, "바둑에서 다음번에 어떤 수를 두면 최종적으로 승리할 확률이 높아지는가", "개와 고양이를 구분하는 포인트" 등과 같은 복잡한 법칙도 있다. 즉, 예전에는 인간이 컴퓨터에 프로그램으로서 제공하지 않으면 안되었던 법칙들을, 이제 기계가 그 법칙들을 스스로 찾아낸다는 것이다.

3.8.2 뉴럴네트워크 분야에서의 학습

뉴럴네트워크 또는 이를 복잡화한 심층학습의 기본적인 구조는 앞서 소개했던 단순한 원리를 기반으로 하고 있다. 뉴럴네트워크를 소개할 때 언급한 바와 같이, 유닛의 개수를 점차 늘려나가면 복잡한 함수도 실현할 수 있다. 단일계층으로 구성된 뉴럴네크워크에서는 다수의 유닛이 필요하지만, 충분한 수의 중간층을 포함하고 있는 심층학습으로 네트워크를 구성하게 되면, 전체 유닛의 개수가 적더라도 복잡한 계산이 가능하다고 알려져 있다. 이때 "학습"이란, 데이터로부터 최적의 파라메터와 를 구하는 작업이라고 할 수 있다.

뉴럴네트워크에서의 학습은 다소 귀찮은 작업이라고 할 수 있다. 앞서 언급한 바와 같이, 뉴럴네트워크를 활용하여 2차함수나 3차함수 또는 삼각함수 등과 같은 복잡한 함수를 재현할 수 있다. 그러나, 이와같은 뉴럴네트워크의 장점으로 인해 미처 예측하지 못한 결과가 야기되기도 한다. "나비효과"라는 용어는, "비선형"적인 세계, 즉, 1차식으로 나타낼 수 없는 세계에서는 초기값과 파라메터를 조금만 변경하면 결과가 크게 바뀌는 현상(예를 들어, 뉴욕에서 나비가 날개짓을 하면 동경에서는 태풍이 부는 현상)을 의미한다. 뉴럴네트워크의 학습에서는, 최적의 파라메터 값을 결정하기 위하여 파라메터 값을 조금씩 변경해가면서 출력이 어떻게 되는지를 살펴보지만, 비선형이므로 파라메터의 값을 조금만 바꾸더라도 결과가 크게 변동하여(경우에 따라서는 무한대로 발산해 버리기도 함), 계산불가능한 상태가 되기도 한다. 이와같은 상황을 극복 혹은 회피하며 적절하게 답을 찾아내는 계산방법(알고리즘)에 대한 연구가 현재 활발하게 진행되고 있다.

3.8.3 지도 학습과 비지도 학습

기계학습은 지도 학습(supervised learning)과 비지도 학습(unsupervised learning)으로 분류되고 있으므로, 각각의 의미에 대해서 설명하기로 한다.

"지도학습"은, 과거 데이터에 대한 정답/오답을 알고 있는 상황하에서, 기계에게 가능한 한 정답률을 올리도록 "학습"시키는(회귀분석의 파라메터를 결정하는 등) 것이다. 예를 들면, 회귀분석에서는 "기온이 30℃일때 아이스크림이 100개 판매되었다"라는 정답(데이터)이 미리 주어져서, 학생 역할을 하는 기계가 가능한 한 그 정답에 가깝게 되는 회귀식의 파라메터를 결정하는 것이다. 의사결정트리도 지도 학습의 한 종류라고 할 수 있다. 의사결정트리의 학습은, 예를 들어, 타이타닉호에서 누가 사망하고 누가 생존했는가에 대한 정답(데이터)에 가장 결정적으로 작용한 요인을 찾아가는 과정이라고 할 수 있다.

한편, "비지도 학습"은, 데이터에 정답 혹은 오답 정보가 누락된 상황에서, 특정한 규칙을 찾아내는 것이다. "정답이 없는데 어떻게 규칙을 찾아내는가?"라고 생각할 수도 있지만, 3.5절에서 소개한 클러스터링은 비지도 학습의 대표적인 사례이다. 클러스터링에서는, 예를 들어, "A씨는 어떤 클러스터에 들어가는가"에 대해서 학습전에는 알지 못한다. 분석담당자가 클러스터링을 실시해야지만 비로소 (예를 들어) "A씨는 「과자를 좋아하는 여자」라는 클러스터에 속한다"라는 사실을 알 수 있다.

3.8.4 과적합

기계학습과 인공지능의 발전과 더불어서, 과적합(overtraining)이라는 문제가 발생하고 있다. 과적합은 "기계가 과도하게 학습하였다"는 의미를 내포하고 있으며, 데이터의 양이 방대하다고 하여, 모든 문제가 해결되는 것은 아니라는 점을 시사하기도 한다.

우리들이 수집할 수 있는 데이터에는 일반적으로 다양한 오차가 포함되어 있다. 예를 들어, 그림 3.21의 경우, 원래는 라는 단순한 직선관계를 갖는 데이터라고 하더라도 오차때문에 관측된 데이터는 직선으로부터 조금 떨어진 곳에 위치하고 있다. 이것을 단순한 직선으로 회귀하면 문제는 발생하지 않지만, 어설프게 심층학습을 사용하게 되면 오차를 모두 포함시켜서 그림 3.21과 같은 복잡한 곡선을 그리게 된다. 이러한 곡선은 그 나름대로 주어진 데이터에 적합하게 되어 있지만, 이것을 사용하여 미래를 예측하게 되면 상당히 왜곡된 결과가 나와서 심층학습을 사용하는 것보다는 단순한 직선회귀를 사용하는 것이 바람직하다라고 판단할 수도 있다. 이와같은 현상을 "과적합"이라고 부른다.

과적합을 방지하기 위해서는, 회귀분석의 경우 변수를 함부로 늘리지 않는 것이 하나의 방안이 될 수 있으며, 심층학습의 경우에는 유닛의 수와 중간층의 수를 무작정 늘리지 않도록 주의해야 한다.

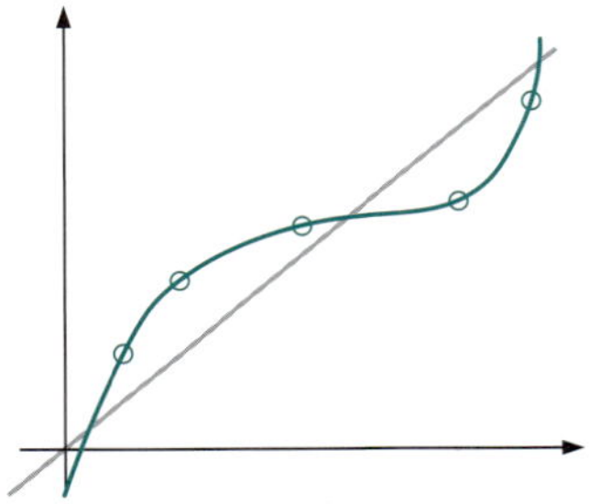

〈그림 3.21〉 과학습

3.8.5 인공지능의 발전

오늘날 우리들 주변에는 다양한 분야에서 인공지능(AI) 기술이 적용되고 있다. 일상적으로 누구나 사용하고 있는 스마트폰의 경우, 문자를 입력할 때 중간정도까지 입력하면 자동적으로 입력후보 단어들을 표시해주거나, 사진을 촬영할 때에 사람의 얼굴을 검출하여 자동으로 초점을 맞추어주는 화상인식기술 등은 AI가 적용된 대표적인 사례들이다. 또한, 스마트폰을 향해 음성으로 질문을 하면 적합한 대답을 해주는 기능도 AI을 기반으로 하는 음성인식기술을 토대로 하고 있다. 그밖에도, AI가 바둑 세계챔피언을 이겼다, AI가 불치병을 진단하여 사람들의 목숨을 구했다, AI를 회사 인사평가 및 채용에 활용하고 있다, AI에 의해 고객의 취향을 분석해서 신상품을 개발했다, 등은 신문기사를 통해 빈번히 접하는 사례들이다.

AI는 대량의 데이터로부터 일정한 패턴을 찾아내서 예측을 하거나 분류하는 부분에서 가장 숙련되어 있다. 따라서, 대량의 데이터가 필요하다. 오늘날 AI가 발전하고 있는 것은, 인터넷의 보급에 의해 대량의 데이터를 손쉽게 수집할 수 있게 되었다는 점, 그리고 컴퓨터의 발전에 의해 수집된 데이터를 고속으로 처리가능하게 되었다는 점 등이 크게 기여하고 있다.

영국에서 발간되고 있는 국제 정치 경제 문화 주간지 이코노미스트(The Economist)에서는 2017년에 "데이터는 21세기의 원유이다"라는 기사를 게재했다. 오늘날 데이터가 없으면 자동차가 달릴 수 없고 기계도 움직이지 못한다. 바야흐로 "데이터가 없으면 아무것도 할 수 없는" 산업구조의 변화가 일어나고 있다. 한편, 원유를 정제하는 기술이 필수적인 것처럼, 데이터 역시 마찬가지다. 데이터를 정리하고 적절한 알고리즘을 사용하여 분석하고, 그로부터 가치를 추출할 수 있는 데이터사이언티스트(Data Scientist)가 필요하다.

"현재는 사람에 의해 수행되는 업무 대부분이 AI에 의해 대체될지도 모른다"라는 주장이 회자되고 있다. 확실히 단순작업에 대해서는 대부분 AI로 대체될 것이다. 그러나, 한편으로는 AI를 원활하게 사용할 수 있는 데이터사이언티스트의 업무는 앞으로 비약적으로 증가하게 될 것이며, AI는 과거의 데이터로부터 패턴을 도출하는 작업을 주로 수행하므로, 찾아낸 패턴을 토대로 판단을 내리거나 과거의 패턴으로는 예측할 수 없는 사항들에 대한 대처는 인간이 해야 할 역할이다. 독자 여러분들은 AI와 무모한 힘겨루기를 할 것이 아니라, AI를 충분하게 활용할 수 있는 역량을 갖춘 인재가 되기 바란다.

과/제/학/습

3-1 어떤 전자제품 제조회사는, 제품X의 제조를 3개 회사(A사, B사, C사)에게 위탁하고 있다. A, B, C 각 회사가 제조하는 제품X의 비율은 5:3:2이다. 또한, 전자제품 제조회사에서 검품할 때, A사가 제조한 제품X가 불량품일 확률은 0.005, B사의 경우에는 0.005, C사의 경우에는 0.01임을 알고 있다.

(1) 무작위로 고른 제품X를 1개 검사할 때, 그 제품이 불량품일 확률을 구하시오.

(2) X의 불량품이 1개 발견되었을 때, C사에서 제조된 것일 확률을 구하시오.

3-2 표 3.3에 대하여, 아래와 같이 새롭게 수신된 2건의 메일 정보를 추가하여, 3.3.2절에서 구한 확률을 같은 방식의 계산(단순 베이즈 모델)에 의해 다시 구하시오. 또한, 2건의 메일 정보를 추가함으로써, 스팸 메일을 검출하는 정확도는 어느 정도 개선되었는지 답하시오.

	"무료초대"	"당첨"	스팸 메일 여부
11	○	○	스팸 메일
12	—	—	일반 메일

3-3 어떤 슈퍼마켓에서 한달간 방문한 약1만명의 고객에 대한 구매이력을 분석해본 결과, 쌀에 대한 구매율은 3%, 꿀의 구매율은 1%, 쌀과 꿀을 함께 구매한 구매율은 0.2%이었다. 쌀과 꿀의 구매에 대해서 향상도, 지지도, 신뢰도(꿀 → 쌀) 및 신뢰도(쌀 → 꿀)를 계산하고 분석하시오.

과/제/학/습

3-4 표 3.2의 교차집계표를 토대로, 상품 구입에 영향을 주는 원인을 분석하기 위한 의사결정트리("성별"과 "쿠폰배포 유무"를 노드로 한다)를 작성하시오. 이때, 노드의 배치에 대해서는 Gini계수를 계산하여 최적의 의사결정트리가 되도록 할 것.

3-5 주변의 제품이나 서비스 중에서 기계학습이나 인공지능이 이용되고 있는 것으로 어떤 것이 있는지 조사하시오. 또한, 흥미 또는 관심을 가지고 있는 것들에 대해서 어떤 기술이 사용되고 있는지 어떤 구조로 되어 있는지를 조사해 보시오.

제
04
장

컴퓨터를 이용한 분석

데이터사이언스를 익히기 위해서는 이론내용뿐만 아니라 실제로 데이터를 다루어보고 그래프를 그리거나 회귀분석을 수행해 보는 것이 필수적이다. 오늘날 수많은 데이터가 오픈 데이터 형태로 인터넷을 통해서 입수가능하며, 이러한 데이터를 분석하는 소프트웨어도 간단히 이용할 수 있다.

제4장에서는 수월하게 이용할 수 있는 대표적인 소프트웨어 및 프로그래밍언어로서, Excel, R, Python에 대해서 살펴보고 이를 이용한 데이터 분석 방법에 대해서 설명하도록 한다.

Excel은 널리 사용되고 있는 표계산 소프트웨어이며, 데이터의 정리 및 회귀분석 등의 간단한 통계분석이 가능한 편리한 소프트웨어이다. 단, 최신의 분석기법까지는 다루지 않고 있다는 단점도 있다.

R은 무료로 다운로드할 수 있는 통계해석용 소프트웨어로서, 최신의 분석기법을 다룰 수 있는 패키지를 다운로드하여 간단하게 이용할 수 있다. 다양한 해설서가 다수 출판되어 있어서 도움이 된다.

Python또한 무료 다운로드하여 사용할 수 있는 프로그래밍언어로서, 작성하기 수월할 뿐만 아니라 읽어보기도 쉽다. 기계학습 관련 패키지가 충실하게 갖추어져 있고, 구글 등과 같은 IT기업에서도 널리 사용하고 있다. 어느 정도 프로그래밍에 익숙해질 필요가 있지만, 그만큼 범용성 측면에서 R보다도 우수하다는 평가를 받고 있다.

독자 여러분들은 반드시 스스로 컴퓨터를 다루면서 데이터 분석을 실감해 보기 바란다.

4.1

엑셀을 이용한 데이터분석

Excel은 마이크로소프트가 제공하고 있는 표계산 소프트웨어로서, 데이터를 표 형식으로 정리하는 기능 및 표계산 기능 등에서 널리 사용되고 있다.

Excel은 통계분석에 관한 다양한 기능을 갖추고 있고, 막대 그래프, 꺾은선 그래프, 파이 그래프, 히스토그램, 산포도 등과 같은 다양한 그래프를 표현할 수 있다. 데이터 분석에 관해서는, 평균, 분산, 공분산, 사분위수 등과 같은 통계량 계산을 비롯하여, 회귀분석, t검정, F검정 등이 내장되어 있으며, 문제 풀이 기능을 이용하면 더욱 복잡한 분석도 가능하다. 데이터사이언스 분야에서 이용하고 있는 기법들중 다수가 Excel에서 실행가능하다.

이 절에서는 Excel을 이용한 데이터 분석으로서, 데이터 수집, 각종 통계량 계산, 히스토그램 및 상자수염그림, 산포도 작성, 회귀분석 등을 살펴보도록 한다. 또한, 이 책의 집필 시점에서 최신판 Excel 2016을 사용하여 설명하고 있으므로, 함수명이나 기능들에 관해서 이전 버전의 Excel과 일부 서로 다른 내용도 포함되어 있을 수 있으므로 주의하기 바란다.

4.1.1 데이터의 수집

제1장과 제2장에서도 소개한 바와 같이, e-Stat 및 기타 다양한 웹 사이트에는 데이터가 공개되어 있다. 수치 데이터는 대부분의 경우, Excel 파일이나 csv, xml 등과 같은 형식으로 데이터를 공개하고 있으며, Excel에서 읽어들일 수 있다. 또한, Excel을 사용하여 데이터를 읽어들인 후에도 Excel의 기능을 이용하여 데이터를 정형하거나 가공하여 R이나 Python에서 활용하는 경우도 많다.

제1장에서 소개한 일본의 정부 통계 포털 사이트 e-Stat에 액세스해 보면, 그림 4.1과 같은 화면이 나온다(2018년 12월 시점에서의 화면 모습). 여기에서 찾고자하는 통계를 분야명과 조직명으로부터 검색하거나, "키워드 검색" 란에 입력하여 원하는 통계에 액세스할 수 있다.

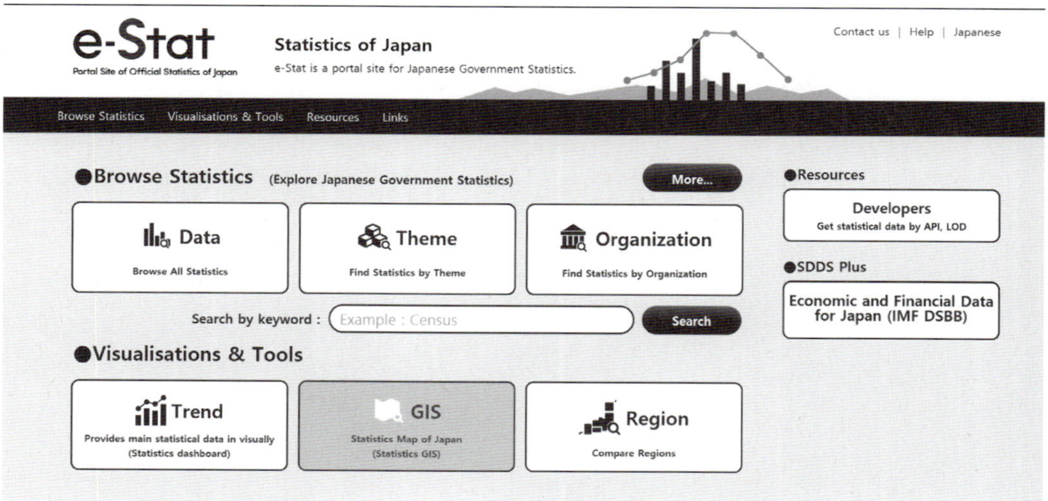

〈그림 4.1〉 e-Stat의 첫 화면

e-Stat에서는 다수의 데이터가 csv 형식으로 제공되고 있으며, Excel에서 그대로 읽어들일 수 있다. 또한, 정부 통계의 통계표는 분류항목이 매우 많은 것이 일반적이지만, e-Stat에서 "DB"라고 표시되어 있는 부분에서는, 데이터베이스와 같이 다수의 항목들로부터 필요한 부분만을 선택적으로 표시할 수 있다.

4.1.2 다양한 통계량 계산

Excel을 사용하면 제2장에서 소개한 다양한 통계량(평균값, 분산, 사분위수, 상관계수 등)을 계산할 수 있다. 여기에서는 제2장에서 등장했던 히코네시의 1988년부터 2017년까지 매년 10월1일의 최저기온(℃)(표 2.1)을 사용하여 계산해 보도록 한다.

그림 4.2와 같이 Excel의 B3~B32셀에 데이터를 입력하고, 평균값, 최대값, 최소값, 사분위수, 분산, 불편분산, 표준편차 등을 계산해 보았다.

- 평균값은 AVERAGE(데이터의 범위)
- 최대값과 최소값은 각각 MAX(데이터의 범위), MIN(데이터의 범위)
- 제1사분위수는 QUARTILE(데이터의 범위, 1), 제2사분위수(중앙값)는 QUARTILE(데이터의 범위, 2), 제3사분위수는 QUARTILE(데이터의 범위, 3)
- 분산은 VAR.P(데이터의 범위)(으로 나눈 값. 데이터를 모집단(Population)으로 생각하여 계산하는 분산으므로, P가 붙어있다)
- 불편분산은 VAR.S(데이터의 범위)(n − 1로 나눈 값. 데이터를 모집단으로부터 추출한 표본(Sample)로 생각하여 계산하는 분산이므로, S가 붙어있다)
- 표준편차는 STDEV.P(데이터의 범위)

등으로 계산할 수 있다(Excel에서 함수를 사용할 때는, 맨 앞에 "="기호를 붙여야 한다).

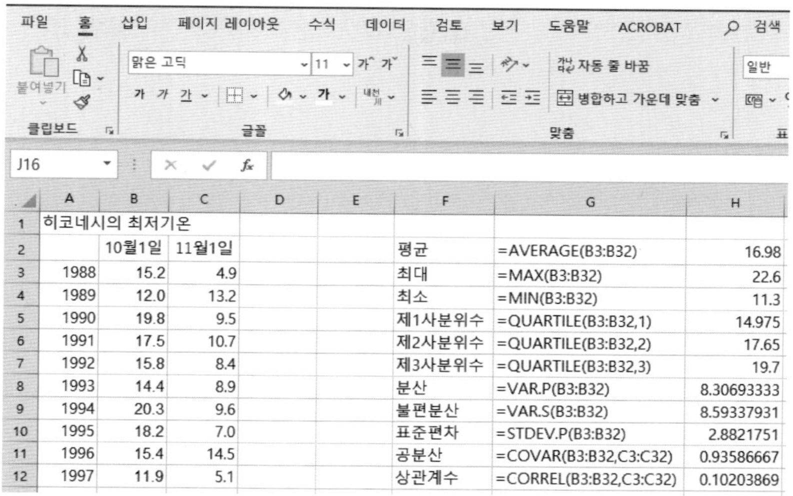

	A	B	C	D	E	F	G	H
1	히코네시의 최저기온							
2		10월1일	11월1일			평균	=AVERAGE(B3:B32)	16.98
3	1988	15.2	4.9			최대	=MAX(B3:B32)	22.6
4	1989	12.0	13.2			최소	=MIN(B3:B32)	11.3
5	1990	19.8	9.5			제1사분위수	=QUARTILE(B3:B32,1)	14.975
6	1991	17.5	10.7			제2사분위수	=QUARTILE(B3:B32,2)	17.65
7	1992	15.8	8.4			제3사분위수	=QUARTILE(B3:B32,3)	19.7
8	1993	14.4	8.9			분산	=VAR.P(B3:B32)	8.30693333
9	1994	20.3	9.6			불편분산	=VAR.S(B3:B32)	8.59337931
10	1995	18.2	7.0			표준편차	=STDEV.P(B3:B32)	2.8821751
11	1996	15.4	14.5			공분산	=COVAR(B3:B32,C3:C32)	0.93586667
12	1997	11.9	5.1			상관계수	=CORREL(B3:B32,C3:C32)	0.10203869

〈그림 4.2〉 다양한 통계량 계산

또한, 위의 데이터값이 들어있는 열에 대해서 2.1.2절에서 설명한 "힌지법(Hinge)"이라고 부르는 사분위수 계산방법을 사용해서 계산해보면, 중앙값은 17.65이고 제1사분위수는 14.8이 되지만, Excel을 사용해서 계산한 사분위수와 서로 다르다는 점에 주의하기 바란다.

Excel을 사용하여 계산하고 있는 것은 "내분점법"이라고 부르는 계산방법으로서, 가장 작은 값을 갖는 데이터가 기준점 0, 2번째로 작은 값이 기준점 1, … 등에 대응하는 것으로 하여 사분위수를 구한다. 구체적으로는,

1. 데이터의 개수를 n으로 할 때, 데이터의 간격은 $(n-1)$개가 존재하므로, 4등분하여 1간격을 $(n-1)/4$로 계산한다.
2. 데이터를 작은 것부터 순서적으로 0번, 1번, … 과 같이 카운트해서 $(n-1)/4$번째 데이터의 값을 제1사분위수로 한다. $(n-1)/4$이 나누어 떨어지지 않는 경우에는 전후의 데이터를 일정한 비율에 따라서 고르게 나누어서 구한다.

와 같은 방식으로 계산한다. 위의 예에서는, 1988년부터 2017년까지 총30개의 데이터를 대상으로 하고 있으므로, 제1사분위수는 아래로부터 카운트하여 $(30-1)/4 = 7.25$번째 데이터의 값이 된다. 아래로부터 0번, 1번, ...와 같은 방식으로 카운트하면 7번째 데이터는 14.9이고 8번째 데이터

는 15.2이므로, 7.25번째 데이터는 14.9+(15.2−14.9)×0.25 = 14.975가 된다. 또한, 중앙값에 대해서는 힌지법과 같은 방식으로 구한다.

Excel에서는 QUARTILE.EXC라는 "외분점법"이라고 부르는 사분위수 계산을 수행하는 함수를 내장하고 있다. 이 함수는 가장 작은 값을 갖는 데이터를 기준점 1에, 두번째 작은 값을 갖는 데이터를 기준점 2에, … 와 같은 방식으로 할당하여 사분위수를 구한다. 구체적으로는,

1. 데이터의 개수를 n으로 할 때, 양쪽에 0번째와 $(n+1)$번째 데이터가 보충되어 있는 것으로 생각하면, 데이터의 간격은 $(n+1)$개가 존재하므로, 4등분하여 1간격을 $(n+1)/4$로 계산한다.
2. 데이터를 작은 것부터 순차적으로 1번, 2번, …와 같은 방식으로 카운트해서, $(n+1)/4$번째 데이터의 값을 제1사분위수로 한다. $(n+1)/4$가 나누어 떨어지지 않는 경우에는 전후의 데이터를 일정한 비율에 따라서 고르게 나누어서 구한다.

와 같은 방식으로 계산한다. 위의 예에서는, 제1사분위수는 아래로부터 1번, 2번, ...과 같은 방식으로 카운트하여 (30+1)/4 = 7.75번째 데이터의 값이며, 7번째는 14.7, 8번째는 14.9이므로 7.75번째는 14.7+(14.9−14.7)×0.75 = 14.85가 된다. 또한, 중앙값에 대해서는 힌지법 또는 내분점법을 이용하여 구한다. 데이터의 개수 n을 4로 나누었을 때의 나머지가 1 또는 3인 경우에는, 외분점법을 이용한 사분위수는 힌지법을 이용했을 때의 결과와 일치한다.

데이터가 2개의 계열(*X*와 *Y*)로 구성되어 있는 경우, 공분산과 상관계수를 계산할 수 있다. 그림 4.2와 같이 C3~C32에 11월1일의 데이터가 들어있는 경우, "10월1일의 최저기온"과 "11월1일의 최저기온"에 대하여,

- 공분산은 COVARIANCE.P(B3:B32,C3:C32)
- 상관계수는 CORREL(B3:B32,C3:C32)

와 같은 식으로 계산할 수 있다.

4.1.3 그래프 작성(히스토그램, 상자수염그림)

Excel에는 다양한 그래프 그리기 기능이 내장되어 있어서, 막대 그래프, 꺾은선 그래프, 파이 그래프 뿐만 아니라, 히스토그램, 상자수염그림, 산포도 등을 작성할 수 있고, 더 나아가서는 다양한 그래프들을 조합한 그래프도 그릴 수 있다.

여기에서는 제2장에서도 소개하였던 히스토그램과 상자수염그림을 작성해 보도록 한다. 히스토그램을 작성하기 위해서는, 우선, 데이터의 범위를 지정하여(그림 4.3의 예에서는, 셀B3~B32에 매년 10월1일의 히코네시 최저기온 데이터가 들어있으므로, 이것을 범위로 지정한다), Excel의 화면 상단에 있는 "삽입" 메뉴에서 "그래프" 〉 "모든 그래프" 〉 "히스토그램"의 순서로 선택하여 진행하면, 그림 4.3과 같은 히스토그램을 그려넣을 수 있다.

작성된 히스토그램을 살펴보면, 데이터의 범위가 [11.3, 14.6], [14.6, 17.9], …와 같이 구간별로 단절되어 있으며, 구간의 개수도 자유롭게 변경할 수 있다. 또한, 제2장에서는 "구간의 개수는 표본의 크기(샘플 사이즈)의 제곱근 정도"라는 기준을 소개하였으나, 이밖에도 스터제스(H.A. Sturges) 공식($1 + \log_2 N$)을 사용하는 경우도 있다[1].

그림 4.3의 히스토그램에서는 구간의 폭과 개수를 변경할 수 있지만, 그다지 자유도가 없으므로, 여기에서는 별도의 방법으로서 Excel의 "데이터분석" 도구를 사용하여 히스토그램을 작성하는 방법을 소개하도록 한다.

Excel의 "데이터분석" 도구는 초기 버전에는 포함되어 있지 않았기 때문에 몇가지 확인과 설정변경이 필요할 수도 있다. 우선, 화면 상단의 "데이터" 메뉴를 열고, "데이터분석"이라는 도구가 나오는지 확인한다. 나오지 않는다면, "파일" 〉 "옵션" 〉 "추가 기능"과 같은 순서로 선택하여, "분석 도구"를 추가하면 이용할 수 있게 된다.

---

1 스터제스의 공식은, 이항분포(동전을 k번 던졌을 때, 동전의 앞면이 나오는 패턴은 $N=2^k$개 존재하며, 동전의 앞면이 나올 횟수는 0~k번의 (k+1)개 존재한다)를 히스토그램으로 나타내는 것에 대응하며, 이런 경우 $k = \log_2 N$으로 나타내므로 히스토그램의 구간의 개수 $(k + 1) = 1 + \log_2 N$으로 나타낸다. 여기에서 $\log_2$는 2를 밑으로 하는 대수이다.

	A	B	C	D	E	F	G	H
1	히코네시의 최저기온							
2		10월1일	11월1일	12월1일		평균	=AVERAGE(B3:B32)	16.98
3	1988	15.2	4.9	3.60		최대	=MAX(B3:B32)	22.6
4	1989	12.0	13.2	3.00		최소	=MIN(B3:B32)	11.3
5	1990	19.8	9.5	11.80		제1사분위수	=QUARTILE(B3:B32,1)	14.975
6	1991	17.5	10.7	6.80		제2사분위수	=QUARTILE(B3:B32,2)	17.65
7	1992	15.8	8.4	7.60		제3사분위수	=QUARTILE(B3:B32,3)	19.7
8	1993	14.4	8.9	10.40		분산	=VAR.P(B3:B32)	8.30693333
9	1994	20.3	9.6	5.10		불편분산	=VAR.S(B3:B32)	8.59337931
10	1995	18.2	7.0	3.00		표준편차	=STDEV.P(B3:B32)	2.8821751
11	1996	15.4	14.5	-1.30		공분산	=COVAR(B3:B32,C3:C32)	0.93586667
12	1997	11.9	5.1	4.40		상관계수	=CORREL(B3:B32,C3:C32)	0.10203869
13	1998	22.6	12.6	7.30				
14	1999	20.2	14.4	6.20				
15	2000	17.7	14.8	5.80				
16	2001	18.6	7.9	5.80				
17	2002	18.1	9.2	6.30				
18	2003	11.3	12.8	12.10				
19	2004	14.9	16.3	3.90				
20	2005	19.9	7.1	4.10				
21	2006	16.2	11.6	5.70				
22	2007	17.6	13.9	5.80				
23	2008	17.7	9.7	2.60				
24	2009	17.7	14.5	4.60				
25	2010	14.7	13.0	5.70				
26	2011	14.7	11.3	7.30				

〈그림 4.3〉 히스토그램 작성(1)

이와같은 확인과 설정작업을 완료한 후에, 히스토그램의 작성 대상이 되는 데이터를 준비하고 히스토그램의 구간을 자유롭게 입력한다. 그림 4.4의 예에서는, "10~15도", "15도~20도", "20도~25도", "25도~"와 같은 구간들을 설정하는 것으로 하고, 셀E3~E6에는 각 구간들의 경계가 되는 값 10, 15, 20, 25를 입력한다.

그 다음 단계에서는 화면의 "데이터" 메뉴에서 "데이터 분석" 〉 "히스토그램"과 같은 순서로 선택해가면, 그림 4.4와 같은 박스가 표시된다. 이때, "입력 범위"에 기온 데이터(B3~B32)를, "계급구간"에는 앞서 입력한 구간 계급값(E3~E6)을 지정하고, "차트 출력"에서 ☑을 선택한 후에 "확인" 버튼을 클릭하면, 그림 4.5와 같은 도수분포표와 히스토그램이 표시된다.

위의 경우, 경계값은 아래쪽 구간에 포함된다. 즉, “10.5”라고 기입되어 있는 셀의 오른쪽에는 “$10.0 < x \leq 15.0$을 만족하는 x의 개수”가 표시된다.

또한, 위의 예에서는 최저기온에 관한 데이터가 연속적인 양이므로, 히스토그램의 막대가 떨어져 있는 것은 올바르지 않다. 따라서, 이것을 바로잡기 위해서는 그래프의 막대를 지정하여 오른쪽 클릭을 하여 “데이터 계열 서식” 메뉴를 선택해서 “간격 너비”의 값을 0%로 변경한다. 그밖에도 가로축의 라벨 수정 및 그래프 스타일 수정 등의 작업을 수행하면 그림 4.6과 같은 히스토그램이 완성된다.

이제 상자수염그림을 작성해 보도록 하자. 상자수염그림 그리기 기능도 Excel에 내장되어 있으므로 간단하게 그릴 수 있다. 그림 4.7의 Excel시트에는 10월1일, 11월1일, 12월1일의 데이터가 3개 열에 입력되어 있으므로, 3가지 데이터를 모아서 상자수염그림을 그리도록 한다.

〈그림 4.4〉 히스토그램 작성(2)

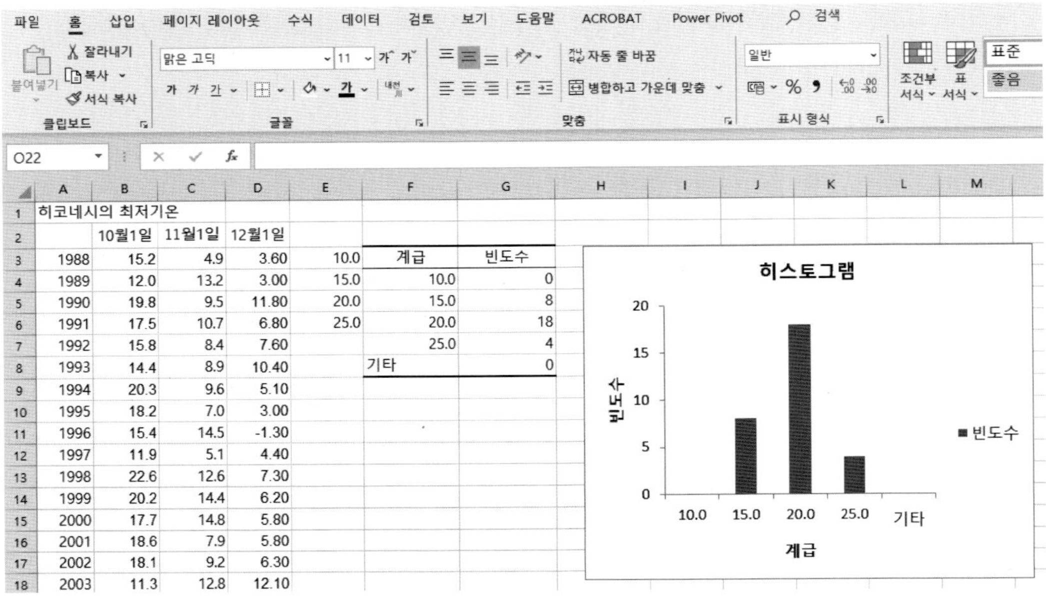

〈그림 4.5〉 히스토그램 작성(3)

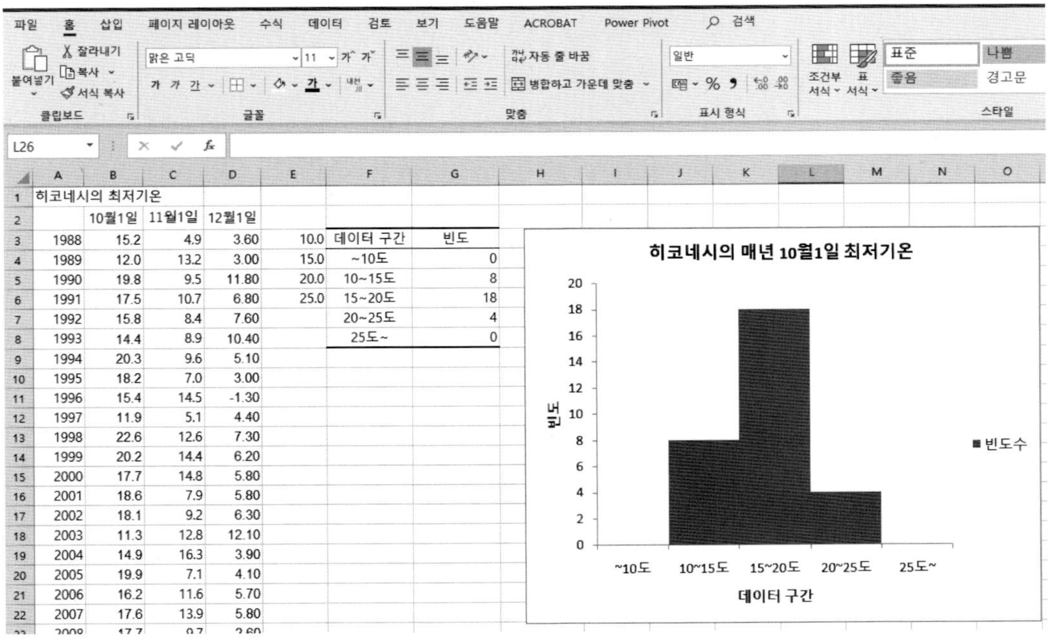

〈그림 4.6〉 히스토그램 작성(4)

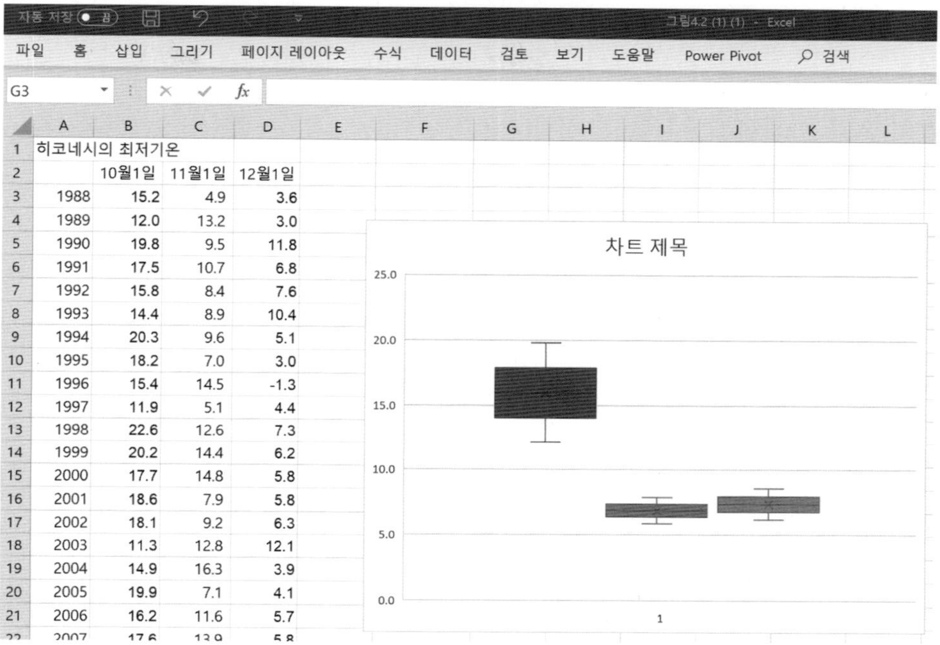

〈그림 4.7〉 상자수염그림 작성

먼저, 데이터가 입력되어 있는 범위(위의 예에서는 B3~D32)를 지정한 뒤에, "삽입" 〉 "챠트" 〉 "모든 챠트" 〉 "상자 수염" 과 같은 순서로 선택해 가면, 그림 4.7과 같은 상자 그림을 그릴 수 있다. 또한, Excel의 사분위수 계산 방법에는 4.1.2절에서 소개하였던 2가지 방법(내분점법, 외분점법)이 준비되어 있으므로, 옵션에서 어느것을 사용할지 선택할 수 있다. 그밖에도 그래프의 제목과 가로/세로축의 라벨 등을 기입하여 그래프를 완성시킨다. 그리고, 수염을 작성하는 방법은, 2.1절에서 소개했던 튜키방식(상자로부터 상자 길이의 1.5배를 초과하여 떨어져있는 점을 흰색 원형점으로 그리고, 떨어져있는 점이 아닌 것의 최대값과 최소값까지 수염을 그린다)을 이용한다.

4.1.4 산포도와 회귀직선

Excel을 사용하여 두 변량 사이의 관계를 조사하기 위한 산포도 작성과 회귀분석을 수행해보도록 하자. 이때 사용할 데이터는 2.2절에서 설명하였던 2016년 시가현 오오쯔시의 매달 하루최고기온의 평균값(℃)과 2인이상세대 당 음료지출금액(엔)이다(이후에는 각각 "기온"과 "음료지출"이라고 부르기로 한다).

그림 4.8과 같이 Excel의 A열에는 월, B열에는 기온, C열에는 음료지출에 관한 데이터를 입력한다. 기온과 음료지출 사이의 관계를 조사하기 위하여, 해당하는 데이터의 범위B2~C13을 선택하고 화면 상단의 메뉴바에서 "삽입" 〉 "챠트" 〉 "모든 챠트" 〉 "분산형"과 같은 순서로 진행하면, 그림 4.8과 같은 박스가 나타난다. 여기서, "확인" 버튼을 클릭하면 그림 4.9와 같은 산포도가 삽입된다.

그림 4.9의 산포도를 몇군데 수정해보자.

1. 우선, 그림 4.9에서는 어떤 점이 몇 월을 나타내고 있는지 알 수 없으므로, 데이터에 "레이블"을 추가해보자. 산포도의 임의의 한 점을 선택하여 오른쪽 마우스 클릭을 하면 팝업 메뉴가 나타난다. "데이터 레이블 추가" 항목을 선택하면 각 점에는 세로축의 값(예를 들면, 4639)이 추가된다. 이러한 레이블들을 해당 월의 이름으로 변경하기 위하여, 현재 나타난 레이블들 중의 하나(예를 들면, 4639)를 선택한 후에 오른쪽 마우스 클릭하여 "데이터 레이블 서식 설정"을 선택한다. "레이블 내용"으로서 "셀 값"을 체크(☑)하고 "Y 값"은 체크를 해제하면, 그림 4.10과 같이 "데이터 레이블 범위 선택"에 관한 박스가 나타나게 되며, 여기에 각 월의 이름이 들어 있는 A2~A3를 지정한다.

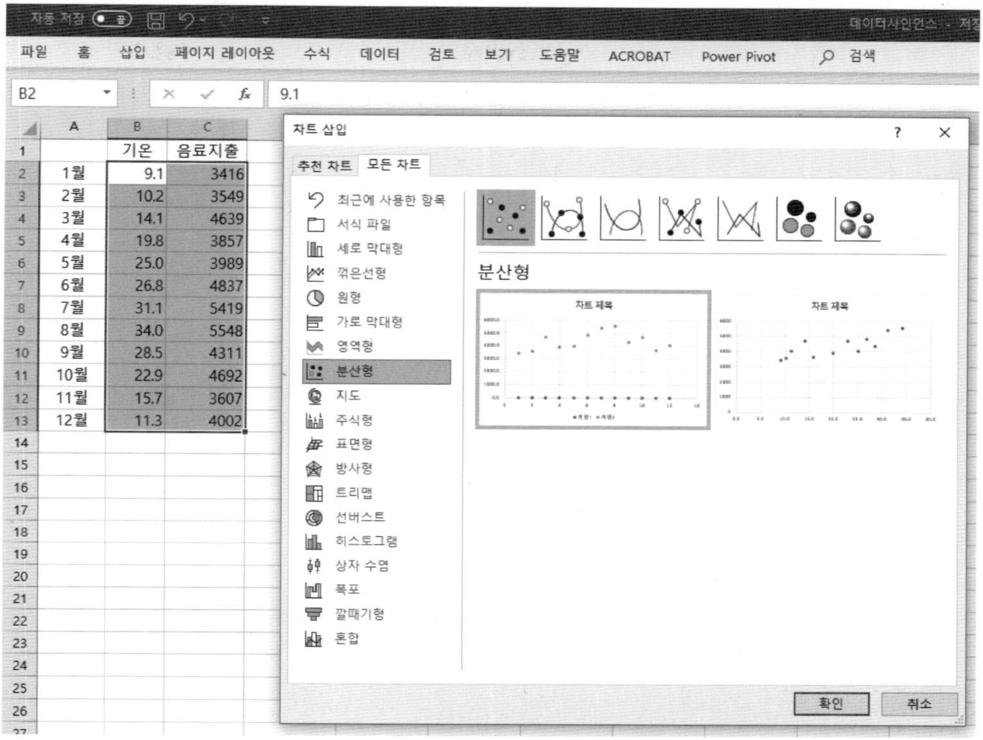

〈그림 4.8〉 산포도 작성(1)

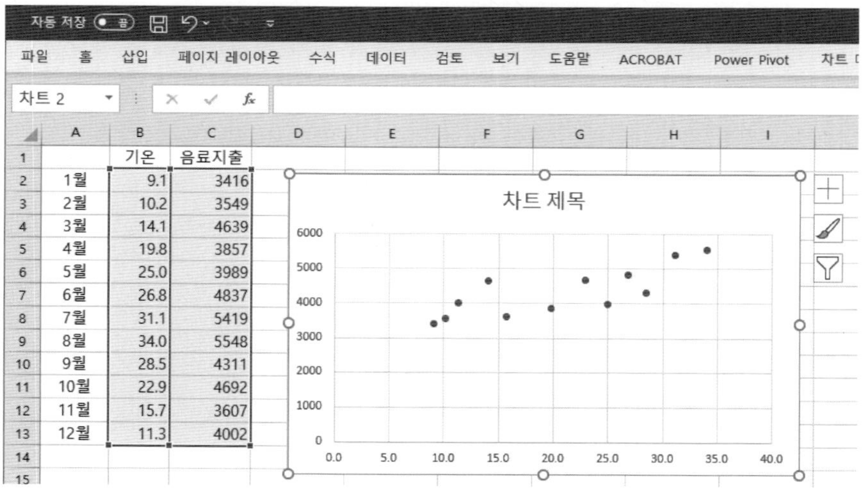

〈그림 4.9〉 산포도 작성(2)

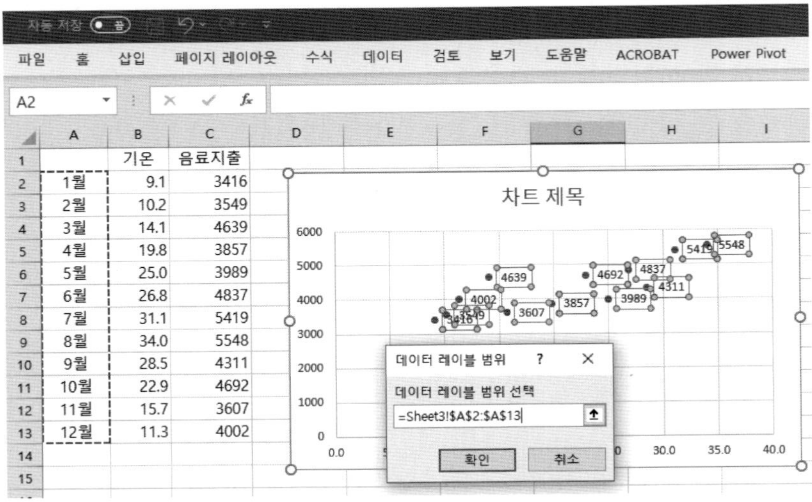

〈그림 4.10〉 산포도 작성(3)

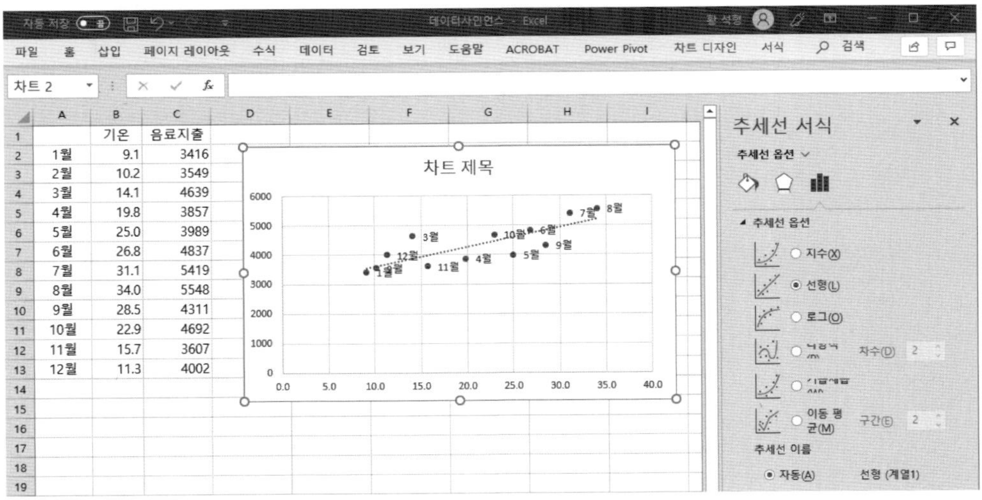

〈그림 4.11〉 산포도 작성(4)

2. 다음단계에서는 근사직선(회귀직선)과 회귀식, 그리고 결정계수를 추가한다. 산포도 위에 있는 임의의 한 점을 선택하여 오른쪽 클릭하여 나타나는 메뉴에서 "추세선 추가"를 선택하면, 그림 4.11과 같이 회귀직선이 추가되고 화면의 오른쪽 영역에 "추세선 서식"이라는 화

면이 나타난다. 여기에서 "수식을 차트에 표시"와 "R−제곱 값을 차트에 표시"를 체크(☐)하면, 회귀식과 결정계수 R^2 이 표시된다. 이후에 차트의 제목과 축에 대한 설명을 추가하고, 폰트 크기를 크게하는 등의 조정작업을 수행하여 완성한다(그림 4.12).

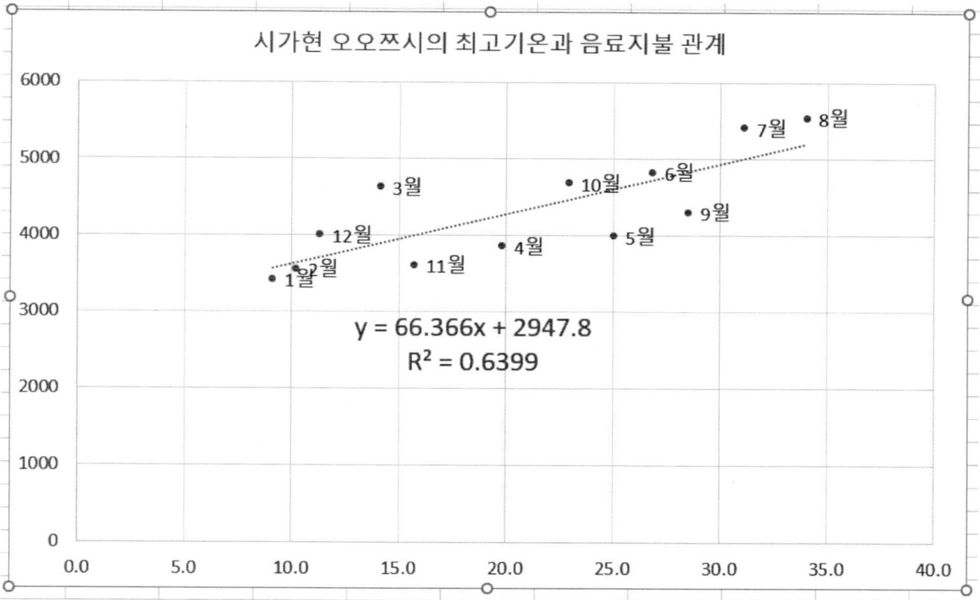

〈그림 4.12〉 산포도 완성

이와 같이 Excel에서는 산포도를 작성함과 동시에 회귀분석을 수행할 수 있으나, 회귀계수에 관한 통계적인 검정과 같은 고도의 분석을 수행하기 위해서는 앞서 소개했던 "데이터분석"을 위한 도구를 사용하여 분석할 필요가 있다.

이를 위해서는, 화면 윗쪽의 메뉴바에서 "데이터" 〉 "데이터 분석" 〉 "회귀분석"과 같은 순서로 선택해 가면 그림 4.13과 같은 박스가 나타난다. 여기에서 해당하는 데이터의 범위를 지정한다. 위의 예에서는, 회귀식의 좌변(목적변수) y는 음료지출로서 C2~C13에 들어 있고, 회귀식의 우변(설명변수)x는 기온으로서 B2~B13에 들어있다. 각각을 지정한 후에 "확인" 버튼을 클릭하면 회귀분석의 결과가 그림 4.14와 같은 형태로 표시된다.

앞서 수행한 계산결과와 비교해 보면, 수치의 자리수 처리(사사오입)에 약간의 차이가 있어서 약간 다른 것처럼 보이지만, 같은 회귀식이 구해지고 있다. 더우기, 이러한 분석에서는, x의 계수에 대한 t−값이 0.0017이 되고 있음을 알 수 있다(t−값과 P−값에 대해서는 3.2절 참조).

또한, 위에서 살펴본 예에서는 회귀식의 설명변수가 1개였으나, 휴일 날짜수와 이벤트 개최(더비 변수)와 같은 2개의 변수를 추가하여 회귀분석을 수행할 수도 있다. 이때에는 Excel에서 기온 데이터의 옆에 더미변수들을 입력해 놓고, 그림 4.13의 회귀분석 박스의 "입력 × 범위" 부분에 더미 변수들을 포함하여 지정하면 된다.

이 절의 앞부분에서도 설명한 바와같이, Excel을 잘 활용하면, 데이터사이언스 분야에서 필요한 많은 기법들을 사용하여 계산할 수 있다. 독자 여러분들도 Excel을 잘 익혀서 다양한 분석작업에 활용하기 바란다.

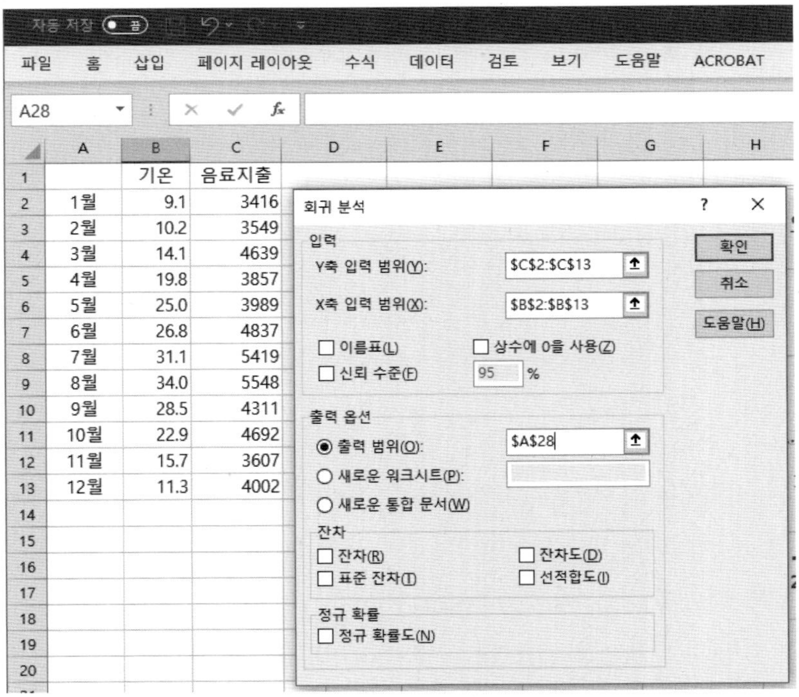

〈그림 4.13〉 회귀분석

28	요약 출력								
29									
30	회귀분석 통계량								
31	다중 상관계수	0.7999							
32	결정계수	0.6399							
33	조정된 결정계수	0.6039							
34	표준 오차	447.81							
35	관측수	12							
36									
37	분산 분석								
38		자유도	제곱합	제곱 평균	F 비	유의한 F			
39	회귀	1	3563025.88	3563025.88	17.76806373	0.0017851			
40	잔차	10	2005297.78	200529.778					
41	계	11	5568323.67						
42									
43		계수	표준 오차	t 통계량	P-값	하위 95%	상위 95%	하위 95.0%	상위 95.0%
44	Y 절편	2947.8	350.730349	8.40487341	7.62155E-06	2166.36827	3729.3201	2166.3683	3729.3201
45	X 1	66.366	15.7443035	4.21521811	0.001785096	31.2851789	101.44617	31.285179	101.446167

〈그림 4.14〉 Excel을 사용한 회귀분석의 결과

과/제/학/습

4.1 "지자체별 현황(사회 · 인구통계체계)"(총무성)에서는 지역별 다양한 데이터를 Excel방식으로 다운로드할 수 있다.

https://www.e-stat.go.jp/regional-statistics/ssdsview

이러한 데이터를 사용하여,

- 각 지자체의 인구 증감
- 평균수명이 길게 나타나는 지역에는 어떠한 특징이 있는가?

를 분석하시오.

4.2

통계해석 소프트웨어 R을 이용한 데이터분석

여기에서는 데이터를 분석하기 위하여 널리 사용되고 있는 소프트웨어 "R"의 사용법에 대해서 소개한다.

R은 데이터를 통계적으로 분석하거나 가시화하는 작업에 특화된 소프트웨어이다. 다른 수많은 프로그래밍언어에 비해서, 벡터 및 행렬의 연산을 간단하게 수행할 수 있다는 점이 가장 특징들 중의 하나이다. 또한, 주로 연구자들이 개발한 패키지(package)라고 부르는 기능들의 집합체를 읽어들여서, 보다 풍부한 기능과 최신 통계분석기법을 이용할 수 있다. R에 대한 상세한 정보는 R의 웹 사이트(https://www.r-project.org/)을 참조하기 바란다. 또한, R은 Linux, Mac, Windows 등과 같은 3종류의 OS에서 사용할 수 있으며, 이책에서는 Windows에서 사용하는 것을 가정하고 있다(2018년3월 시점).

4.2.1 R의 설치

R은 R의 웹 사이트로부터 무상으로 다운로드하여 설치할 수 있다. 우선, R의 웹 사이트(그림 4.15)로부터, 왼쪽에 있는 "CRAN"을 선택하여 클릭한다. 그러면, 설치 파일을 다운로드하기 위한 미러 사이트들(CRAN Mirrors)이 표시된다. 미러 사이트는, 액세스가 집중되는 서버의 부하를 경

감시키기 위해 만들어진 웹 사이트이다. 여러개의 미러 사이트를 만들어서 동일한 내용을 게시함으로써, 다운로드가 집중되는 서버의 부하를 분산시킬 수 있다. 여기에서는 한국의 미러 사이트(http://healthstat.snu.ac.kr/CRAN/)를 선택한다.

그림 4.16과 같은 화면이 표시되면, 사용하고 있는 컴퓨터의 운영체제에 적합한 링크("Download R for ...")를 선택하여 클릭한다. 3가지 운영체제(Linux, Mac, Windows)에 따라서 알맞은 항목을 선택할 수 있다. Windows를 선택한 경우에는, 이어서 "base", "Download R *.*.* for Windows"(*.*.*은 버전 번호를 나타냄)와 같은 순서로 링크를 클릭하여 설치 파일을 다운로드할 수 있다. 다운로드가 완료된 후에 설치 파일을 실행시켜서 화면의 지시사항에 따라서 설치작업을 진행한다.

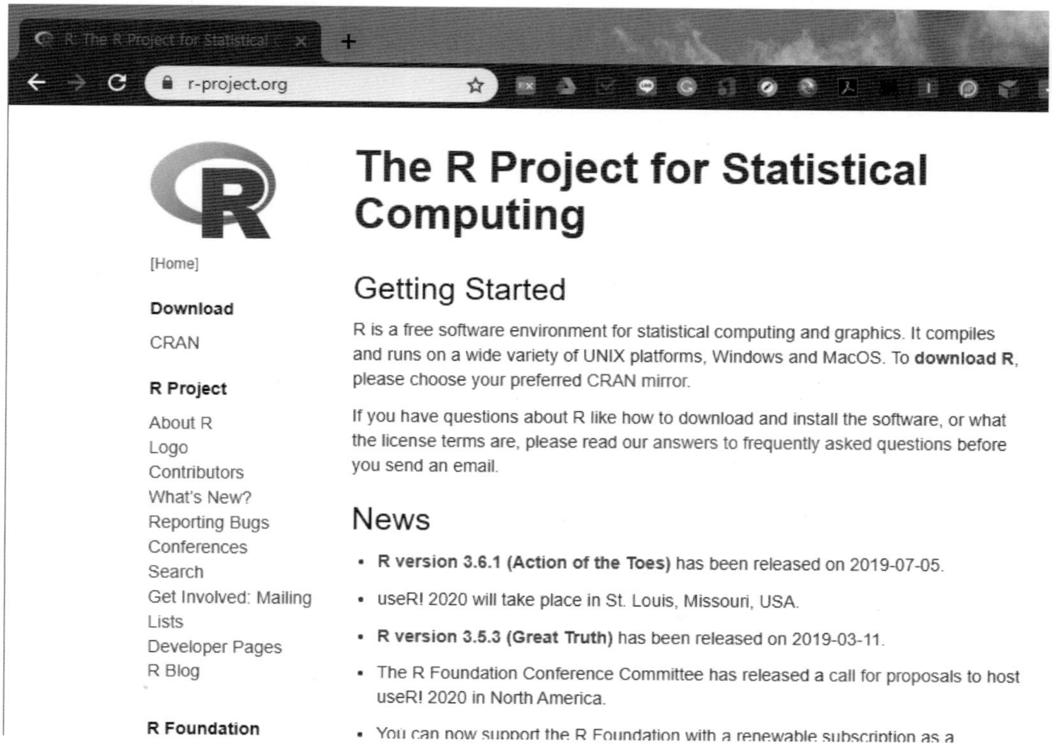

〈그림 4.15〉 R의 웹 사이트

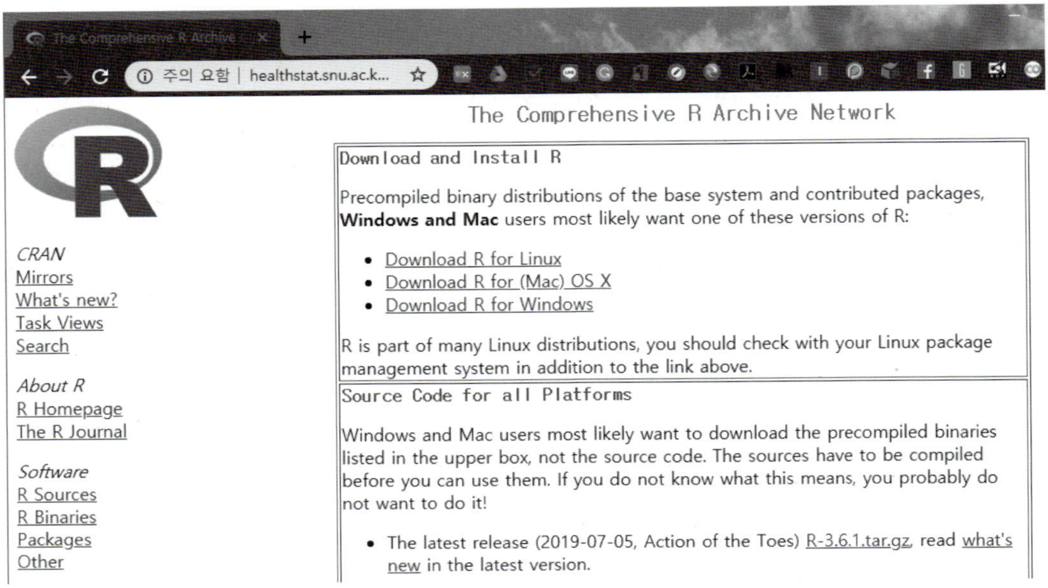

〈그림 4.16〉 설치 파일을 다운로드할 수 있는 웹 페이지

4.2.2 R의 시작과 작동방법

R을 실행시키면 그림 4.17과 같은 화면이 표시된다. 이 화면위의 콘솔(Console) 윈도우에 프로그램을 작성하거나 소스코드가 들어있는 파일을 읽어들여서 처리를 실행시킬 수 있다. 또한, 화면 윗쪽에 있는 메뉴에서 화면을 설정하거나 소스코드가 작성되어 있는 파일을 열어볼 수 있다.

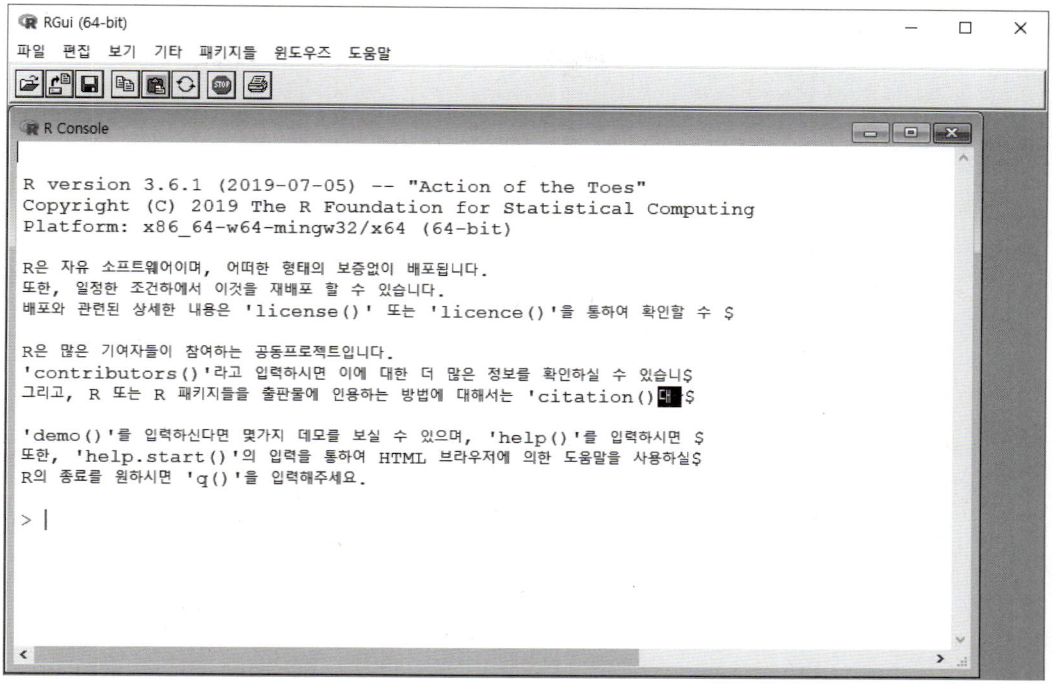

〈그림 4.17〉 R의 실행초기화면

연산

콘솔 윈도우 위에서 실제로 프로그램을 입력하여 실행시켜보도록 하자. R은 인터프리터(interpreter)형 프로그램으로서, 프로그램을 입력한 후에 Enter키를 누르면 처리가 한개 행씩 실행된다. 예를들어, 1+3이라고 입력하고 Enter키를 누르면, 계산결과가 다음과 같이 출력된다. 이때, 가장 왼쪽의 "〉"기호는 맨처음부터 화면에 표시되고 있으므로 입력할 필요는 없다.

```
> 1+3
[1] 4
>
```

또한, 제곱근과 대수 등, 다양한 계산을 수행하기 위한 함수들이 내장되어 있다.

```
> sqrt(2)    # 제곱근
[1] 1.414214
> log10(2)   # 상용대수
[1] 0.30103
> log(2)     # 자연대수
[1] 0.6931472
>
```

이때, 콘솔 위에 "#"을 입력하면, #기호를 포함하여 오른쪽 부분은 처리 대상에 포함되지 않는다. 따라서, #기호는 주석문을 기입하는 용도로 사용된다.

수치와 계산결과 등을 변수에 대입할 수도 있다. 예를 들면, 변수 x와 y에 각각 1과 3을 대입하고, x + y라고 입력하면 대입된 값의 합을 출력할 수 있다. 이러한 결과값을 또다른 변수에 대입하는 것도 가능하다.

```
> x <- 1
> y <- 3
> x + y
[1] 4
> z <- x + y
> z
[1] 4
>
```

벡터와 행렬의 연산

R에서는 1개의 값(스칼라 값)뿐만 아니라 벡터와 행렬을 다룰 수도 있다. 우선, c()를 사용하여 임의의 길이를 갖는 벡터를 만들 수 있다. 예를 들면, 아래의 처리는 변수 x에 벡터(1, 2, 3)을 대입하고 있다.

```
> x <- c(1, 2, 3)    # 1, 2, 3으로 구성되는 3차원 벡터
> x
```

```
[1] 1 2 3
>
```

요소가 1씩 증가 또는 감소하는 등간격의 값들로 구성된 벡터를 작성하려는 경우에는, ":"기호를 사용할 수 있다.

```
> x <- 1:3     # 1, 2, 3으로 구성되는 3차원 벡터
> x
[1] 1 2 3
>
```

벡터에 대해서, 요소의 합계 및 평균값 등을 계산하는 함수를 실행시킬 수 있다.

```
> sum(x)  # 벡터의 요소들에 대한 합계
[1] 6
> mean(x)  # 벡터의 요소들에 대한 평균값
[1] 2
>
```

또한, R에서는 행렬에 대한 연산을 간단하게 수행할 수 있다. 행렬을 작성하는 방법들 중에 한가지로서, matrix함수를 사용하여 행렬의 요소와 크기를 지정하여 임의의 요소들로 구성되는 행렬을 구성할 수 있다. 이때, 행과 열의 크기를 각각 nrow, ncol로 지정한다. 예를 들면, 다음과 같은 2개의 행렬 X, Y를 작성해보도록 하자.

$$X = \begin{bmatrix} 1 & 3 & 5 \\ 2 & 4 & 6 \end{bmatrix}, Y = \begin{bmatrix} 3 & 5 & 7 \\ 4 & 6 & 8 \end{bmatrix}$$

```
> X <- matrix(1:6, nrow=2, ncol=3)  # 2?3 행렬을 변수X에 대입
> Y <- matrix(3:8, nrow=2)   # 지정된 요소의 수로부터 열의 수가 자동계산됨.
> X
     [,1] [,2] [,3]
[1,]    1    3    5
[2,]    2    4    6
```

```
> Y
     [,1] [,2] [,3]
[1,]    3    5    7
[2,]    4    6    8
>
```

행렬로부터 임의의 요소를 추출할 수도 있다. 예를 들면, 행렬이 대입되어 있는 변수X의 1행 2열의 요소를 추출하기 위해서는, "X[1,2]"와 같이 입력하면 된다. 또한, 첫번째 행 전체를 추출하기 위해서는 "X[1,]"을, 첫번째 열 전체를 추출하기 위해서는 "X[,1]"을 입력한다.

```
> X[1,2]  # 행렬X의 1행2열의 요소
[1] 3
> X[1,]   # 행렬X의 첫번째 행
[1] 1 3 5
> X[,1]   # 행렬X의 첫번째 열
[1] 1 2
>
```

함수 t()를 사용하여 주어진 행렬의 전치행렬을 출력할 수 있다.

```
> t(X)
     [,1] [,2]
[1,]    1    2
[2,]    3    4
[3,]    5    6
>
```

행렬의 합에 대해서는, 스칼라와 유사하게 + 기호를 사용한다. 크기가 서로 다른 행렬들의 합을 구하는 경우에는, 에러 메시지가 출력된다.

```
> X + Y
     [,1] [,2] [,3]
```

```
[1,]    4    8   12
[2,]    6   10   14
> t(X) + Y
Error in t(X) + Y : 배열의 크기가 올바르지 않습니다
>
```

행렬의 곱셈은 %*% 연산자를 사용하여 간단하게 계산할 수 있다.

```
> Z <- t(X) %*% Y
> Z
     [,1] [,2]
[1,]   53   62
[2,]   68   80
>
```

또한, solve함수를 사용하여 역행렬을 계산할 수도 있다.

```
> solve(Z)
          [,1]      [,2]
[1,]  3.333333 -2.583333
[2,] -2.833333  2.208333
>
```

이외에도 R에는 다양한 연산기능이 제공되고 있다.

R의 실행종료

마지막으로 R을 종료하기 위해서는, R의 윈도우 우측 상단에 있는 X 버튼을 클릭하거나, 콘솔에서 "q()"를 입력하여 실행시킨다. 종료될 때에는 "작업공간 이미지를 저장하시겠습니까?"라는 다이얼로그 윈도우가 나오며, "예"를 선택하면 현재까지의 작업에서 보존된 변수의 값들을 다음번 실행시작할 때에도 이용할 수 있다.

4.2.3 R을 사용한 데이터 분석

R에는 다양한 데이터가 사전에 내장되어 있어서 간단하게 호출하여 분석작업에 이용할 수 있다(표4.1). 여기에서는 R에 내장된 데이터를 분석하는 방법에 대해서 설명하기로 한다.

R에 내장된 데이터들 중에서 iris데이터는 붓꽃 150개체 각각에 대하여, 꽃받침의 길이(Sepal.Length)와 폭(Sepal.Width), 꽃잎의 길이(Petal.Length)와 폭(Petal.Width), 품종(Species)에 대한 데이터이다. 붓꽃의 품종은, setosa, versicolor, virginica 등과 같은 3개 품종으로 구성되어 있다. 꽃받침 및 꽃잎의 크기와 3개 품종 사이에는 관련성이 있는 것으로 알려져 있으며, 통계분석기법들 중에서 판별분석 등을 이용하여 관련성을 밝힐 수 있으나, 여기에서는 상세한 내용은 생략하기로 한다. 우선, R의 콘솔화면에서 "iris"라고 입력하고 실행시키면, iris의 150개 데이터가 모두 표시된다. 이런 상태로는 데이터의 첫부분까지 되돌아가서 데이터 항목을 확인하기까지 번거롭게 된다. 따라서, head함수를 사용하여 데이터의 첫부분을 표시할 수 있다. iris는 데이터 프레임으로서, 변수명 등이 포함되어 있다.

```
> head(iris)
  Sepal.Length Sepal.Width Petal.Length Petal.Width Species
1          5.1         3.5          1.4         0.2  setosa
2          4.9         3.0          1.4         0.2  setosa
3          4.7         3.2          1.3         0.2  setosa
4          4.6         3.1          1.5         0.2  setosa
5          5.0         3.6          1.4         0.2  setosa
6          5.4         3.9          1.7         0.4  setosa
>
```

이어서, 이들 데이터 요소에 액세스해보자. 데이터가 대입되어 있는 데이터 프레임(여기에서는 iris)에 대해서,

```
> iris$Sepal.Length
```

와 같이 "데이터프레임이름$변수명"을 입력하거나, 데이터를 행렬로 간주하여 열 번호를 지정해서

```
> iris[,1]
```

와 같이 입력하면, 해당 데이터의 일부 요소를 추출할 수 있다. 추출된 변수를 새로운 이름의 변수에 대입함으로써, 변수의 계산에 이용할 수 있다. 아래의 프로그램은, 꽃받침의 길이에 관한 데이터를 변수 x에 대입하고, 그 값들을 모두 표시한 것이다.

```
> x <- iris$Sepal.Length
> x
  [1] 5.1 4.9 4.7 4.6 5.0 5.4 4.6 5.0 4.4 4.9 5.4 4.8 4.8 4.3 5.8 5.7 5.4 5.1
 [19] 5.7 5.1 5.4 5.1 4.6 5.1 4.8 5.0 5.0 5.2 5.2 4.7 4.8 5.4 5.2 5.5 4.9 5.0
 [37] 5.5 4.9 4.4 5.1 5.0 4.5 4.4 5.0 5.1 4.8 5.1 4.6 5.3 5.0 7.0 6.4 6.9 5.5
 [55] 6.5 5.7 6.3 4.9 6.6 5.2 5.0 5.9 6.0 6.1 5.6 6.7 5.6 5.8 6.2 5.6 5.9 6.1
 [73] 6.3 6.1 6.4 6.6 6.8 6.7 6.0 5.7 5.5 5.5 5.8 6.0 5.4 6.0 6.7 6.3 5.6 5.5
 [91] 5.5 6.1 5.8 5.0 5.6 5.7 5.7 6.2 5.1 5.7 6.3 5.8 7.1 6.3 6.5 7.6 4.9 7.3
[109] 6.7 7.2 6.5 6.4 6.8 5.7 5.8 6.4 6.5 7.7 7.7 6.0 6.9 5.6 7.7 6.3 6.7 7.2
[127] 6.2 6.1 6.4 7.2 7.4 7.9 6.4 6.3 6.1 7.7 6.3 6.4 6.0 6.9 6.7 6.9 5.8 6.8
[145] 6.7 6.7 6.3 6.5 6.2 5.9
>
```

데이터를 대입한 변수에 대해서, 대표값 등과 같은 다양한 값을 계산할 수 있다. 예를 들면, 150개의 꽃받침 관련 데이터 x의 평균값과 중앙값, 사분위수, 분산은 각각 아래와 같이 계산하여 결과를 표시할 수 있다. 단, var에서는 표준분산이 아니라 불편분산이 계산된다는 점에 주의하기 바란다.

```
> mean(x)
[1] 5.843333
> median(x)
[1] 5.8
```

```
> quantile(x)
  0%  25%  50%  75% 100%
 4.3  5.1  5.8  6.4  7.9
> var(x)
[1] 0.6856935
>
```

R에는 그래프를 그리는 기능도 포함되어 있다. 예를 들면, 꽃받침의 길이에 관한 데이터 x에 대하여, "hist(x)"라고 입력하면 히스토그램이, "boxplot(x)"라고 입력하면 그림수염상자를 그릴 수 있다. 이러한 함수들을 실행하면 각각 그림 4.18과 그림 4.19와 같은 새로운 윈도우에 그래프를 출력해 준다. R에서는 히스토그램의 계급의 폭과 개수, 상자수염그림의 방향 등을 매우 유연하게 설정할 수 있다. 예를 들면, 히스토그램 작성 작업에서,

```
> hist(x, breaks=seq(4,8,0.2))
>
```

를 입력하면, 히스토그램의 표시구간을 [4, 8]로 하고 구간의 폭을 0.2로 지정하여 표시할 수 있다(그림 4.20).

이어서 2변량 데이터를 분석하는 방법에 대해서 설명하도록 한다. 여기에서는, 미국의 1947년부터 1962년까지의 경제지표를 모아서 정리한 longley데이터를 사용한다. 변수 x에 GNP(국민총생산)를, 또다른 변수 y에는 고용자수를 대입한다.

```
> x <- longley$GNP
> y <- longley$Employed
```

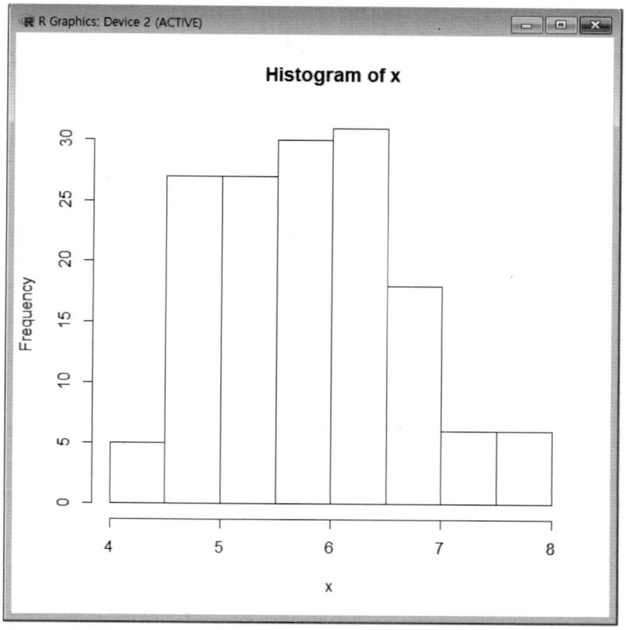

〈그림 4.18〉 히스토그램

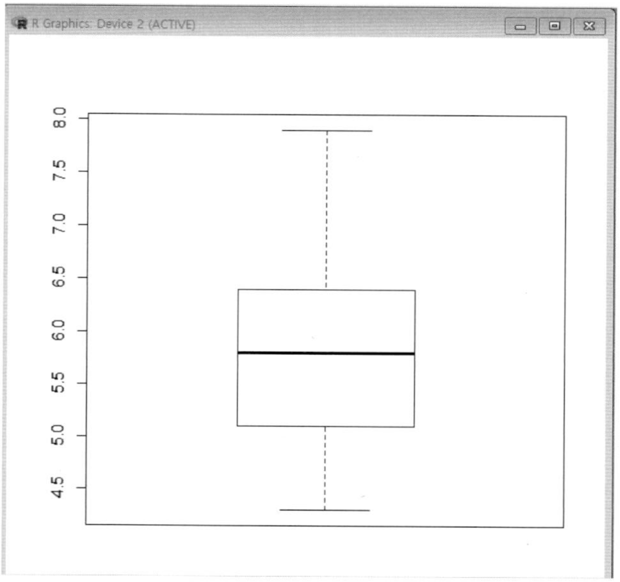

〈그림 4.19〉 상자수염그림

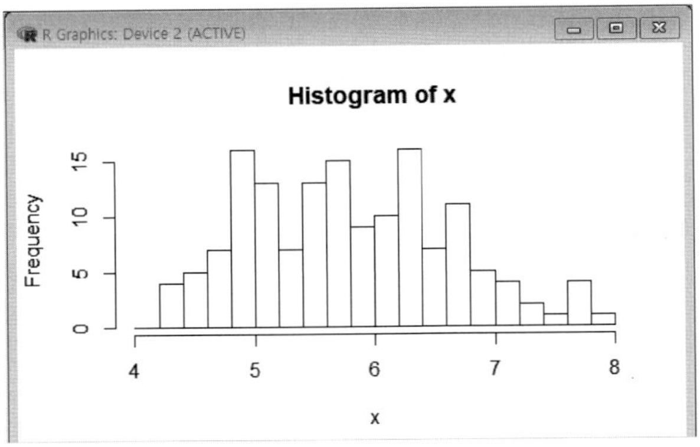

〈그림 4.20〉 구간의 폭을 변경시킨 히스토그램

x, y의 2변량 데이터의 관계성을 조사하는 방법으로서, cor함수를 사용하여 x와 y의 상관계수를 계산한다.

```
> cor(x, y)
[1] 0.9835516
>
```

GNP와 고용자수 사이의 상관계수는 약0.98이므로, 관련된 2개의 데이터 사이에는 상당히 강한 상관관계가 있다고 할 수 있다. 유사한 변동을 보이는 2개의 시계열 데이터에서는 이와같은 현상이 자주 발생한다.

이어서, 2개의 변수 x, y의 산포도를 그려서 관계성을 시각적으로 확인해보도록 하자. 산포도는 plot함수를 사용하여 작성할 수 있으며, 그림 4.21의 왼쪽과 같이 표시된다.

```
> plot(x, y)
```

여기에서 산포도에 대한 눈금의 범위와 레이블, 문자 크기 등을 자유롭게 설정할 수 있다. 예를 들면,

```
> plot(x, y, xlab="GNP", ylab="Employed", xlim=c(200, 600),
      ylim=c(58, 72), cex.lab=1.5, cex.axis=1.5)
```

와 같이 설정하면, x축의 레이블(xlab)이 "GNP", y축의 레이블(ylab)이 "Employed"로 표시되고, x좌표의 범위가 200~600, y좌표의 범위가 58~72가 된다. 또한, cex.lab, cex.axis의 값을 설정함으로써, 축의 눈금과 레이블의 크기를 변경할 수 있다(그림 4.21의 왼쪽).

이어서, 이러한 2변량 데이터를 사용하여 회귀직선을 구해보도록 하자. y를 목적변수, x를 설명변수로하여 회귀분석을 수행하기 위하여, 함수lm을 사용한다. x로부터 y를 예측하기 위한 회귀직선을 구하기 위하여,

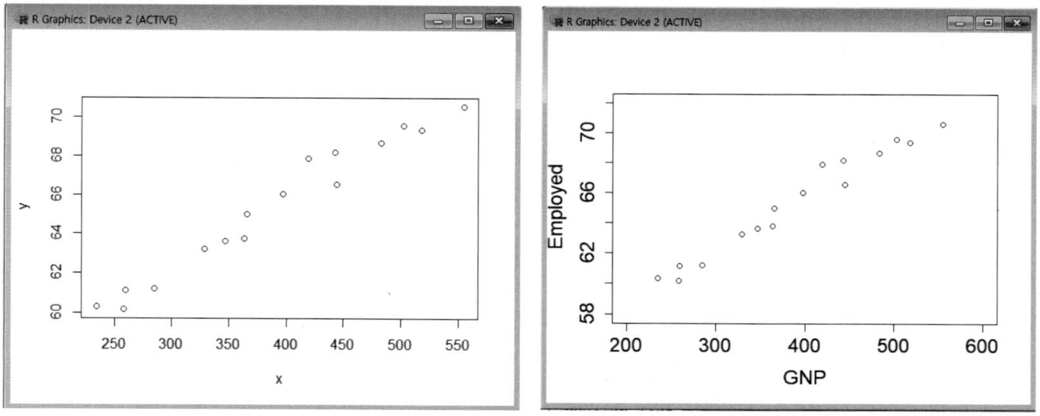

〈그림 4.21〉 경제 데이터에 대한 산포도. 표시설정을 변경하지 않은 경우(왼쪽)와 축의 레이블 등을 설정한 경우(오른쪽)

```
> lm(y~x)
```

와 같이 입력하여 실행시키면, 다음과 같은 결과가 출력된다.

```
Call:
lm(formula = y ~ x)

Coefficients:
(Intercept)            x
   51.84359      0.03475

>
```

위의 실행결과는, 회귀직선의 절편이 약51.84이고 기울기가 약0.03이라는 사실을 의미하고 있다.

또한, 산포도가 그려진 상태에서

```
> abline(lm(y~x))
```

와 같이 입력하여 산포도 위에 회귀직선을 그려넣을 수 있다(그림 4.22).

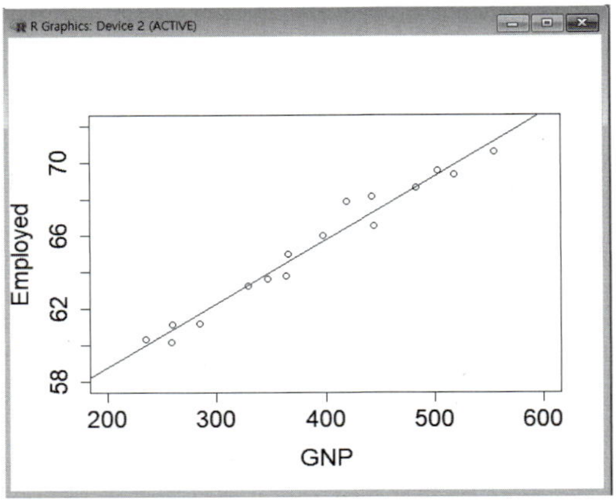

〈그림 4.22〉 산포도와 회귀직선

4.2.4 다양한 기능들

이 절에서는 지금까지 소개한 기능들 외에, R에서 사용가능한 다양한 기능들을 소개한다.

외부 데이터 읽어오기

R은 내부에 내장되어 있는 데이터뿐만아니라 외부의 데이터를 읽어들여서 분석에 이용할 수도 있다. 예를들어서, 웹 사이트로부터 수집한 데이터 파일을 읽어들여보자. 여기에서는 4.1절에서 다

루었던 히코네시의 10월 최저기온 데이터가 기록되어 있는 csv형식의 파일을 사용한다. 파일의 내용을 그림 4.23에 표시하였다.

R의 콘솔화면에서 다음과 같이 입력해 보도록 한다.

```
> dat <- read.csv(file.choose(), skip=1)
```

위의 입력에서 read.csv함수는 지정된 파일명의 csv파일을 읽어들이는 함수이다. 또한, file.choose함수는 “파일선택” 다이얼로그 윈도우를 표시하고, 선택한 파일명을 문자열로 출력한다. 즉, 위의 처리에 의해, 선택된 파일명으로 되어 있는 csv파일의 내용이 변수 dat에 저장된다. 이때, “skip=1”이라는 처리는, 선택한 csv파일의 첫번째 행을 무시하고 두번째 행부터 읽어들인다는 명령이다. 그림 4.23과 같이, 지금 다루게 될 히코네시의 최저기온 데이터 파일은, 첫번째 행에 데이터에 대한 설명(“히코네시의 최저기온”)이 들어 있기 때문에, R에서 읽어들이는 경우에는 첫번째 행을 제외해야 된다. 또한, read.csv함수에서는 읽어들인 첫번째 행은 변수명으로 사용한다. 이때, 데이터 자체가 변수명으로 지정되지 않도록 주의할 필요가 있다. 파일 내부의 첫번째 행의 내용을 데이터로 다루고 싶지 않은 경우에는, 파라메터에 “header=FALSE”라고 지정해야 한다.

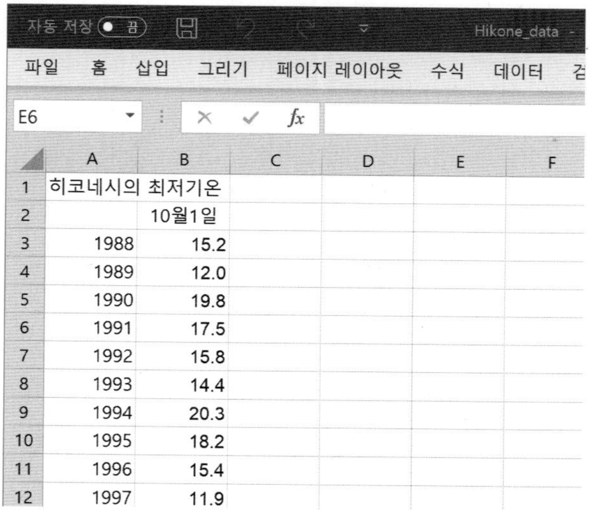

	A	B	C	D	E	F
1	히코네시의 최저기온					
2		10월1일				
3	1988	15.2				
4	1989	12.0				
5	1990	19.8				
6	1991	17.5				
7	1992	15.8				
8	1993	14.4				
9	1994	20.3				
10	1995	18.2				
11	1996	15.4				
12	1997	11.9				

〈그림 4.23〉 csv파일의 예

함수의 도움말 살펴보기

R에 내장된 함수들의 사용법에 대해서 상세하게 알고싶은 경우에는, 콘솔 화면에서 "?함수이름"이라고 입력하면 해당 함수의 도움말이 표시된다. 도움말에는 함수 호출방법, 파라메터 종류, 함수 실행 결과 등에 관한 정보가 자세하게 설명되어 있다. 예를들어, 히스토그램을 그리는 함수 hist에 대한 도움말을 살펴보도록 하자. 콘솔 화면에서,

```
> ?hist
```

라고 입력하고 실행하면, 브라우저가 실행되어 hist함수에 대한 상세한 설명이 표시된다. 일반적으로, 함수의 도움말에서 표시되는 항목들은 다음과 같다.

- Description: 함수의 개요
- Usage: 함수의 호출방법과 파라메터의 종류
- Arguments: 함수의 파라메터에 대한 설명
- Details: 함수의 상세한 설명
- Values: 출력항목들의 목록
- References: 참고문헌
- See Also: 관련있는 다른 함수들과 그에 대한 링크
- Examples: 이 함수를 사용한 샘플 프로그램

예를들어, Examples의 샘플 프로그램을 살펴보거나 실제로 실행해 보면, 각 함수들의 사용방법에 대해서 좀더 깊게 이해할 수 있을 것이다.

편집기 사용하기

지금까지 R에서 프로그램을 실행하는 경우에는, 콘솔 창에 직접 프로그램을 입력하는 방법으로 설명하였다. 그러나, 보다 복잡하고 규모가 큰 프로그램을 작성하는 경우에는, 이러한 방법은 효율

이 좋지 못하다. R에는 프로그램을 입력하기 위한 편집기가 제공되고 있으며, 콘솔 창에 직접 명령을 입력하는 것 보다 편집기를 이용하는 것이 편리한 경우가 많다.

R의 편집기를 실행시키기 위해서는, R의 메뉴에서 "파일" 〉 새 스크립트" 와 같은 순서로 선택한다. 이와같은 처리에 의해, 그림 4.24와 같이 R의 윈도우 내부에 새로운 윈도우가 열린다. 여기에 명령어들을 기입한다. 편집기에서는 입력 및 복사하여 붙이기 등에 대해서, 다른 문서 편집기와 유사하게 조작할 수 있고 단축키 사용도 가능하다. 예를 들면, 실행하려는 프로그램을 선택한 상태에서 Ctrl 키를 누르면서 R 키를 누르면, 선택한 범위의 프로그램을 직접 실행시킬 수 있다. 또한, 편집기의 메뉴바에서 "파일" 〉 "저장" 과 같은 순서로 선택(또는, Ctrl키를 누르면서 S키를 누름)하면, 작성한 프로그램을 텍스트 형식으로 저장할 수 있다. 파일의 확장자[2]는 ".r"이다.

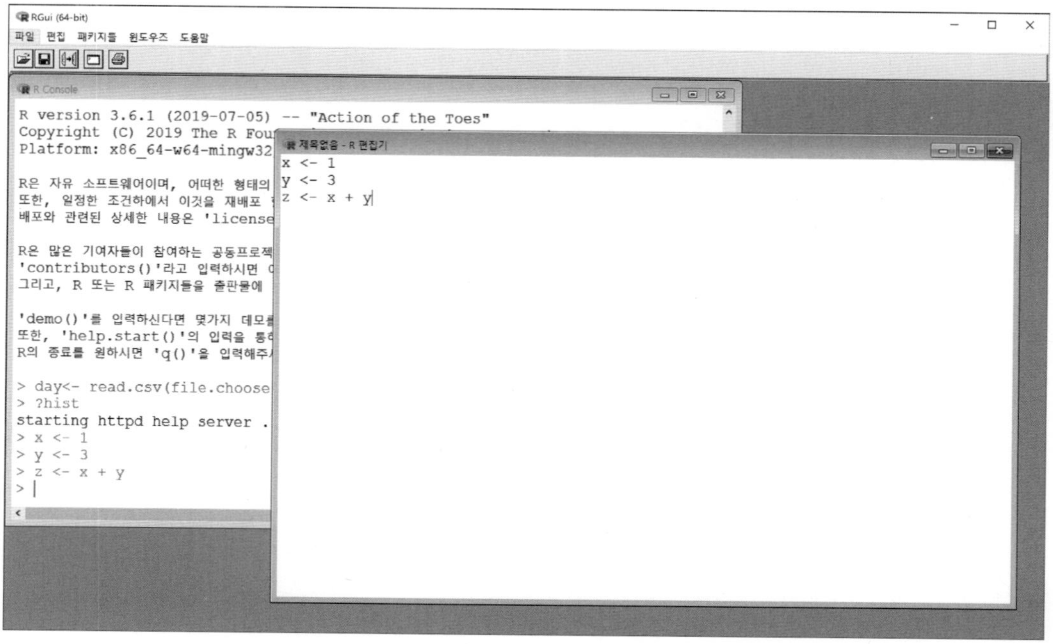

〈그림 4.24〉 R의 편집기

2 파일이름의 끝부분에 붙여지는 문자열로서, 파일의 종류를 나타낸다.

패키지 읽어들이기와 사용방법

R에서는 내장되어 있는 데이터와 함수들을 이용할 수 있을 뿐만아니라, 그밖에도 추가 기능들을 모아놓은 패키지(package)를 읽어들여서 R의 기능을 강화시킬 수 있다. 패키지를 읽어들이기 위해서는, library함수를 이용하여 읽어들이려는 패키지 이름을 지정한다. 패키지에는 처음부터 자동으로 설치되어 있는 패키지와 별도의 설치가 필요한 패키지가 있다. 여기에서는, 설치가 필요한 ggplot2라는 그래프 작성용 패키지를 설치하여 사용해 보도록 한다.

먼저, 인터넷에 접속한 상태에서 콘솔 창에 다음과 같이 입력한다.

```
> install.packages("ggplot2")
```

다른 방법으로는, R의 메뉴에서 "패키지들" > "패키지(들) 설치하기"와 같은 순서로 선택한다. 처음으로 패키지를 설치하는 경우에는, R을 설치할 때와 비슷하게 미러 사이트 목록이 표시되므로 적당한 곳을 선택하도록 한다. 설치작업을 수행하고 "다운로드된 바이너리 패키지들은 다음의 위치에 있습니다"라는 메시지가 표시되면 설치가 성공된 것이다.

이어서,

```
> library(ggplot2)
```

라고 입력하면, ggplot2 패키지에 포함되어 있는 함수들을 이용할 수 있게 된다. 패키지에 포함되어 있는 함수들을 살펴보기 위해서는,

```
> help(package = "ggplot2")
```

와 같이 입력하여 패키지의 도움말을 참조할 수 있다.

4.2.3절에서 이용하였던 붓꽃 데이터 iris에 대해서, ggplot2 패키지를 사용하여 다음과 같은 처리를 실행하면, 그림 4.25와 같은 산포도가 작성된다. 이때, 2번째 행의 선두에 있는 "+"기호는 입력이 2개 행에 걸쳐져 있는 경우에 자동적으로 표시되는 기호이므로 입력할 필요는 없다.

```
> ggplot(data=iris, aes(x=Sepal.Length, y=Sepal.Width)) +
+ geom_point(aes(color=Species))
```

위의 명령어는, 가로축이 꽃받침의 길이이고 세로축이 꽃받침의 너비가 되는 산포도를 그리며, 품종에 따라서 점의 색상을 다르게 하고 있다. 이와 같이 함으로써, 각 품종마다 꽃받침의 형태에 대한 분포를 한눈에 파악할 수 있다. 실제로 위의 프로그램을 실행시켜서 출력결과를 화면에서 확인해보기 바란다.

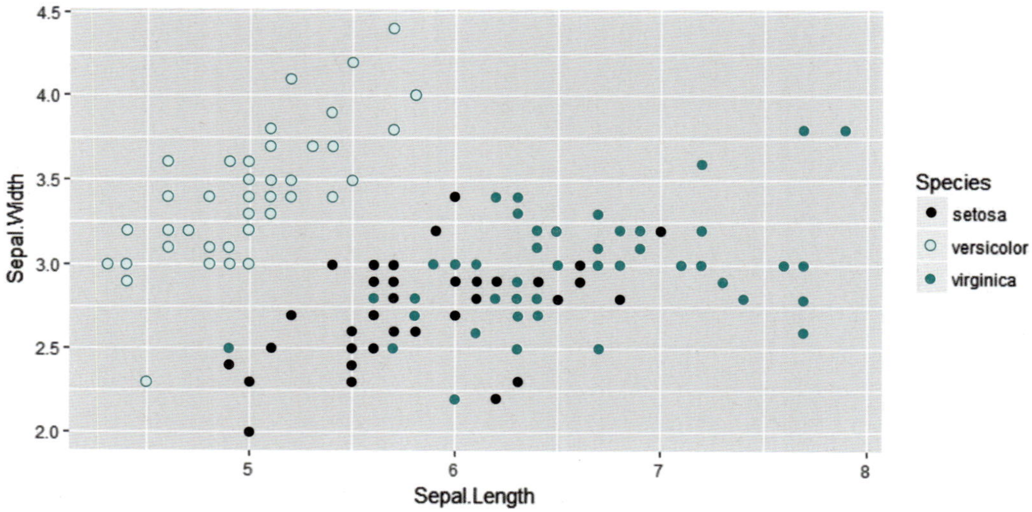

〈그림 4.25〉 ggplot2함수에 의한 붓꽃 데이터 그리기

Rstudio 사용법

Rstudio는 R과는 다른 소프트웨어로서, R을 보다 풍부한 환경하에서 실행할 수 있다. Rstudio는 다음과 같은 웹 페이지에서 무상으로 다운로드하여 설치할 수 있다.

- https://www.rstudio.com/

R이 설치되어 있는 상태에서 Rstudio를 실행시키면 Rstudio 내부에서 R이 호출되는 구조로 되어 있다.

그림 4.26은 Rstudio의 화면이다. Rstudio는 주로 4개의 윈도우로 분할되어 있으며, 콘솔, 편집기, 현재 대입되어 있는 변수들의 목록, 그래프 등을 표시하는 윈도우로 구성되어 있어서 한개 화면내에서 전체적인 정보를 파악할 수 있다. Rstudio는 우수한 GUI를 제공할 뿐만아니라, 함수와 변수의 자동보완기능, 작성한 그래프를 이미지 파일로 저장할 때 크기조절이 수월하다는 점 등, R보다 편리한 기능들을 많이 제공하고 있다.

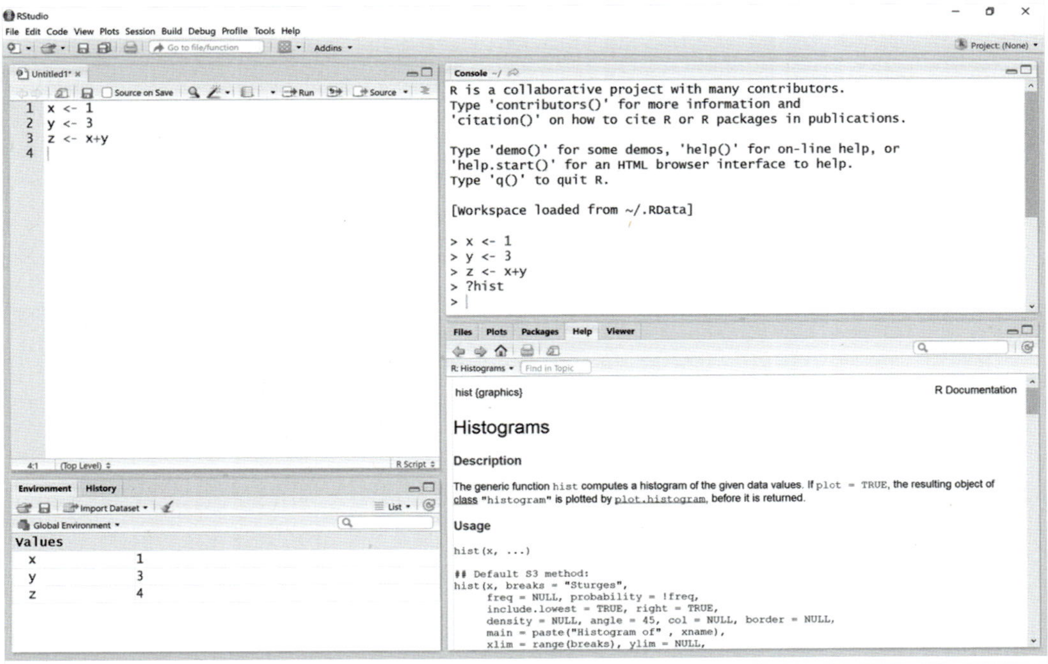

〈그림 4.26〉 Rstudio의 화면

과/제/학/습

4.2 R을 사용하여 3.2.2절에서 살펴보았던 지자체별 흡연율과 평균수명에 대한 회귀분석을 수행하시오. 특히, 산포도와 회귀직선이 포함된 그래프(그림3.2)를 다시 그려보도록 한다.

4.3

프로그래밍언어 Python을 이용한 데이터분석

4.3절에서는 Python프로그래밍언어를 사용하여 프로그램을 작성해서 수행하는 데이터분석에 대하여 소개한다. Python언어는 비영리단체 Python소프트웨어재단(PSE : Python Software Foundation)이 개발한 프로그래밍언어로서, 매우 간단하게 프로그래밍을 할 수 있도록 설계되었다. Python언어로 작성된 프로그램은 PSE가 무상으로 공개하고 있는 Python 인터프리터(Python Interpreter)라는 소프트웨어가 읽어들여서 실행한다. Python인터프리터를 준비하는 단계부터 설명하도록 한다.

4.3.1 Anaconda의 설치와 Jupyter Notebook의 실행

이 책에서는 Python의 실행환경으로서 Anaconda, Inc.가 공개하고 있는 Anaconda를 사용하도록 한다. 이 책의 집필시점에서 최신버전은 2018년2월15일에 공개된 Version 5.1이며, 이하의 내용은 5.1버전의 홈페이지의 내용, 소프트웨어를 전제로 설명하도록 한다. 그 밖의 버전을 사용하여 이 절에서 소개하고 있는 프로그램을 실행시키는 경우, 사용변경 등에 따라서 동작하지 않을 가능성이 있으므로, 최신정보를 살펴보고 프로그램을 수정하기 바란다.

Anaconda의 공식 홈페이지 https://www.anaconda.com의 "Download"로부터 설치할 컴퓨터의 OS를 Windows, macOS, Linux중에서 선택하면, "Python 3.6 version"과 "Python 3.7

version"을 선택할 수 있다. Python 2용으로 작성된 소프트웨어가 존재한다면 2.7버전을 선택할 필요가 있지만, 이 책은 Python 3을 전제로 소개하도록 한다. "Python 3.6 version" 등과 같은 최신 버전을 선택하여 설치해 보기 바란다. 기본적으로 64-Bit판을 설치하는 것이 좋지만, 만약 동작하지 않는 경우에는 설치할 컴퓨터가 32-Bit판 OS가 동작하고 있으므로 32-Bit판을 선택하도록 한다.

설치할 때 주의할 점으로는, Anaconda는 폴더명에 공백문자를 포함하는 폴더에 설치하는 것을 추천하지 않는다. Windows의 경우, 설치용 파일은 컴퓨터의 사용자명을 포함하는 폴더에 Anaconda를 설치하도록 되어 있기 때문에, 사용자명에 공백을 포함하고 있는 경우에는, 일부 소프트웨어가 정상적으로 동작하지 않을 가능성이 있다는 경고가 표시된다. 이러한 경우에는 "C:₩Anaconda"와 같이 이름에 공백을 포함하지 않는 별도의 폴더를 지정하여 설치하도록 한다.

설치가 종료되면 컴퓨터에 설치되어 있는 어플리케이션 목록에 "Jupyter Notebook"이 표시된다. 이를 실행시키면, 브라우저가 동작하고 Jupyter의 페이지가 표시된다. 표시되는 페이지로부터 "New" 버튼을 찾아서 클릭하면 작성가능한 대상 리스트가 표시되므로, 리스트 중에서 "Python 3"을 선택한다. 이후에는 새로운 Notebook이 작성되어 브라우저에 표시되고 그림 4.27과 같은 공란의 셀(shell)이 나타난다. In [ ] :의 오른쪽에 있는 사각형 내부에 프로그램을 기입한 후에 키보드의 Shift키와 Enter키를 동시에 누르거나 페이지 상단의 "Run"버튼을 클릭하면, 기입한 프로그램이 실행된다. 예를들어, 그림 4.28과 같이 44 × 44 + 9 × 9를 계산하는 프로그램을 입력하여 실행하면, 계산결과로서 2017이 Out [1] :의 오른쪽에 표시된다. 이때, Python을 비롯한 다수의 프로그래밍언어에서는 곱셈연산기호 "×"는 키보드에 존재하지 않으므로 "*"를 대신 사용하도록 되어 있다. In [ ] :과 Out [1] :의 괄호안에 나타나는 숫자는 셀을 실행한 순서에 따라서 1부터 번호가 부여된다. 셀에 작성한 프로그램은 몇번이고 변경시키거나 실행시킬 수 있으므로, 값이나 식을 다양하게 변경시켜서 실행해 보도록 한다.

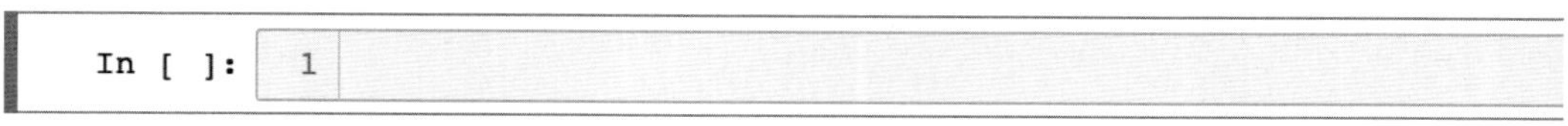

〈그림 4.27〉Jupyter Notebook의 초기화면

```
In [1]:  1  44 * 44 + 9 * 9
Out[1]: 2017
```

〈그림 4.28〉 Jupyter Notebook을 이용한 간단한 수식 계산 예

Notebook에 기입한 내용은 컴퓨터의 하드디스크 등에 자동적으로 저장된다. 새롭게 작성된 Notebook에는 기존에 작성된 내용과 중복되지 않는 번호로 "Untitled〈번호〉"라는 이름이 자동적으로 부여된다. Notebook의 이름은, 표시되어 있는 이름을 클릭하여 자유롭게 변경시킬 수 있다. 보존된 Notebook은 메뉴의 "File" 〉 "Open..."을 선택하거나 Jupyter Notebook을 실행시킬 때에 표시되는 페이지에, 확장자가 ".ipynb"로 되는 파일로서 나열된다. 나열된 파일명을 클릭하여 열면 기존에 저장된 작업내용에 이어서 작업을 계속할 수 있다. 또한, 셀의 왼쪽에 In [*] : 으로 표시된 상태로 작동시키도 아무런 반응이 없거나 Notebook 페이지가 움직이지 않는 등, 프로그램의 실행을 강제종료시키고 다시 실행시키려는 경우에는, 메뉴의 "Kernel" 〉 "Restart"를 실행시키도록 한다.

4.3.2 Python 프로그래밍의 기본

범용 프로그래밍언어를 사용하여 어떤 작업을 수행하려는 경우, 미리 알아두어야 할 규칙들을 익혀야 하는 등, 초기의 어려움이 많을 수 있지만, 한편으로는 할 수 있는 작업의 폭이 넓다는 특징이 있다. 여기에서는, 일반적인 프로그래밍 작업의 기본이 되는 사항들(변수에 대한 값의 대입, 조건분기, 반복처리 등)에 대해서 간단하게 소개한다.

먼저, 그림 4.29에는 Python언어로 작성된 간단한 프로그램과 실행예를 나타내고 있다. 이 예는 2차 방정식 $ax^2 + bx + c = 0$에 대한 실수해를 구하는 프로그램이다. 프로그램은 컴퓨터에게 처리시키려는 내용을 일련의 명령문들로 표현한 것으로서, 컴퓨터에 설치된 인터프리터는 주어진 프로그램을 위에서부터 순차적으로 해석하여 작성된 명령문에 따라서 처리를 진행해 간다.

```
In [2]:
1 import math
2 a = 1
3 b = 4
4 c = 2
5 D = b * b - 4 * a * c
6 if D >= 0:
7     print('x=', (-b + math.sqrt(D)) / (2 * a), ',', (-b - math.sqrt(D)) /(2 * a))
8 else:
9     print(' 해없음')

x= -0.5857864376269049 , -3.414213562373095
```

〈그림 4.29〉 2차방정식 $ax^2 + bx + c = 0$의 실수해를 구하는 프로그램

위의 예에서는, 제곱근을 구하기 위하여 math모듈을 읽어들이도록 1번 행에서 지시하고 있다. 모듈은 프로그램에서 사용할 수 있는 다양한 기능들을 모아놓은 것으로서, 프로그램에서 사용하기 전에 import해 두어야 한다. 2~4번째 행에서는 변수 a, b, c에 계수의 값들을 대입하고 있다. 이때, "="기호는 수학분야에서 사용하는 등호가 아니라, "오른쪽 변의 식을 계산하여 얻어진 결과값을 왼쪽 변의 변수에 대입하라"라고 인터프리터에게 명령하는 대입문이다.

6번째 행의 "if"는 판별식의 값으로 처리를 변경하기 위한 조건분기문이다. 그림 4.29와 같이 if문을 기입하면, 7번째 행과 같이 들여쓰기된 부분은 조건이 만족된 경우에만 실행된다. 여기에서는 중해에 대해서는 고려하지 않고, 판별식D의 값이 음수값이 아닌 경우에 $\frac{-b \pm \sqrt{D}}{2a}$의 값 각각을 계산해서 표시하고 있다. D의 제곱근은 math모듈의 sqrt함수를 사용하여 계산하도록 지시하고 있다. 또한, 나눗셈은 "/"기호를 사용하며, "( )"로 둘러쌓아서 계산 순서를 지정하고 있다. 이러한 사항들은 대부분의 프로그래밍언어에서 수식을 작성하는 방법으로서 알려져 있으므로 익혀두기 바란다. 계산결과값은 print함수를 사용하여 표시하고 있다(7번째 행 및 9번째 행). Python언어에서는, 어떤 값을 계산하는 수학적인 의미의 함수가 아니더라도, 어떤 정해진 순서로 실행시키려는 명령어들의 집합에 대해서도 함수(function)라고 부르고 있다. print는 Python언어에 내장된 함수(내장함수)로서, 문자열 및 다양한 값을 표시하는 경우에 사용한다. 9번째 행의 "else"이하에 들여쓰기 되어 있는 부분은, 6번째 행의 조건분기식의 조건이 만족되지 않는 경우에만 실행되며, 위의 예에서는 "해없음"이라고 표시하도록 되어 있다.

이어서, 다량의 데이터를 다루기 위한 리스트(List)를 그림 4.30의 프로그램에서 소개하도록 한다. 1번째 행에서 3개의 숫자값을 포함하는 리스트를 정의하고 변수 values에 대입하고 있다. 리

스트는 Python에서 여러개의 값을 다루는 경우에 사용할 수 있는 가장 기본적인 데이터구조로서, 이와 같이 여러개의 값을 쉼표(,)를 사용하여 구분하여 [ ]의 내부에 기입해서 작성할 수 있다. 리스트를 대입한 변수에 대해서, values[0], values[1], values[2]와 같이 정수값을 [ ]의 안에 색인(index)값으로 지정하면, 리스트에 저장된 각각의 값들(위의 경우에는, 50, 80, 60)을 참조할 수 있다. 이때, 리스트에 저장된 첫번째 값의 색인값은 0이라는 사실에 주의할 필요가 있다.

```
In [3]:
values = [50, 80, 60]
print(values[0])
print(values[1])
print(values[2])

50
80
60
```

〈그림 4.30〉 리스트 작성과 값 참조

```
In [5]:
# 리스트를 준비
values = [50, 80, 60]

# 합계값과 개수를 저장하기 위한 변수들을 초기화
count = 0
total = 0

# values에 포함된 값을 한개씩 v에 대입하여 반복처리
for v in values:
    # 이 반복문은 3회 실행된다.
    # 한번씩 반복될 때마다 total에는 v값이 누적되고, count는 1씩 증가된다.
    count = count + 1
    total = total + v

# values에 포함된 값의 갯수가 0개 이면 평균값은 구하지 않는다.
if count > 0:
    print(total / count)
else:
    print('데이터가 없습니다.')

63.333333333333336
```

〈그림 4.31〉 평균값을 구하는 프로그램

그림 4.31에서는 리스트에 저장된 데이터를 처리하는 기본적인 예를 소개하고 있다. 이 프로그램에서는 그림 4.30에서 다루고 있는 데이터를 values가 참조하는 리스트에 저장한 후에 평균값을 구하고 있다. 그림 4.31에서는 "#"기호를 사용하여 주석문이 작성되어 있다. 주석문은 프로그램이

어떤 작업을 하고 있는지에 대해서 설명한 문장으로서, 나중에 프로그램을 읽어보거나 보수작업을 수행하는 담당자가 이해하기 수월하도록 작성해 놓은 메모에 해당한다. 인터프리터는 주석문을 실행하지 않고 무시하므로, 극히 일부 예를 제외하고는 주석문에 어떤 내용이 작성되어 있더라도 프로그램의 실행에 영향을 주지 않는다.

표4.2에는 위의 프로그램을 실행한 경우에 변수와 값의 대응이 어떻게 변화해가는지에 대한 이미지를 나타내고 있다. 인터프리터는 대입문을 실행할 때마다 변수에 값을 대입한다. 먼저, 프로그램의 실행전에는 아무것도 기록되어 있지 않다. 2번 행을 실행하여 values에 리스트가 대입되면, values와 그 값이 표4.2에 추가된다. 5번과 6번 행에서는, 2개 변수 count와 total에 각각 0을 대입하고 있다. 9번 행은 반복처리를 위한 for문으로서, 변수v에 values의 값이 순차적으로 1개씩 대입된 상태에서 들여쓰기되어 있는 부분, 즉 10번 행부터 13번 행까지의 명령문들이 반복 실행된다. 표4.2에서 살펴볼 수 있듯이, 10번 ~ 13번 행은 v = 50, v = 80, v = 60으로 v의 값이 변화되면서 3번 반복실행된다. 12번 행과 13번 행에 수학적으로 이상하게 보이는 식이 기입되어 있으나, 앞서 설명한 바와같이, Python을 비롯한 일반적인 프로그래밍 언어에서 "="는 수학분야의 "등호"가 아니라, 대입문을 나타내고 있음을 주의하기 바란다.

〈표 4.2〉 프로그램의 실행에 따른 변수와 값의 대응 변화

	(변수에 최초로 값이 대입될 때마다 표의 열이 늘어난다. ➡)				
	values	count	total	v	
프로그램 실행전					프로그램의 실행이 진행될 때마다 저장된 값이 변경된다. ⬇
2번 행 실행후	[50, 80, 60]				
5번 행 실행후	[50, 80, 60]	0			
6번 행 실행후	[50, 80, 60]	0	0		
반복처리1회 시작직후	[50, 80, 60]	0	0	50	
반복처리2회 시작직후	[50, 80, 60]	1	50	80	
반복처리3회 시작직후	[50, 80, 60]	2	130	60	
반복처리 종료후	[50, 80, 60]	3	190	60	

반복처리 1회 부분에서, 12번 행이 반복1회에서 실행되기 직전에 total에는 6번 행에서 대입된 값 0이, v에는 values의 첫번째 요소 50이 대입되어 있다. 오른쪽 변의 값은 0 + 50 = 50으로 계산되므로, total에는 50이 대입된다. 이와 비슷한 방법으로, 반복처리 2회에서는 total의 값 50과, v의 값 80을 더하여 130이 total에 대입된다. 반복처리 3회까지 완료되면, values에 포함되어 있던 모든 값들의 합계값이 변수total에 저장된다. 이와같은 방법으로, count는 반복처리가 수행될 때마다 값이 1씩 증가하여, values에 포함되어 있는 데이터의 개수를 구한다. 이때, 계산식 "total = total + v"과 같이 값을 누적시키는 연산이 자주 실행되므로, Python에서는 "+="연산자를 사용하여 "total += v"와 같은 형태로 연산식을 표현할 수도 있다.

Python에는 리스트에 저장되어 있는 데이터의 개수와 합계값을 구하는 len함수와 sum함수가 내장되어 있으므로, 평균값을 계산하려는 경우에는 그림 4.32와 같이 작성할 수 있다. 또한, Python에는 통계계산을 수행하기 위한 statistics 모듈이 제공되고 있으며, math모듈을 import하는 방법과 비슷하게 import하면 중앙값이나 표준편차 등을 구하는 함수들을 이용할 수 있다. 일반적으로 자주 수행하는 계산에 대하여, 이와같은 모듈들을 사용하는 것이 실용적이다. 한편, 어느 누구도 생각해내지 못한 새로운 아이디어를 토대로 분석을 수행하려는 경우에는, 여기에서 소개한 조건분기 및 반복처리 등을 잘 조합하여 프로그램을 작성할 필요가 있다. 이 세상에서 자주 사용되고 있는 다양한 데이터분석 도구들이나 어플리케이션들은 누군가의 새로운 아이디어를 토대로 위와 같은 방법으로 제작한 것이다.

```
In [1]:
# 리스트를 준비
values = [50, 80, 60]

# 평균값을 계산하여 출력(이때, values가 empty인 경우에는 에러발생)
print(sum(values) / len(values))

# statistics모듈을 사용하여, 중앙값과 표준편차를 계산
import statistics
print(statistics.median(values))
print(statistics.stdev(values))
```

```
63.333333333333336
60
15.275252316519467
```

〈그림 4.32〉 내장함수를 사용하여 평균값을 구하는 프로그램

4.3.3 보다 편리한 모듈 및 라이브러리 사용법

프로그램을 작성하는 경우에 매번 아무것도 없는 상태에서 만들어 간다면 비효율적이므로, 자주 사용하는 기능들을 먼저 만들어 놓은 후에 가능한한 재이용하는 것이 좋다. 이와 같이 자주 사용하는 기능들을 재이용하기 쉬운 형태로 미리 준비해 놓은 것이, 앞서 소개했던 모듈(module)이다. 앞서 소개했던 math모듈은 상당히 유용한 모듈의 한 예이며, 제곱근 계산 이외에도 대수 및 삼각함수 등, 다양한 계산기능을 포함하고 있다. 여러가지 다양한 모듈들을 모아놓은 것을 라이브러리(Library)라고 부르며, math모듈과 statistics모듈 등과 같이 일반적인 모듈들은 Python인터프리터를 설치할 때 함께 설치되는 Python표준라이브러리(Python Standard Library)에 포함되어 있다.

또한, 함수와 모듈, 그리고 라이브러리는 누구든지 자유롭게 작성하거나 배포할 수 있다. 작성자만 사용할 목적으로 조직내부 및 개인 차원에서 라이브러리를 제작하는 경우도 많지만, 작성된 유용한 라이브러리를 유상 또는 무상으로 제3자가 사용할 수 있도록 하는 경우도 많다. Python이 수많은 범용 프로그래밍언어들 중에서도 데이터분석 분야에서 가장 많이 사용되고 있는 이유는, 다양한 단체들이 작성하여 공개하고 있는 무상으로 사용가능한 라이브러리들이 풍부하기 때문이다.

이 절에서는 데이터분석 작업에서 자주 사용되는 라이브러리(표4.3에서 위로부터 3개의 라이브러리들)를 소개하도록 한다. 3개 라이브러리들은 모두 무상으로 공개되어 있으며, 각 URL로부터 입수하여 설치하면 각 라이브러리에서 제공하는 다양한 기능들을 이용할 수 있다. 표4.3의 마지막에 있는 NumPy에 대해서는 구체적으로 소개하지는 않지만, NumPy 이외의 3개 라이브러리들은 모두 NumPy를 이용하여 동작하도록 제작되어 있어서 NumPy가 없으면 동작하지 않는다. 이와 같이, 어떤 라이브러리가 다른 라이브러리의 기능에 의존되어 제작된 경우가 많다. 따라서, 이러한 라이브러리를 사용하기 위해서는 의존하고 있는 라이브러리도 필요하며, 연쇄적으로 의존된 모든 라이브러리가 필요하게 되어 점차 필요한 라이브러리가 증가하게 된다. 따라서, 라이브러리를 사용하는 것은 매우 편리하지만, 한편으로는 준비하기 위해서 많은 수고가 필요한 경우가 많다.

이 절의 첫부분에서 설치방법을 소개했던 Anaconda는 이와같은 수고를 덜기위하여, Python인터프리터에 추가적으로 표4.3의 4개 라이브러리들을 비롯하여 다양한 데이터사이언스 분야의 라이브러리들을 포함하는 패키지를 보유하고 있어서 필요 최소한의 준비작업을 수행하여 안심하고 데이터분석을 시작할 수 있도록 제공하고 있다.

〈표 4.3〉 데이터분석에 유용한 라이브러리

라이브러리 이름	설명
pandas	https://pandas.pydata.org Python으로 데이터해석을 수행하는 경우에 편리한 기능들이 종합되어 있는 라이브러리
matplotlib	https://matplotlib.org Python으로 그래프 등을 그리기 위한 라이브러리. 상당히 다양한 기능들을 제공함.
scikit-learn	http://scikit-learn.org Python용 기계학습 라이브러리. 회귀분석 및 데이터의 분류, 클러스터링 등, 다양한 기능들을 제공함.
NumPy	http://www.numpy.org Python으로 행렬 계산 등을 간편하게 작성하여 고속으로 실행하기 위한 라이브러리

4.3.4 pandas를 이용한 데이터 정리

pandas는 Python으로 간단하게 숫자값이 저장된 표 계산을 다루기 위한 라이브러리이다. pandas를 사용하면 프로그램 내부에 csv파일을 간단하게 읽어들여서 계산할 수 있다.

In [1]:
```
import pandas as pd
# pandas모듈을 pd라는 이름으로 읽어들임

data = pd.read_csv('data.csv', encoding='cp949', usecols=[1, 2, 3, 5])
data
```

Out[1]:

	일시	평균기온(°C)	최저기온(°C)	최고기온(°C)
0	2019-08-15	24.1	23.0	27.8
1	2019-08-16	24.8	21.4	28.3
2	2019-08-17	23.6	19.9	28.6
3	2019-08-18	22.3	17.8	28.9
4	2019-08-19	23.6	17.2	30.2
5	2019-08-20	24.7	19.4	30.4
6	2019-08-21	25.1	19.2	31.0
7	2019-08-22	24.4	20.3	29.0
8	2019-08-23	22.7	17.5	28.9
9	2019-08-24	21.4	17.3	26.0
10	2019-08-25	22.1	16.4	29.1

〈그림 4.33〉 csv파일 읽어들이기

그림 4.33은 대한민국 기상청 기상자료개방포탈(http://data.kma.go.kr/)에서 다운로드한 충남 천안시의 기상 데이터(2019년8월15일~9월14일 기간중의 기온 관련 기상데이터)가 저장되어 있는 csv파일을 pandas의 read_csv함수를 사용하여 읽어들이는 예이다. 다운로드한 csv파일은 표 4.4와 같이 여러가지 부수적인 정보가 기록되어 있다. 기상자료개방포탈에서 원하는 조건의 데이터를 csv형식으로 지정하여 다운로드하여, 그림 4.33의 프로그램이 저장되어 있는 폴더에 저장한 후에 csv파일의 이름을 지정하여 read_csv함수를 실행하면, 데이터를 읽어들인 pandas의 데이터 프레임이 작성된다. 데이터 프레임은, 열과 행의 이름이 붙여진 데이터 집합을 Python프로그램에서 다루기 위한 체계로서, 살펴보기 수월한 표 형태로 데이터를 표시하거나, 지정한 항목들만을 추출해 주는 등, 다양한 기능들을 이용할 수 있다.

〈표 4.4〉 기상청 기상자료개방포탈에서 다운로드한 csv파일의 내용

	A	B	C	D	E	F	G
1	지점	일시	평균기온(°C)	최저기온(°C)	최저기온 시각(hhmi)	최고기온(°C)	최고기온 시각(hhmi)
2	232	2019.8.15	24.1	23	751	27.8	2
3	232	2019.8.16	24.8	21.4	2400	28.3	1221
4	232	2019.8.17	23.6	19.9	2335	28.6	1326
5	232	2019.8.18	22.3	17.8	545	28.9	1534
6	232	2019.8.19	23.6	17.2	551	30.2	1658
7	232	2019.8.20	24.7	19.4	533	30.4	1352
8	232	2019.8.21	25.1	19.2	603	31	1542
9	232	2019.8.22	24.4	20.3	2200	29	1635
10	232	2019.8.23	22.7	17.5	2332	28.9	1455
11	232	2019.8.24	21.4	17.3	334	26	1310
12	232	2019.8.25	22.1	16.4	308	29.1	1507
13	232	2019.8.26	23.3	16.7	519	30.3	1643
14	232	2019.8.27	21.5	19.7	656	24.5	1453
15	232	2019.8.28	22.8	19.4	2355	27.8	1456
16	232	2019.8.29	21.1	18.5	2341	26	1104
17	232	2019.8.30	20.7	17.2	535	26.1	1336
18	232	2019.8.31	20.8	15	557	26.5	1354
19	232	2019.9.1	21	15.1	628	26.6	1317
20	232	2019.9.2	21.6	17	607	26.9	1313
21	232	2019.9.3	21.6	19.3	451	24	1607
22	232	2019.9.4	22.1	20	2248	26.8	1432
23	232	2019.9.5	22.6	19.6	132	26.7	1304
24	232	2019.9.6	24.5	20.6	325	27.4	1336
25	232	2019.9.7	25.2	20.7	2324	29.3	1311
26	232	2019.9.8	23.1	19.9	457	27.4	1527
27	232	2019.9.9	22.4	20.8	554	24.3	1351
28	232	2019.9.10	25.5	21.9	623	29.3	1600
29	232	2019.9.11	22.2	21.1	1049	25	1
30	232	2019.9.12	19.4	17.6	2336	21.7	1
31	232	2019.9.13	20.5	16.4	225	26.7	1457
32	232	2019.9.14	20.6	15.8	330	25.7	1305

그림 4.33의 프로그램에서는, csv파일의 내용 중에서 불필요한 부분(행)을 "skiprows"를 이용하여 제외시키도록 지정할 수도 있다. 또한, 표4.4의 A, E, G열의 데이터도 불필요하므로 "usecols"를 사용하여 1, 2, 3, 5열의 데이터만을 사용하도록 지정하고 있다. 이와 같이, 프로그램에서 필요한 부분들만을 읽어들이도록 설정하는 것이 번거롭다면, Excel 등을 사용하여 사전에 csv파일을 편집한 후에 사용하도록 한다. 단, 수행하려는 분석작업이 1회성이 아니라, 정규 데이터를 여러곳에서 다운로드하여 순차적으로 분석해야 되는 상황이라면, 프로그램에서 사전처리하는 것이 수고를 덜 수 있다.

특히, read_csv함수는 개인용 컴퓨터에 다운로드한 파일명을 대신하여 URL을 지정하면 웹 사이트로부터 데이터를 직접 읽어들일 수 있다. 이러한 기능을 사용하면, 항시적으로 정보가 계속 갱신되고 있는 웹 사이트로부터 최신의 데이터를 자동적으로 수집하여 분석하는 프로그램도 간단하게 작성할 수 있다. 단, 어떤 웹 사이트에서는 빈번한 데이터 다운로드 작업에 대해서 이용규약으로 금지하고 있거나, 서버 또는 통신회선에 부하가 걸려서 데이터 제공자에게 부담을 줄 수 있으므로, 혹시라도 이러한 방식으로 데이터를 다운로드하려는 경우에는, 이용조건 등을 잘 살펴보면서 세심한 주의가 필요하다.

그리고, csv파일은 일반적으로 Python에서의 (한글)문자 인식방법은 다양한 인코딩방식(cp949, iso−8859−1, utf−8 등등)을 이용하므로, "encoding"을 이용하여 지정해 놓을 필요가 있다. 컴퓨터에서 문자 데이터는 각각의 문자에 할당된 문자 코드라고 부르는 번호를 나열한 것으로 다루고 있다. 어떤 문자에 어떤 번호를 할당하는지에 대해서는 다양한 방법이 제안되어 있으며, 현재는 다소 데이터 양이 많아지는 단점도 있으나, 전세계의 모든 문자를 기록할 수 있는 유니코드(Unicode) 방식이 주류를 이루고 있다.

4.3.5 matplotlib를 이용한 데이터의 가시화

데이터의 가시화에 편리한 matplotlib를 소개하도록 한다. 앞서 살펴보았던 그림 4.33의 프로그램을 실행한 후에 그림 4.34의 프로그램을 실행하면, 충남 천안시의 2019년8월15일~9월14일의 최저기온에 관한 그래프가 표시된다. pandas의 데이터 프레임은 [ ]안에 열의 이름을 지정하면, 해당 열의 데이터를 추출할 수 있다. 그림 4.34의 프로그램에서는 추출한 데이터를 그대로 matplotlib의 plot함수에 전달하여 그래프를 그린다. 특히, 세로축의 데이터를 추출하기 위하여, data['최저기온(℃)']으로 지정하는 경우, 원본 데이터와 완전하게 일치하도록 [ ] 안에 '최저기온(℃)'을 원본 데이터에서 복사하여 붙이기 하거나, data.columns[2]와 같이 지정하면, 3번째 열의 이름을 확실하게 지정할 수 있다.

Jupyter Notebook은, 이와 같이 외부로부터 읽어들인 데이터를 다양한 방법으로 시행착오를 반복하면서 데이터분석을 수행하는 용도로 널리 사용되고 있다.

In [4]:

```
# matplotlib의 pyplot를 plt라는 이름으로 읽어들인다.
import matplotlib.pyplot as plt

# data의 '일시'를 가로축으로, '최저기온(°C)'을 새로축으로 하여 그래프를 작성
# (data는 앞 절의 프로그램(그림4.33)에서 csv파일을 읽어들인 것을 사용)
plt.plot(data['일시'], data['최저기온(°C)'])

# 가로축의 레이블을 보기좋도록 90도 회전
plt.xticks(rotation=90)

# 작성된 그래프를 화면에 표시
plt.show()
```

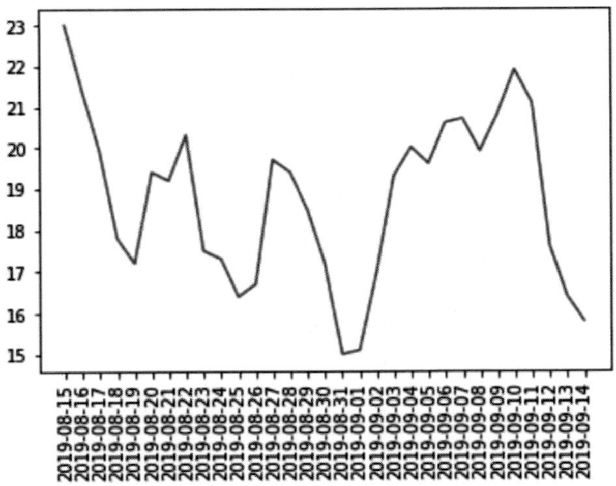

〈그림 4.34〉 matplotlib를 사용한 그래프 작성

4.3.6 scikit-learn을 이용한 데이터의 분류와 기계학습

이 절에서는 Python언어와 기계학습 라이브러리를 사용하여 수행하는 데이터의 분류기법을 2가지 소개하도록 한다. 기계학습용 기능들이 내장된 scikit-learn 라이브러리에는 다양한 기법들을 연습하거나 프로그램의 동작확인 등을 위해 간단하게 사용할 수 있는 샘플 데이터가 포함되어 있다(4.2절에서 소개한 붓꽃에 관한 데이터도 샘플 데이터로서 포함되어 있음). 여기에서는 붓꽃 관련 데이터를 예를 들어 설명하도록 한다. 우선, 그림 4.35는 3.5.3절에서 설명한 k평균군집법을 사용하여 붓꽃 데이터를 분석한 모습이다. 2~4행에서는 from ~ import와 같은 표기방법으로 모듈내의 필요한 부분만을 읽어들이고 있다. 9행에서는 3개의 클래스로 분류하도록 n_clusters를 3으로 지정하여 KMeans의 분류기를 초기화하고, fit함수를 사용하여 클러스터링을 실행함으로써 k평균군집법이 실행된다. 실행결과를 변수 predict에 저장하여, 구체적인 클러스터링 결과를 predict.labels_로 구할 수 있다. 이러한 결과를 화면에 표시해보면, 그림 4.35와 같이 150개의 데이터가 3개의 클래스로 분류된 형태의 리스트가 출력된다. 이때, 결과 리스트의 0~2의 값은 무작위로 만들어진 3개의 클래스에 적당히 번호가 부여된 것으로서, 실행될때마다 결과가 다르게 된다. 이후에, 어느 정도로 올바르게 분류되었는지를 살펴보기 위해서 혼동행렬(Confusion matrix)을 작성해 본다. 혼동행렬은, 분류결과가 어느정도 올바른지를 살펴보기 위한 것으로서, 여기에서는 각 행은 올바른 답(꽃의 종류), 각 열은 k평균군집법으로 분류된 3개의 클래스를 나타내고 있다. 첫번째 행은 50개 꽃이 첫번째 클래스로 분류되었다는 것을 의미한다. 2번째 행은, 2번째 종류의 꽃으로 48개까지 분류되었으며, 나머지 2개가 3번째 클래스로 분류되어 있다. 3번째 행은, 2번째와 3번째 클래스로 분류된 꽃이 각각 14개와 36개로 되어 있어서, 이러한 방법으로 꽃의 각 부분의 크기에 관한 데이터로부터 품종을 판별하는 것은 어렵다는 사실을 알 수 있다.

```
In [7]:
# scikit-learn으로부터 필요한 기능들만을 읽어들인다.
from sklearn import datasets
from sklearn.cluster import KMeans
from sklearn.metrics import confusion_matrix

# 붓꽃 관련 데이터를 읽어들인다.
iris = datasets.load_iris()
# 클러스터 수를 3으로 지정하여 붓꽃 데이터를 분류한다.
predict = KMeans(n_clusters=3).fit(iris.data)

# 분류결과를 표시한다.
print(predict.labels_)
# 분류결과를 보기 쉽도록 혼동행렬을 계산하여 표시한다.
print(confusion_matrix(iris.target, predict.labels_))
```

```
[0 0 0 0 0 0 0 0 0 0 0 0 0 0 0 0 0 0 0 0 0 0 0 0 0 0 0 0 0 0 0 0 0 0 0 0 0
 0 0 0 0 0 0 0 0 0 0 0 0 0 1 1 2 1 1 1 1 1 1 1 1 1 1 1 1 1 1 1 1 1 1 1 1 1
 1 1 1 2 1 1 1 1 1 1 1 1 1 1 1 1 1 1 1 1 1 1 1 1 1 1 2 1 2 2 2 2 1 2 2 2 2
 2 2 1 1 2 2 2 2 1 2 1 2 1 2 2 1 1 2 2 2 2 2 1 2 2 2 2 1 2 2 2 1 2 2 2 1 2
 2 1]
[[50  0  0]
 [ 0 48  2]
 [ 0 14 36]]
```

〈그림 4.35〉 k평균군집법을 사용한 붓꽃 데이터의 클러스터링

이어서, 제3장에서 소개한 뉴럴네트워크를 사용한 기계학습의 예를 살펴보도록 하자. 그림 4.36은 scikit-learn에 내장되어 있는 MLPClassifier(Multi-layer Perceptron Classifier, 다층 퍼셉트론 분류기)를 사용한 예이다. 이 예의 목표는, 어떤 꽃의 각 부위에 대한 측정값 데이터X가 주어지면 해당 꽃의 품종 y를 맞추어내는 분류기를 만드는 것이다. 우선, 수집되어 있는 데이터를 학습용 데이터와 테스트용 데이터로 분할한다. 왜냐하면, 모든 데이터를 학습에 사용하면 보다 정확한 분류기를 만들 수 있을지도 모르지만, 3.8절에서 설명한 바와 같이 과학습에 함몰될 가능성도 있기 때문이다. 추가적인 데이터를 수집할 수 있을지 불명확한 경우에는, 과학습에 함몰되지 않음을 확인할 방법이 없으므로, 데이터의 일부만을 사용하여 학습시킨 분류기를 나머지 데이터를 사용하여 올바르게 분류할 수 있는지 여부를 확인하여 학습의 성공/실패를 확인하는 방법을 자주 사용한다. train_test_split는 이와같은 데이터 분할을 수행하는 함수이다.

분할하려는 데이터X와 y를 준비하고, 테스트용 데이터로 배분하는 비율을 test_size에 지정하면, 각각을 무작위로 학습용 데이터와 테스트용 데이터로 분할해 준다. 여기에서는 학습용 데이

터를 X_train과 y_train, 테스트용 데이터를 X_test와 y_test에 대입하고 있다. 다음단계에서는, MLPClassifier분류기를 준비하여 fit함수를 사용하여 학습용 데이터를 학습시키고 있다. 마지막 부분에서는 predict함수를 사용하여 테스트 데이터가 포함하고 있는 각각의 계측값이 어떤 품종인지를 판정하고 있다. 판정결과는, 앞서 설명한 바와 같이, 혼동행렬 형태로 출력된다. 결과는 실행할 때마다 변하지만, 그림 4.36의 실행결과에서는 150 × 0.3 = 45개의 테스트용 데이터 중에서 2번째 품종의 꽃들 중에서 2개만이 틀려서 3번째 품종이라고 판정하고 있다.

In [10]:
```
# scikit-learn으로부터 필요한 기능들만을 읽어들인다.
from sklearn import datasets
from sklearn.model_selection import train_test_split
from sklearn.neural_network import MLPClassifier
from sklearn.metrics import confusion_matrix

# 붓꽃 관련 데이터를 읽어들인다.
iris = datasets.load_iris()

# 계측값 데이터 X와 품종 데이터 y를 준비한다.
X = iris.data
y = iris.target

# 데이터를 학습용(_train)과 학습결과에 대한 테스트용(_test)으로 분할한다.
X_train, X_test, y_train, y_test = train_test_split(X, y, test_size=0.3)

# 분류기를 준비한다.
clf = MLPClassifier(max_iter=10000)
# 분류기에게 학습용 데이터(_train)을 학습시킨다.
clf.fit(X_train, y_train)
# 완성된 분류기로 테스트용 데이터(_test)를 분류시켜 본다
predict = clf.predict(X_test)
# 분류결과를 혼동행렬 형태로 계산하여 표시한다.
print(confusion_matrix(y_test, predict))
```

```
[[19  0  0]
 [ 0 12  2]
 [ 0  0 12]]
```

〈그림 4.36〉 뉴럴네트워크를 이용한 기계학습의 예

MLPClassifier는 상당히 많은 수의 파라메터를 설정할 수 있으므로, 어떻게 설정하느냐에 따라서 성능이 크게 달라진다. 여기에서는 값이 너무 작으면 실행할 때에 학습이 충분하게 수렴하지 않는다는 경고 메시지가 표시되므로, max_iter만을 지정하고 있다. 그밖에도 계층 및 유닛의 개수, 활성화함수(계단함수를 대신하여 사용하는 함수)의 종류, 최적화기법 등, 다양하게 설정할 수 있으며, 이를 총칭하여 하이퍼 파라메터(Hyper parameter)라고 부른다. 대상에 따라서 서로다른 최적의 하이퍼 파라메터를 탐색하는 방법도 기계학습을 이용한 데이터분석 분야에서 중요한 문제이다.

이 책을 집필하고 있는 시점에서, MLPClassifier는 GPU(Graphics Processing Unit)을 이용한 고속 계산에는 대응하고 있지 않는 등, 대규모 데이터의 분석에 이용하기에는 적합하지 않다. GPU는 원래 실시간CG(Computer Graphics)를 제작하기 위해서 만든 그래픽 전용 프로세서로서, 어느 정도 정규화된 계산을 종합하여 대량으로 수행하는 경우에 처리능력이 우월하다는 특성을 갖기 때문에, 최근에는 CG이외의 용도로도 폭넓게 사용되고 있다. 따라서,scikit-learn에서 제공하는 위의 기능들은, 어떠한 기법을 사용할 것인가를 다양하게 시험해보는 정도로 이용하는 것이 적합하며, 본격적으로 사용하려면 뉴럴네트워크에 좀더 특화된 라이브러리와 도구를 사용할 필요가 있다.

예를 들면, Preferred Networks사가 개발하여 무상으로 공개하고 있는 Chainer 등에서는 GPU를 이용하여 보다 고속으로 기계학습을 수행할 수 있다. 또한, 무상으로 사용할 수 있는 TensorFlow를 공개하고 있는 구글에서는 기계학습을 고속으로 수행하기 위한 TPU(Tensor Processing Unit)라고 부르는 전용 프로세서까지 제작하고 있다.

이상으로 개략적인 소개와 설명을 하였으나, 앞서 살펴보았던 Python 등과 같은 프로그래밍언어를 사용하여 데이터분석을 수행하면, 다양한 분석기법들을 간단하게 적용해 볼 수 있을 뿐만아니라, 고유의 기법을 시험해 볼 수도 있어서 독자 여러분들의 지식과 기술력을 넓혀갈 수 있을 것이다. 또한, 다양한 처리들을 자동화할 수 있으므로, 보다 많은 데이터를 보다 적은 노력으로 다룰 수 있도록 반드시 프로그래밍을 학습하기 바란다.

과/제/학/습

4.3-1 점화식 $a_{n+2} = a_{n+1} + a_n (n \geq 1)$, $a_1 = a_2 = 1$으로 정의되는 수열 $\{a_n\}$을 피보나치 수열이라고 부른다. 피보나치 수열을 제1항부터 제100항까지 계산하여 출력하는 프로그램을 작성하시오.

4.3-2 그림 4.34를 참고하여, 천안시의 8월15일부터 10월15일 까지의 최저기온 추이를 나타내는 그래프를 작성하시오.

제

05

장

데이터사이언스 응용사례

제5장에서는 데이터사이언스가 실제 비즈니스 및 학술연구 분야에서 어떻게 응용되고 있는지에 대해서 실제 사례들을 중심으로 소개한다. 데이터사이언스에서 사용되는 대표적인 기법에 대해서는 이미 제3장에서 소개했으나, 이러한 기법들이 실제로 어떻게 활용되고 있는지에 대해서 살펴보도록 한다. 데이터사이언스 응용 사례들을 통해서, 현대사회에서 데이터사이언스의 적용범위와 중요성을 충분히 이해하기 바란다.

5.1

마케팅

5.1.1 마케팅이란

마케팅이라는 용어는 오늘날 폭넓은 의미로 사용되고 있으나, 여기에서는 간단하게 "기업 등이 자사의 상품 또는 서비스를 판매하기 위한 방법"이라고 정의한다. 자사의 상품 및 서비스를 판매하기 위해서는 소비자가 무엇을 원하고 있는지에 대해서 데이터를 기반으로 파악 • 분석할 필요가 있다. 소비자의 니즈(needs)를 파악하는 것 뿐만 아니라, "이 상품은 얼마나 팔릴 것인가?"와 같은 판매예측을 수립하는 것도 마케팅의 일부분이다. 소비자들에게 제공할 상품이 결정되면, 이 상품을 어떻게 판매할 것인지 생각해야 된다. 어떤 상점에 언제 얼만큼을 출하할 것인가, 그리고, 어떻게 광고할 것인가 등이 중요한 요소가 된다. 판매된 후에도 고객이 만족하였는지, 단골손님이 되어 줄 것인가, 상품 및 판매방법에 개선해야될 부분은 없는가, 등등, 다양한 분석과제들이 뒤따른다. 이와 같이 마케팅은 데이터분석을 적용할 가장 큰 대상분야이다.

또한, 이용가능한 데이터에 관해서도 마케팅은 데이터사이언스가 크게 활약할 수 있는 분야이다. 기업은 고객의 정보를 이전부터 귀중한 재산으로서 관리해 왔으며, 최근에는 슈퍼마켓의 POS데이터와 신용카드 이용이력, 웹 마케팅 분야에서의 이용정보 등, 이른바 빅데이터가 매일 매시간 축적되고 있다. 이러한 데이터를 충분히 활용할 수 있는 기업이 비즈니스에서 성공하여 다시금 더 많은 고객을 확보하고, 이에 따라서 다시 더 많은 고객 데이터를 수집하여 더욱 진화된 마케팅을 수행하여, …. 와 같은 형태로, winner takes all(승자독식)이라는 현상이 나타나고 있다. 아마존이 오늘날과 같이 성장한 것도 데이터를 마케팅 분야에 활용함과 동시에 데이터 수집에 관해서도 거대한 위치를 구축했다는 점이 주요 원인이 되고 있다.

5.1.2 소비자의 니즈 파악

마케팅의 첫걸음은 소비자가 어떤 것을 원하고 있는지를 파악하는 것이다. 이를 위해서는 앙케이트조사 등과 같은 시장조사(marketing research)에 의해 소비자의 니즈를 직접 조사할 수도 있고, 기존의 데이터와 지금까지 수집한 고객으로부터의 요망사항을 이용할 수도 있다.

앙케이트분석에서 가장 기본적인 것은, 3.1절에서 소개했던 크로스집계이다. 상품A와 B를 비교하여, 단순하게 "상품A가 더 잘 팔릴 것 같다"라는 식이 아니라, "어떤 고객층에게 잘 팔릴 것 같은지"를 분석하기 위해서는, 집계표의 항목을 다른 항목으로 더 상세하게 분할해서, 각 고객층마다 상품에 대한 지지비율을 살펴볼 필요가 있다.

〈표 5.1〉 크로스집계표

고객속성		합계	상품A를 지지	상품B를 지지
성별	연령층			
계	계	2000	1400	600
남성	계	1000	600	400
	~19세	200	140	60
	20~29세	...	...	...
	30~39세	...	...	...
	...	...	...	...
여성	계	...	...	...
	~19세	...	...	...
	...	...	...	...

5.1.3 수요예측

어떤 상품을 판매하기로 결정했다고 하더라도 구체적으로 몇개가 판매될 것인지를 적절하게 예측하여 생산계획 및 직원배치 등을 고려해야 된다. 몇개가 팔릴 것인지를 예측하는 것은, 상대방(소비자)이 존재하므로 어려운 작업이지만, 지나치게 많이 만들어 버리면 팔리지 않고 남는 상품이 재고로 쌓이게 되어, 결과적으로는 회사의 경영을 압박하게 된다. 한편으로는, 재고 발생을 방지하기 위해서 제조되는 상품의 개수를 지나치게 적게 하면, 상품의 재고부족으로 판매 기회를 놓쳐버리게 된다. 이렇게 되면 고객이 다른 상점으로 가버리게 되고, 중요한 고객을 잃어버리는 상황이 발생된다. 따라서, 수요 예측을 정확하게 수립하는 것이 중요하다. 물론, 100% 정확하게 예측하는 것은 실제로는 불가능하지만, 재고를 쌓아두는 리스크를 감수할 것인지, 아니면, 상품 부족이라는 리스크를 감내할 것인지는 최종적으로 경영 판단의 범주에 속하겠지만, 데이터사이언스 전문가는 이러한 상황하에서 판단에 도움이 되도록 수요예측에 관한 정보를 제공할 필요가 있다.

수요예측을 수행하기 위한 기본적인 수단은, 3.2절에서 소개했던 회귀분석이다. 예를 들어, 아이스크림의 수요를 예측하기 위하여, 요인(설명변수)으로서 “기온”을 설정한 경우,

$$(\text{아이스크림의 매상}) = a + b \times (\text{기온}) \tag{5.1}$$

이라는 회귀식을 만들어서, 과거의 데이터를 사용하여 회귀분석을 수행하여 계수 a, b를 추정한다. 결정계수 R^2이 작다면 중요한 변수가 포함되어 있지 않을 가능성이 있는 것이므로, 그러한 변수가 없는지(예를 들면, 휴일에 매상이 크게 올랐다, 등)를 검토한다. 산포도와 추세선 등이 표시된 차트를 살펴보고 떨어져있는 값이 없는지를 확인한다. 떨어져있는 값이 존재한다면, 이를 제거할 것인지 아니면 포함시켜서 분석할 것인지를 결정한다. 또한, t값이 0에 가까운(P−값이 큰) 변수에 대해서는, 그 변수의 계수가 음수인지 양수인지 불안정한 상태임을 의미하는 것이므로, 회귀식에서 제외할 것인지 여부를 검토한다.

또한, 회귀분석에 관한 상세한 사항에 대해서는 보다 전문적인 서적을 참고하도록 하고, 변수의 개수를 증가시킬 수록 결정계수 R^2의 값은 항상 증가하므로, 이러한 영향을 조정한 "자유도가 조정된 결정계수(Adjusted determination coefficient)" 및 "적지 정보량 규준(AIC : Akaike Information Criterion)"을 참고하면서, 어떤 변수를 포함시킬 것인지를 검토한다. 이와같은 절차를 진행하여 회귀식이 "좋은" 식인지 음미한다.

이와같은 방법으로 구해진 회귀식을 사용하여, 예를 들어 다음주 일요일의 아이스크림 판매예측을 수립하기 위해서는, (기온) 부분에 일요일의 예상기온을 대입하여 계산하도록 한다. 판매예측에는 오차가 존재하므로, 앞서 설명한 바와 같이 "가능한한 품절되지 않도록 한다"라는 경영판단이 내려진 경우에는 예측값보다 많은 재고를 준비하는 것으로 할 필요도 있다.

회귀분석은 데이터를 제공하면 일단 어떤 형태로든 답을 얻을 수 있으므로, 상당히 강력한 기법이다. 반면에, 회귀식의 의미를 올바르게 생각하지 않고 식을 만들어서 예측하게 되면, 예상치못한 함정에 빠져버릴 위험성도 있다 좋은 회귀식을 만들기 위해서는, 위에서 주의사항을 언급한 바와 같이, 어떤 변수를 넣을 것인지, 그리고 해당 분야에서 얻을 수 있는 기존의 지혜 등을 활용하면서 신중하게 생각해 볼 필요가 있다.

5.1.4 고객에 대한 분류

오늘날에는 고객의 기호가 다양하므로 획일적인 상품을 제공하면 모든 고객이 만족하여 구매해 줄 것이라고 예상하기 어렵다. 다양한 유형의 고객이 존재한다는 사실을 인식하여, 각각의 특성에 맞추어진 상품과 서비스를 제공할 필요가 있다. 또한, 시장에서는 경쟁회사가 다수 존재한다는 사실도 염두해두고, 경쟁상대와 비교해서 자사가 강점을 가지고 있는 고객층이 어느 부분인지를 명확하게 인식해둘 필요가 있다.

이와같은 경우에, 고객을 속성에 따라서 몇개의 그룹(segment)으로 분할하는 작업(Segmentation)이 필요하다. 이때 사용할 수 있는 기법이 3.5절에서 소개한 클러스터링이다.

클러스터링은, 고객의 다양한 속성들을 사용하여 유사한 고객들끼리 그룹으로 만드는 기법이다. 이때 활용하는 속성은 다음과 같이 다양하다.

- 살고 있는 지역 등과 같은 "지리적 변수"
- 성별, 연령, 소득 등과 같은 "인구통계적 변수"
- 사람의 기호 및 라이프스타일 등과 같은 "심리적 변수"
- 어떤 상품을 구입했는지, 어떤 웹사이트를 방문했는지 등과 같은 "행동 • 태도 변수"

고객에 대한 분류를 수행하는 경우에, 어떤 그룹을 목표(Target)로 할 것인지, 그리고, 해당 그룹에 효과적으로 선전하여 구매의욕을 높일 수 있는 수단은 무엇인가 등을 고려한다.

"(과거에) 어떤 상품을 구매하였는가"와 "어떤 웹 사이트를 방문했는가"와 같은 정보는 슈퍼마켓의 POS데이터와 인터넷 쇼핑 관련 데이터로부터 수집할 수 있다. 그러나, 이러한 데이터에는 성별이나 연령 등과 같은 정보가 포함되어 있지 않으므로, 어떤 편의점에서는 계산대에서 지불하는 과정에서 점원이 고객의 성별이나 연령계층을 POS단말기에 입력하는 경우도 있다. 또한, 최근에는 슈퍼마켓에서 포인트카드를 발행하여 "물품 구입금액 1000원당 1포인트 증정"과 같은 혜택을 주고 있다. 포인트카드를 신규발급하면서 고객의 성별과 연령, 거주지역, 직업 등의 개인정보를 수집해두면, 이후에 이러한 데이터를 이용하여 고객의 속성을 파악해서 해당 고객이 1개월간 몇번 슈퍼마켓에 다녀가는지, 어제는 무엇을 구입했는지 등과 같은 정보와 연결시킬 수 있다[1].

1 단, 이와같은 경우에 이용할 정보에 이름과 상세한 주소가 포함되어 있다면, 개인을 특정할 수 있게 되므로, 개인정보보호라는 관점에서 이용에 문제가 없는지 명확하게 체크할 필요가 있다.

포인트카드를 이용하지 않는 고객의 경우에는, 지리적 변수와 인구통계적 변수는 구할 수 없겠지만 반대로 "몇시에 어느 상점을 방문했는지", "어떤 상품을 구입했는지" 등과 같은 관찰가능한 변수들로부터 회귀분석 기법들을 사용하여 지리적 변수와 인구통계적 변수를 예측해 내는 경우도 있다. 또한, 고객의 기호 등과 같은 심리적 변수는, 일반적으로는 앙케이트 조사 등을 이용하지않으면 수집하기 어렵지만, 앙케이트 조사를 통해서 "○○지역의 지리적/인구통계적 그리고 행동•태도 변수를 가지고 있는 사람은, 이와같은 심리적 변수를 가지는 경향이 강하다"라는 식의 경향을 분석하여, 이를 토대로 앙케이트 조사 데이터를 구할 수 없는 사람의 심리적 변수를 예측하는 경우도 있다.

5.1.5 A/B 테스트

고객의 니즈 파악 및 타겟 고객 그룹의 분할 등의 작업이 종료된 후에는, 실제로 판매단계로 들어갈 때에 중요시되는 것이 광고전략이다. 어떤 광고카피를 선정하여 어떤 제품의 사진을 게재할 것인지, 그리고, 배경이나 문자의 색상을 어떻게 할 것인지 등을 결정해야된다. 어떤 광고가 효과적일 것인가에 대해서는 학문적인 연구가 진행되고 있지만, 최종적으로 "소비자가 광고를 보고 어떻게 생각할 것인가"가 중요하므로, 소비자에게 2종류의 광고를 보여주고 어느쪽이 반응이 좋은지(구입할 확률이 높은지)를 결정하도록 하는 기법이 A/B 테스트이다. 2종류의 광고(A와 B)를 보여주고 서로 비교하는 것에서 비롯하여 A/B테스트라는 명칭이 붙여졌다.

단, 실제 상점에서 A/B 테스트를 실행하는 것은 상당히 어렵다. 예를 들어, 2종류의 광고전단지에 대한 효과를 비교하기 위하여, 강남역에서 광고전단지 A를, 서울역에서 광고전단지 B를 배포한 후에, 상점을 찾아오는 고객에게 어떤 전단지를 보고 왔는지를 조사했다고 하자. 이와같은 경우에, 전단지A를 보고 찾아온 고객이 더 많다고 하더라도, 이것이 "전단지A가 효과가 크다"라고 단정할 수는 없다. 서울역과 강남역은 이용자층이 서로 다르며, 강남역 부근에 학생이나 젊은 이용자들이 더 많을지도 모르기 때문이다. 이와같은 상황하에서 조사를 수행하더라도, 그 효과는 전단지가 좋고 나쁨이 아니라, 2개 역을 이용하는 사람들의 계층이 서로 다르다는 사실이 반영되었을지도 모른다. 독자 여러분들은 중학교와 고등학교 시절에 어느정도 "표본조사"와 "무작위추출"에 대해서 배웠을 것으로 생각한다. 조사대상을 선정할 때에는 아무것도 작위적으로 하지 않았다고 해서 자동적으로 "무작위추출"이 되는 것은 아니다. 2.4.3절에서 설명한 바와 같이 표본에 편향이 발생하지 않도록 여러가지 주의가 필요하며, 실제로 무작위추출을 구현하는 것은 매우 어렵다.

그러나, 웹 마케팅 분야에서는 무작위추출 및 2.4.2절에서 설명한 실험연구에 근접한 작업을 의외로 간단하게 재현할 수 있다. 웹 페이지를 방문한 사람들을 랜덤하게 분류하여, 한쪽 그룹의 사람들에게는 광고A를, 다른쪽 그룹의 사람들에게는 광고B를 보여주고, 어느쪽이 계약성공률이 높은지를 조사할 수 있다. 분류작업이 완전히 랜덤하게 이루어진다면 실험연구라고 할 수 있으며, 어느쪽 고객에게 어떤 광고를 보여주었는가를 관리해두면 집계작업도 수월해 진다.

실제로 구글에서는 매일 수많은 A/B테스트를 웹에서 실시하고 있다고 알려져 있다. 또한, 미국의 오바마 전 대통령이 대통령 선거전 당시에 선거 캠프 사이트에서 A/B테스트를 활용하여, 정치헌금을 크게 모을 수 있었다고 한다. 우리들도 의식하지 않는 사이에 A/B테스트에 참가하고 있고, 여러분들이 살펴보고 있는 웹 사이트의 디자인도, 옆사람이 보고 있는 것과 서로 다르게 표시되고 있을지도 모른다.

5.1.6 상품 추천 시스템

인터넷 통신판매를 이용하는 경우에, 반드시라고 해도 과언이 아닐 정도로, "당신에게 추천드리는 상품은 이것입니다"라는 광고가 표시된다. 또한, 인터넷 서점 사이트에서 구입할 책을 고르고 있는 중에도 "이런 책도 있네?"라고 새로운 발견을 하는 등, 매우 편리한 기능이 제공되는 시스템들이 많이 등장하고 있다. 아마존의 인터넷 서점이나 Netflix의 영화보기 등에서 흔히 볼 수 있는 "추천기능"이 바로 이와같은 시스템의 좋은 사례이다.

이와같은 시스템을 "추천 시스템(Recommandation System)"이라고 부른다. 추천시스템은 데이터사이언스 분야의 여러 기법들을 사용하여 "당신과 비슷한 구매이력을 가진 사람들은, 그밖에 어떤 상품을 구입했을까?"라는 정보를 계산하여 제공한다.

이러한 계산을 위해서는 우선, "어떤 상품을 구입했는가"라는 사실을 수학적으로 나타내는 방법을 생각해야 한다. 구체적으로는, 상품을 구입했다는 사실을 1로, 구입하지 않았다는 사실을 0으로 나타내도록 한다. 상품은 1종류만 존재하는 것이 아니라 다양하므로, 상품의 종류는 숫자를 나열하여 나타내도록 하여, "상품A를 구입했다, B를 구입하지 않았다, C를 구입했다"와 같은 정보를 3.2절에서 소개한 더미변수를 사용하여 (1, 0, 1)과 같은 숫자를 3개 나열한 형태(3차원 벡터)로 나타낼 수 있다. 상품이 100종류가 존재한다면, 100차원 벡터, 200종류라면 200차원 벡터가 된다.

〈표 5.2〉 추천 시스템

	상품1	상품2	상품3	상품4	…
A씨	1	0	1	1	
B씨	1	1	0	0	
C씨	1	1	1	1	
⋮					

다음단계에서는 이와같은 벡터를 사용하여, "A씨와 B씨의 구매 패턴은 비슷한가"를 생각해보도록 하자. 2개의 벡터가 비슷한지 여부에 대해서는 몇가지 계산방법이 있으나, 2.2절에서 소개한 상관계수를 사용하는 경우가 많다. 상관계수는 −1부터 1사이의 값을 가지며, 1에 가까울수록 2개의 벡터는 유사하다는 사실을 나타내므로, 상관계수가 1에 가까운 사람들을 찾아내면 "구매행동이 비슷하다"고 판단할 수 있다.

"상품을 구입한다/구입하지 않는다"라는 정보만을 다룬다면 1과 0을 이용한 2단계 평가를 적용하는 것으로 충분하지만, 해당 상품을 어느정도까지 강하게 선호하고 있는지를 더 상세하게 수치화할 수도 있다. 예를 들면, 영화를 감상한 후에 "이 영화는 어느정도 재미있었는가"를 1부터 5까지의 5단계로 평가하고, 상관계수를 계산하여 "영화에 대해서 당신과 기호가 비슷한 사람"을 찾아낼 수 있다.

5.1.7 연관성 분석

연관성 분석에 대해서는 3.4절에서 상세하게 소개했다. 다수의 상품들이 존재할 때, 어떤 상품들을 조합하면 잘 판매될 것인가(예를 들면, "기저귀를 구입한 사람은 동시에 맥주도 구입할 확률이 높다")를,

$$\text{향상도}(\text{기저귀} \rightarrow \text{맥주}) = \frac{P(\text{맥주} \cap \text{기저귀})}{P(\text{기저귀}) \times P(\text{맥주})} \tag{5.2}$$

$$\text{지지도}(\text{기저귀} \rightarrow \text{맥주}) = P(\text{기저귀} \cap \text{맥주}) \tag{5.3}$$

$$\text{신뢰도}(\text{기저귀} \rightarrow \text{맥주}) = \frac{P(\text{맥주} \cap \text{기저귀})}{P(\text{기저귀})} \tag{5.4}$$

와 같은 3가지 지표를 사용하여 "지지도 및 신뢰도가 일정한 값(예를 들면, 0.1)을 초과하는 것들 중에서, 향상도의 값이 1을 초과하는 것"을 찾아내는 사례를 살펴보았다.

특히, 마케팅 분야에서는 연관성 분석은 "쇼핑 카트에 어떤 상품들이 함께 들어가 있는가"를 분석하는 것이므로, "장바구니 분석(Market Basket Analysis)"이라고도 부른다. 이미 앞서 설명한 바와 같이, 연관성 분석에서 필요한 계산은, "상품A와 B를 함께 구매한 사람들의 숫자"를 카운트하여 나눗셈과 곱셈 등을 수행하므로, 계산기를 사용하여 대량으로 계산할 수 있다. 따라서, 연관성 분석기법은 비즈니스 분야에서도 많이 사용되고 있다.

실제로,

- 슈퍼마켓에서 소고기 코너 옆에 어떤 반찬 재료를 진열할 것인가?
- 병 맥주CM에서 어떤 안주를 사용할 것인가?

등과 같이, 우리들 주변에서는 연관성 분석의 성과물이 널리 사용되고 있다.

5.2

금융

금융업이라고 하면, 정장을 입은 비즈니스 전문가가 당당한 모습으로 월 스트리트를 활보하는 이미지를 떠올리게 된다. 그러나, 오늘날의 금융업계에서는 고도의 수학적 지식을 구사하는 데이터사이언스 분야의 전문가들이 활약하는 모습을 많이 보게 된다. 또한, 금융업계에서는 예금주 또는 대출처 등과 같은 고객들을 상대로 하고 있어서, 앞서 소개한 마케팅을 무시할 수 없다.

여기에서는, 금융업계에서 어떠한 형태로 데이터사이언스가 응용되고 있는지에 대해서 간단히 소개하고자 한다.

5.2.1 포트폴리오 선택

은행은 일반적으로 고객으로부터 예금이라는 형태로 자금을 모아서 기업에 대출하거나 금융상품에 대한 투자와 같은 형태로 자금을 운용하여 수익을 올리고 있다(그밖에도, 금융상품의 판매수수료 등으로 이익을 올리는 경우도 있다). 자금운용의 결과로서 얻는 수익은, 사실은 불확실하다. 실제로 주식에 투자하는 경우에는 1년후에 해당 주식의 가격이 상승할지 하락할지를 알 수 없으며, 기업을 대상으로 하는 대출인 경우에는 해당 기업이 도산하여 파산할지도 모른다. 이익에 불확실성이 존재하는 경우에는 어떻게 운용처를 결정하면 좋을까?

이 문제에 수학적 기초를 적용한 것이 미국의 경제학자 해리 마코위츠(Harry Max Markowitz)가 창안한 포트폴리오 선택 이론(Theory of Portfolio Selection)이다. 이 이론의 핵심은,

- 자산운용은 수익의 기대값 뿐만 아니라, 그에 대한 리스크(표준편차)도 함께 생각할 필요가 있다.
- 리스크는 수익의 표준편차로 측정할 수 있다.
- 여러 종류의 금융상품들을 조합하여 분산투자하면 리스크를 줄일 수 있다.

와 같은 3가지이다. 이러한 내용을 수식을 사용하여 설명하도록 한다.

2종류의 자금운용처가 존재하여, 각각의 수익율을 X, Y로 나타내도록 한다. 미래의 수익률에는 불확실성이 존재하므로, X와 Y는 확률변수이다. X 및 Y에 투자하는 비율을 각각 a, b(단 a, $b > 0$)로 하면, 전체의 수익률은 $aX + bY$가 된다. 이것도 확률변수가 되며, 기대값과 분산을 계산해 보면,

$$E[aX + bY] = aE[X] = bE[Y] \quad (5.5)$$

$$V[aX + bY] = a^2 V[X] + 2ab\rho_{xy}\sigma(X)\sigma(Y) + b^2 V[Y] \quad (5.6)$$

이 된다. 단, $V[X]$는 X의 분산, $\sigma(X)$는 X의 제곱근(표준편차), ρ_{xy}는 X와 Y의 상관계수이다.

$\rho_{xy} \leq 1$이므로, 위의 식으로부터

$$V[aX + bY] \leq a^2 V[X] + 2ab\sigma(X)\sigma(Y) + b^2 V[Y] = \{a\sigma(X) + b\sigma(Y)\}^2$$

으로 되어, 양변의 제곱근을 구하면,

$$\sigma(aX + bY) \leq a\sigma(X) + b\sigma(Y) \quad (5.7)$$

을 구할 수 있다. 즉, 기대수익률은 단순한 덧셈이 되지만, 리스크(표준편차)는 X와 Y 사이의 상관계수가 1이 아닌 한 단순한 덧셈보다도 작게 된다. 이를 그림으로 나타내면 그림 5.1과 같이 되며, $a\sigma(X)$와 $b\sigma(Y)$를 두 변으로 하는 평행사변형의 대각선이 $\sigma(aX+bY)$가 된다. 단, 두 변 사이의 각 θ는 $\cos\theta = \rho(X, Y)$를 만족하는 각이다. 이와 같이 하면, 두 변이 같은 방향($\theta = 0$)이 아닌 한, 두 변의 길이의 합은 대각선의 길이보다도 크게 된다.

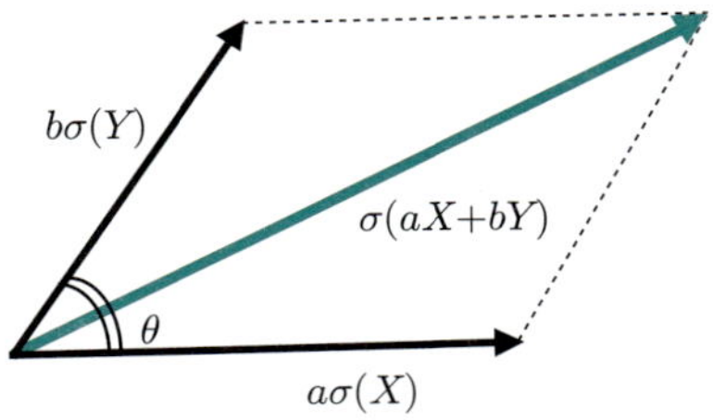

〈그림 5.1〉 분산투자에 의한 리스크의 경감

3종류 이상의 경우에도 위와같은 논의가 성립한다. 투자운용을 수행하는 경우에, 기대수익은 가능한 한 높이고, 한편으로는 리스크(표준편차)는 가능한 한 작게 하려고 할 것이다. 위의 계산에서와 같이, 여러 종류의 자금운용처에 적절하게 분산투자함으로써 기대수익률을 일정하게 유지하면서 리스크(표준편차)를 작게 할 수 있다.

단, 리스크를 작게 할 수 있다고 해서 완전하게 리스크를 0으로 하는 것은 일반적으로 불가능하다. 일정한 기대수익률 이하로 리스크를 최소화할 수 있는 분산투자는, 수학적으로는 제약조건 하에서 최소값을 구하는 문제가 된다. 불필요한 계산이 되므로 상세한 내용에 대해서는 생략하겠지만, 이와같은 기대수익율 μ와 표준편차 σ 사이의 관계는,

$$\sigma^2 = A + B\mu + C\mu^2 \tag{5.8}$$

과 같은 2차함수가 되며, 이것을(관례적으로 σ를 가로축으로 하여) 그래프로 그려보면, 그림 5.2와 같은 쌍곡선이 된다(단, A, B, C는 수익율의 기대값과 분산 그리고 공분산에 의해 결정되는 정수).

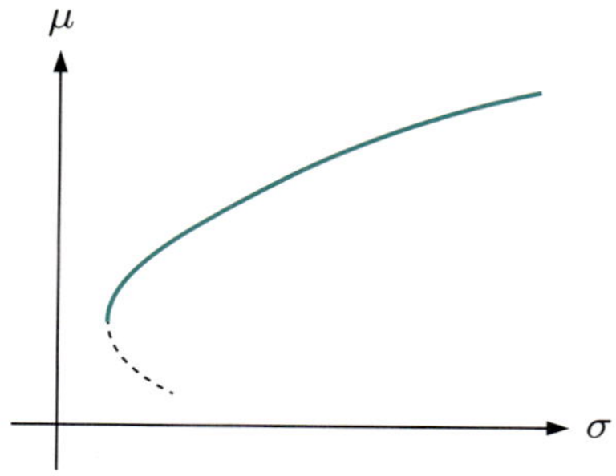

〈그림 5.2〉 효율적 투자선(Efficient Frontier)

위와같은 쌍곡선을 효율적 투자선이라고 부르며, 리스크 회피적인(리스크가 작은 쪽을 선택하는) 투자가라면, 이와같은 효율적 투자선 상의 어떤 점으로 표시되는 분산투자를 적용할 것이다(어떤 점을 선택할 것인가는, 해당 투자가가 어느 정도로 리스크를 허용하는가에 따라서 다르가).

오늘날의 자금운용은, 이와 같이 단순한 분산투자 뿐만 아니라, 다양한 금융파생증권 등도 다루고 있으며, 분산투자 방식은 여전히 자금운용의 기본으로 되어 있다. 또한, 위에서는 기대값, 분산, 상관계수는 이미 알고 있는 것으로 설명했으나, 실제로는 과거의 데이터로부터 추정하여 효율적 투자선을 구한다.

5.2.2 디폴트 확률의 분석

은행의 가장 중요한 자금운용처는 기업에 대한 융자로서, 경우에 따라서는 기업이 도산해버려서 투자금 회수가 불가능한 경우도 있다. 이런 경우에는, 예전에는 담당자가 빈번하게 융자해 준 곳을 드나들면서 경영상황을 모니터링하였지만, 해당 기업의 현금흐름 등에 관한 정보를 토대로 투자금회수 불가능 상태(디폴트)에 대한 확률을 미리 예측할 수는 없을까? 또한, 은행 이외에 개인을 대상으로 담보대출 등을 직접 수행하는 회사도 존재하는 상황에서, 다수의 개인들에 대한 경제상황을 상시 모니터링하기 어렵고, 개인 대상의 담보대출에서는 담보를 설정하지 않는 경우도 많으므로, 데이터를 토대로 디폴트 발생을 예측하는 것은 중요하다.

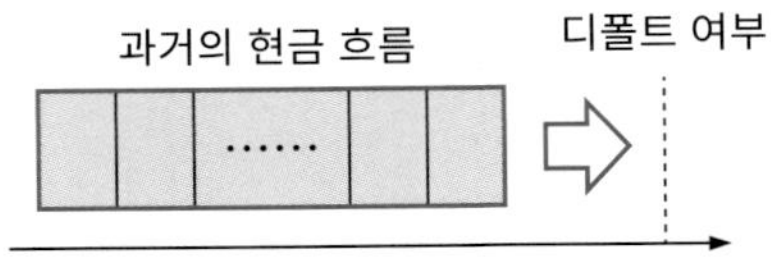

〈표 5.3〉 과거의 현금흐름을 이용한 디폴트 발생 확률의 예측

디폴트가 발생할 것인가 여부는, 수학적으로는 “발생한다 = 1, 발생하지 않는다 = 0”과 같은 2가지 값을 갖는 것으로 나타낼 수 있으므로, 제3장에서 소개한 로지스틱 회귀 모델을 이용할 수 있다. 목적변수를 “디폴트가 발생했다 = 1, 디폴트가 발생하지 않았다 = 0”과 같은 2가지 값을 갖는 것으로 하여, 설명변수는 미래의 디폴트 발생 확률을 지금까지의 현금흐름 관련 데이터로부터 예측하려는 경우에는 이러한 변수들을 추가하여 계산하면 된다. 를 개월전의 현금흐름이라고 하면,

$$P(\text{디폴트}) = \frac{1}{1 + \exp(-(a + b_1 c_1 + b_2 c_2 + \cdots))} \tag{5.9}$$

와 같이 모델링할 수 있다.

카드론의 심사와 같이, 과거의 현금흐름 관련 데이터를 사용할 수 없는 경우에는, 그 사람에 대한 다양한 속성들(연령, 직업 등)을 설명변수로 하여, 위와같은 로지스틱 회귀분석을 사용하면 된다.

또한, “디폴트가 발생했다 = 1, 디폴트가 발생하지 않았다 = 0”과 같은 2가지 값을 분석하는 기법은, 로지스틱회귀분석 외에도 많다. 제3장에서 소개한 결정트리분석법도 이에 해당하며, 명시적으로 모델화(회귀식을 특정화)를 수행하지 않더라도 뉴럴네트워크에 필요한 데이터를 입력하여 계산하는 경우도 최근에 많이 사용되고 있다. 이러한 기법들 중에서 어느 것이 우수한지에 대해서는, 데이터의 성질에 따라서 다르기 때문에 일반화하기 어렵다. 실무적으로는, 이와같은 몇가지 기법들을 실제 데이터에 적용시켜보고, 어느것이 성적이 좋은지(디폴트가 발생한다 • 하지 않는다를 올바르게 예측한 케이스가 많았는지)를 비교하여 가장 성적이 좋은 기법으로 디폴트 발생 확률을 계산하여, 그 평균값을 구하는 방식을 사용하고 있다.

디폴트 발생 확률을 분석하는 경우에 어려운 점으로는, 금융업계에서는 디폴트가 발생하지 않도록 다양한 방지책을 취하기 때문에, 실제로 디폴트가 발생했다는 케이스가 매우 적다는 사실이다. 데이터 분석을 수행하는 경우에, 실제로 디폴트가 발생한 케이스에 대한 데이터가 존재하지 않는다면 예측도 할 수 없다. 이와같은 상황은 공장에서 기계의 고장 예측에 관해서도 유사하게 발생한다(실제로 기계에 고장이 발생하면 공장도 생산중지 상태가 되어 곤란하게 되므로, 사전에 미리 대응하는 것이 일반적이다). 이와 같이, 실제 디폴트를 관찰할 수 없는 경우에는, 대신하는 변수로서 예를 들면 기업의 재무평가 데이터 등을 사용한다.

5.2.3 고객에 대한 행동분석

금융업은 고객을 대상으로 하는 상업이므로 좋은 고객(예금을 많이 해주는 고객, 보험에 가입해주는 고객, 전기요금 등을 자동계좌이체로 신청해 주는 고객 등)을 어떻게 선별할 것인지, 그리고 고객에게 어떻게 접근할 것인가 등이 중요한 문제가 된다. 이에 대해서는 5.1절에서 소개한 마케팅 문제의 적용 대상으로 볼 수 있으므로, 마케팅 분야의 기법들을 사용하여 분석할 수 있다.

예를 들면, 예금을 중도해약하거나 보험을 중도해약하는 고객은, 은행이나 보험회사의 입장에서는 경영적으로 손실이 되며, 고객과의 오랜기간에 걸쳐 형성된 신뢰관계가 중단되는 결과를 가져온다. 해약할 것인지 여부는 최종적으로는 고객의 판단이라고 할 수 있지만, 예를 들어 생명보험의 경우에는 일단 해약하고 새로운 보험에 가입하려고 해도 고령자의 경우에는 보험료가 높아지는 경우가 많으며, 건강상태에 따라서 새로운 보험 가입이 거절되는 경우도 있다. 고객은 가벼운 마음으로 해약을 생각하고 있을지 모르지만, 중도해약에는 이와같은 단점들이 존재한다는 사실은 충분히 이해시키는 것도 금융업계에서는 중요한 업무들 중 하나이다. 중도해약에 대해서도, "해약한다 = 1, 해약하지 않는다 = 0"과 같은 2가지 값을 갖는 것으로 하면, 앞서 살펴보았던 디폴트 발생에 대한 확률 분석의 예와 같이 로지스틱 회귀분석이나 결정트리분석 기법을 사용할 수 있다. 또한, 클러스터링 기법을 사용하여, 고객을 분류하여 어떤 속성을 갖는 고객들이 중도해약할 확률이 높은지를 찾아낼 수 있고, 필요에 따라서 담당자가 전화 상담하거나 영업담당자가 방문상담을 실시하는 경우가 많다.

또한, 전화 또는 DM(Direct Mail)을 이용하여 금융상품을 권유하는 경우도 많다. 이와같은 경우에 어떤 고객층이 성공률이 높은지를 찾아내서 효율적인 마케팅을 수행할 필요가 있다. 이때에도 "계약을 체결한다 = 1, 체결하지 않는다 = 0"으로 하면, 로지스틱 회귀 및 결정트리분석 등과 같은 기법들을 사용할 수 있다.

5.2.4 보험

생명보험이나 손해보험 등과 같은 보험들은 원래부터 확률론 및 데이터사이언스를 기반으로 하는 비즈니스 분야이다. 예를 들어, 생명보험의 경우, 20세 남성이 30세까지 사망할 확률을 약0.5%로 가정하자. 이 사람에게 가족이 있어서 "만약 자신이 사망하는 경우에 남겨진 가족의 생활을 위해서 1억원을 남기고 싶다"라고 생각하더라도 개인이 1억원을 준비한다는 것은 상당히 어렵다. 그러나, 이런 생각을 갖고 있는 사람들을 1000명 정도 모으면, 그 중에는 불행하게도 30세까지 사망하는 사람이 1000 × 0.5% = 5명이라고 예측할 수 있으므로, 전체적으로 5억원을 준비할 수 있으면 된다. 이 금액을 1000명이 나누어 내는 것으로 하면, 1인당 50만원을 준비하면 된다. 다수의 계약자를 모으면 확률론에서 언급하고 있는 "대수의 법칙"에 의해 전체 사망자수는 일정한 비율로 수렴하므로, 이에 대응하는 금액을 보험료로 징수하면 전체적으로 수입과 지출이 균형을 이루게 된다. 이것이 가장 간단한 보험의 구조라고 생각할 수 있다.

실제로 사망률은 연령과 더불어서 상승하므로, 젊은 사람과 고령자에게 같은 금액의 보험료를 설정하면 젊은 사람들이 불만스럽게 될 것이다. 이러한 문제점을 해결한 것이 영국의 천문학자 에드먼드 핼리(Edmond Halley. 1656~1742)이다. 핼리는 독일 브레슬라우 시에서 얻은 출생 및 사망에 관한 기록을 토대로 연령별 사망확률을 계산하여 연령별보험료에 관한 기초를 수립하였다.

오늘날에는 연령 이외에도 다양한 요인들을 사용하여 리스크를 세분화하고, 리스크에 따라서 공평하고 공정한 보험료를 설정하고 있다. 생명보험 분야의 경우, 비흡연자에게는 보험료를 저렴하게 하는 비흡연자할인제도를 시행하고 있으며, 반대로 일정한 병력을 갖는 사람에게는 보험료를 할증한 상태로 보험가입을 승인해주는 제도가 있다. 손해보험 분야에서는, 자동차보험의 경우에 운전자의 사고이력에 따라서 보험료가 다르게 되거나, 심지어는 자동차에 모니터 기기를 장착하여 운전자가 어느정도 안전하게 운전하고 있는지(주행거리, 급정차 및 급발진 빈도 등)를 상시 모니터링하여 보험료를 설정하는 제도(텔레매틱스Telematics보험)도 시행하고 있다. 텔레매틱스보험은 보험회사에게도 이득이 될 뿐만 아니라, 운전상황을 상시 모니터링함으로써 운전자에게 안전운전을 촉진하는 효과도 있다. 또한, 운전상황 모니터링으로부터 수집된 데이터를 교통안전대책을 위해서 응용할 수도 있으므로 사회적으로도 큰 의미를 갖는다.

최근에는 더욱 진화발전하여, 유전자정보를 생명보험에 활용하려는 논의도 이루어지고 있다. 의학적인 연구가 발전하면서 유전자가 특정한 질환 발병에 깊게 관련되어 있음이 밝혀지고 있으므로, 이러한 정보를 사용하면 더욱 적절한 리스크 평가가 가능할 것이다. 그러나, 한편으로는 유전자는 태생적인 측면이 있어서 개인의 노력으로 변경할 수 있는 것이 아니라는 점과, "당신은 병에 걸릴 리스크가 높아서 보험가입을 거절하겠습니다"라는 식으로 되면 사회적인 문제가 될 수도 있다. "나는 고혈압이 될 가능성이 높으므로, 소금기 있는 음식은 되도록 피하려고 합니다"와 같은 식으로 적용한다면 사회 전체적으로 긍정적일 것이라고 생각할 수도 있겠지만, 유전자 정보의 이용에 대해서는 윤리적인 측면도 고려하여 앞으로 심각하게 논의할 필요가 있다.

5.2.5 인공지능(AI)의 활용

금융업은 원래부터 노동집약적인 산업이라고 알려져 왔다. 금융기관의 각 지점에서는 창구직원들이 매우 친절하게 고객을 대상으로 상담해 주고, 융자에 관해서는 담당자가 융자처에 발빠르게 대응하면서 미래전망 등에 대해서 상담하는 등의 업무가 진행되고 있다. 그러나, 이 세상에는 다양한 형태로 기계화가 진행되면서, 금융업계에서도 단순작업은 가능한 한 기계에게 맡기고 중요한 판단이 필요한 부분은 인간이 담당하는 형태로 변화하고 있다. 이와 같이 기업에서 정형적인 업무를 기계화하는 움직임을 RPA(Robotic Process Automation)이라고 부른다. RPA에서 가장 크게 주목받고 있는 것이 인공지능(AI)의 활용이다.

예를 들면, 금융업 분야의 콜센터를 생각해 보자. 콜센터에 걸려오는 전화의 대부분은 정형화된 간단한 문의사항들이고, 그 중에는 고도의 판단을 필요로하는 것도 있다. 정형화할 수 있는 것은 가능한 한 기계(인공지능)에게 맡길 수 있게 된다면, 복잡한 안건에 대해서 인적 자원을 집중시킬 수 있다. 문의사항에 대해서 기계를 대응시키기 위해서는, 음성처리기술을 사용하여 고객이 이야기하고 있는 내용을 인식하여 각각의 경우에 적절한 대응을 할 수 있어야 한다. 음성처리는(5.5절에서 설명) 데이터사이언스가 크게 활약하고 있는 분야이다.

고객을 대상으로 앙케이트조사 등과 같은 활자화된 정보를 처리하는 경우에도 데이터사이언스가 활용된다. 이 분야는 "텍스트 분석"으로서, 데이터사이언스의 주요 분야로서 이미 확립된 영역이다. 영어의 경우에는 각 단어를 명확하게 인식할 수 있지만, 일본어의 경우에는 우선 어절을 나누는 작업부터 시작해야 한다. 약100년전에 전보를 사용하던 시절에 전보내용에 대해서 어절을 나누는 방법에 따라서 3가지 서로다른 의미가 된다는 코미디 같은 일화가 있는 것처럼, 어절을 나누는 방법은 중요하다. 인간이라면 "앞뒤의 문맥으로부터 판단"하겠지만, 데이터사이언스를 기반으로 하는 기계(인공지능)의 경우에는 "앞뒤의 단어들을 살펴보고, 베이지 추론에 의해 판단한다"라는 방식을 사용한다. 뿐만 아니라, 회귀분석이나 연관성 분석, 그리고 클러스터링 등과 같은 기법들을 활용하여, 앙케이트조사 결과에 대한 분석과 이를 토대로 하는 대책 등을 생각할 수 있다.

융자 판단 등과 같은 금융기관의 핵심업무에 있어서도, 인공지능이 인간의 판단에 근거가 되는 정보를 제공하고 있다. 앞서 소개하였던 디폴트 발생에 대한 확률 분석이 좋은 예이다. 그리고, 다양한 투자판단에 있어서 요즘은 컴퓨터가 필수불가결하다. 보험회사에서도 예를 들면, 일본의 우정민영화에 의해 설립된 칸포생명보험사(Japan Post Insurance Co.,Ltd.) 에서는 보험금 지불심사(적절한 지불액을 결정하는 심사)에 인공지능을 활용하고 있다.

5.3

품질관리

5.3.1 산업・기업의 운명을 좌우하는 "품질"

오늘날 우리들의 생활과 사회는 산업에 의해 유지되고 있다고 해도 과언이 아니다. 현대 사회에서는 산업 발전에 의해 다양한 제품과 서비스가 제공되고 있으며, 앞으로도 우리들의 생활과 사회 유지에 공헌할 것이므로, 산업은 커다란 역할을 할 것이고 진화해 갈 것으로 기대된다.

산업 분야에서는 "QCD"라는 용어를 사용하고 있다. QCD는 "품질(Quality)", "비용(Cost)", "납기(Delivery)"라는 각 용어의 첫문자를 조합하여 만든 약어로서, 산업활동에서 관리해야 하는 기본요소들을 나타낸다(그림 5.4 참조)[2].

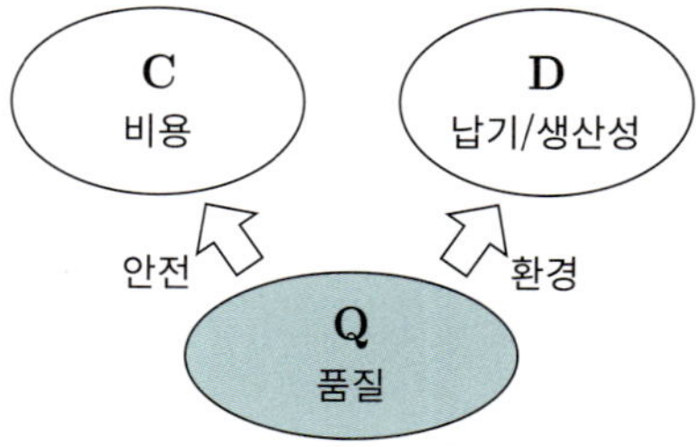

〈그림 5.4〉 산업활동의 기본요소 QCD

2 일반적으로 QCD라고 부르며, 노동안전(Safety)와 환경관리(Environment)를 추가하여 SQCDE라고 부르는 경우도 있다. 또한, D는 Delivery의 첫글자이지만, 일반적으로는 납기를 나타내며 생산・생산성을 포함한 의미로 사용되는 경우가 많다.

산업활동은 QCD의 고속화와 적정화를 추구하는 것이라고도 할 수 있으며, 기업활동을 비용 우선 또는 생산성 우선이라는 개념을 토대로 하더라도 품질에 문제가 발생하면 해당 제품의 존재가치가 퇴색되어 소비자와 고객 그리고 사회로부터 용인되지 못한다. 모든 기반 및 전제가 되는 것이 바로 Q(품질)이다. 또한, 안정된 품질을 갖추기 위해서는 문제점이 없는 최적의 생산활동이 필요하다. 품질을 추구하는 것은 결과적으로 비용저감과 납기단축 그리고 생산성 향상 등, QCD전체의 고도화 및 최적화로 이어진다.

이와 같이, 우수하고 안정된 품질과 오류가 없는 고도의 품질 그리고 매력적이고 신뢰할 수 있는 품질을 제공하는 것이 기업활동의 기반이자 전제가 되며, "품질관리"는 산업과 기업의 운명을 좌우하는 활동이라고 할 수 있다.

5.3.2 오늘날의 품질관리에 관한 개념

2차세계대전을 전후하여 오랜동안 일본 공업제품의 품질에 대한 평가는 낮았으나, 오늘날의 일본제품에 대한 신뢰도는 높다고 할 수 있다. 이러한 배경에는 2차세계대전 이후 미국으로부터 익힌 품질관리에 대한 개념을 산학관이 협력하여 독자적인 전사적 품질관리 및 종합적 품질관리 활동으로 발전시켜서 체계화해 왔다는 사실이 존재한다. 이와같은 전사적 품질관리 및 종합적 품질관리 활동을 TQM(Total Quality Management)이라고 부른다.

또한, 생산활동들 중에는 다양한 변동과 불규칙적인 특성이 있다. 이런 특성들을 충분히 감안한 수리적 및 논리적인 품질관리가 중요시되어, 통계적인 개념과 기법들을 적용한 품질관리가 수행되고 있다. 따라서, 오늘날의 품질관리를 통계적 품질관리(SQC : Statistical Quality Control)라고 부른다.

1. 결과를 만들어내는 프로세스(공정)에 주목하여, 불량을 만들지 않는 프로세스를 만들어 간다.
   - 생산프로세스
   - 신제품개발프로세스
   - 업무프로세스
   - 경영프로세스
2. 공업생산은 "불규칙성과의 싸움/극소화"
3. 주관적 판단이 아니라, 사실과 데이터를 토대로 판단하는 "과학적 품질관리"를 수행한다.

〈그림 5.5〉 오늘날의 품질관리 개념

오늘날의 품질관리에는 다양한 개념들이 토대가 되어 있으며, 그 중에서 기본이 되는 개념을 종합 정리하면 그림 5.5와 같은 요점들을 열거할 수 있다.

첫째, 좋은 품질(결과)은 좋은 프로세스로부터 만들어진다라는 개념이 중요하다. 기존의 품질관리에서는 결과중시형 개념(생산한 제품을 검사하여 좋은 제품만을 출하한다는 개념)이 주류를 이루었다. 한편, 오늘날의 품질관리에서는 "좋은 품질의 결과를 만들어낼 수 있는 프로세스로 개선해 간다"라는 프로세스 중시형 개념을 토대로 하고 있다.

생산된 제품, 즉, 불량[3]이 포함되어 있을지도 모르는 제품을 검사 • 선별하여 품질을 보증하는 것이 아니라, "불량 자체를 만들지 않는 프로세스로 개선해 간다"라는 노력을 하는 것이다. 불량을 만들지 않는 프로세스는 불량이 발생하는 원인을 하나씩 추적하여 개선을 거듭함으로써 실현해 낼 수 있다.

이와같은 프로세스중시형 개념은 생산프로세스뿐만 아니라, "신제품개발프로세스"와 "업무프로세스" 그리고 "경영프로세스" 등으로 확대되고 있다. 이런 움직임은 전사적 및 종합적 품질관리의 개념을 토대로, 제품 자체의 품질 뿐만 아니라 제품을 만들어내는 경영체질과 경영품질의 강화로 이어지고 있다.

---

3 "불량"을 나타내는 낱말로서, 품질관리 분야에서는 "부적합"이라는 용어를 사용하며, 이 책에서는 이해하기 쉽도록 일반적인 "불량"이라는 용어를 사용한다.

두번째 요점으로서, 불규칙성과의 싸움 또는 극소화에 대하여 설명하고자 한다. 과거에는 품질을 생각하는 경우, "수준"에 집착하여 "불규칙성"에 대해서 주목하지 못하였다. 그러나, 대량생산하는 제품의 경우에는 반드시 어떤 형태로든 불규칙성이 발생한다. 공업제품의 품질은 이러한 불규칙성을 극소화하는 것에 의미가 있으며 중요시된다. 따라서, 불규칙성을 극소화하는 것을 목표로 하여, 불규칙성이 발생하는 원인을 추적하고 개선하는 "불규칙성과의 싸움"을 철저하게 수행함으로써, 일본의 공업제품에 대한 신뢰도를 높일 수 있었다.

세번째 요점으로서, 사실과 데이터를 토대로 과학적 품질관리가 중요하다는 점을 살펴보자. 오늘날의 품질관리는 사실과 데이터를 토대로 하는 논리적인 품질관리이다. 품질관리에서는 최종적으로는 사람이 관여하여 판단하거나 처리한다. 그러나, 사람의 "감" 또는 "경험"에만 의존하면 객관성과 타당성이 결여된 판단과 처리가 되어버린다. 따라서, 객관적이고 납득할 수 있는 판단과 처리를 수행하기 위하여, 사실과 데이터를 중시하고 있다.

5.3.3 품질의 분류

품질에 대한 정의와 품질의 분류에 관해서는 몇가지 개념들이 있지만, 대표적인 분류로서 "설계품질"과 "제조품질"이 있다(5.6절 참조). 품질관리는 이러한 2가지 품질을 제품에 적절하게 유지하기 위한 체계적이고 조직적인 활동이다.

설계품질이란 연구 • 개발 부서에서 검토하고 구체화하여 결정한 신제품의 구성 및 성능 등에 관한 사양이다. 설계품질을 "목표품질"이라고도 부르며, 대량생산으로 재현할 기준이 되는 품질이다. 제조품질이란 설계품질을 재현하여 공장에서 대량생산한 제품의 품질이다. 제조품질은 설계품질과 일치하는 것이 바람직하며 "적합품질"이라고도 부른다. 제조품질은 불규칙성을 갖고 있으며, 불규칙성을 최소화하여 허용범위내에서 관리하는 것이 중요하다.

- 설계품질(목표품질)
  - 연구개발 및 기술개발 단계에서 규정한 품질
  - 시제품에서 실현해 본 품질
  - 기준이 되는 품질
  - 주관부서 : 제품기획, 연구개발, 기술개발
- 제조품질(적합품질)
  - 대량생산(공업생산)한 제품의 품질
  - 설계품질을 공장에서 재현한 품질
  - 허용범위 내에서 불규칙성을 갖는 품질
  - 주관부서 : 공장

〈그림 5.6〉 품질의 분류(설계품질과 제조품질)

5.3.4 품질관리에 관한 데이터

그림 5.7에 나타낸 바와 같이, 설계품질은 신제품개발프로세스에 의해서, 그리고, 제조품질은 생산프로세스와 공정에 대한 관리와 개선프로세스를 거쳐서 제품에 형성된다. 이러한 프로세스들의 내부에는, 시장이나 사람들의 니즈에 관련된 조사데이터, 정보/기술/개발에 관한 실험 및 평가 데이터, 최적의 제조조건설계 및 관리에 관한 데이터 등, 다양한 데이터와 정보들이 존재한다. 이러한 데이터와 정보들을 어떻게 파악하고 활용할 것인가가 중요하며, 품질관리 분야에서는 다량의 데이터와 정보가 필요하여 실제로 활용되고 있다.

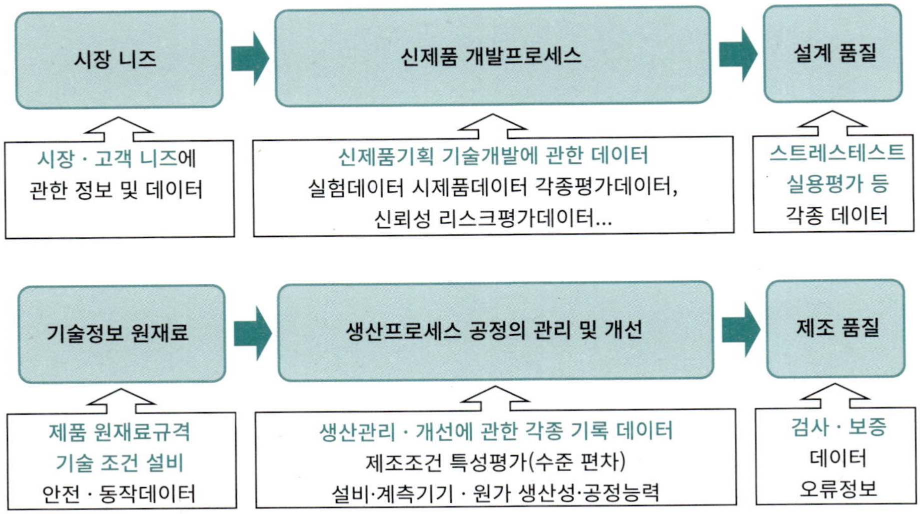

〈그림 5.7〉 품질관리에서 활용되는 다양한 데이터와 정보

그림 5.8은 품질관리에서 다루는 데이터에 대한 분류(수치데이터, 언어데이터, 기타 데이터)를 나타내고 있다. 이러한 데이터를 구사하여 필요한 지식과 정보를 추출해서 판단 및 실행하는 것이 데이터 활용의 목적이다.

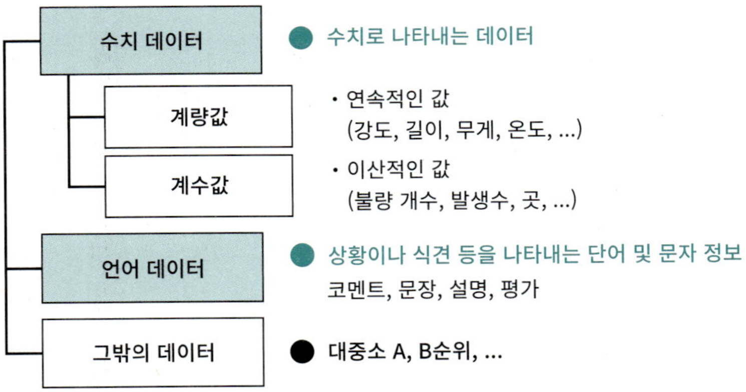

〈그림 5.8〉 품질관리에서의 데이터

이 때, 기본이 되는 것이 수치로 나타내는 "수치 데이터"이다. 수치 데이터에는 세기정도와 촌법 등과 같은 연속적인 숫자값으로 나타내는 "계량값"과, 개수와 불량수 등과 같은 이산적인 숫자값으로 나타내는 "계수값" 등과 같은 2가지 종류가 있다.

앞서 설명한 바와같이, 오늘날의 품질관리는 통계적 품질관리이다. 수치 데이터를 파악하여 목적에 맞는 다양한 통계적 해석기법들을 적용한다.

한편, 품질관리에서는 숫자값이 아닌 상황이나 식견 등을 나타내는 용어 및 문자 정보도 활용한다. 이를 "언어 데이터"라고 부른다. 품질관리실무는 복잡하며 정보와 식견은 수치데이터화되어 있지 않은 경우도 많다. 또한, 최종적으로는 수치 데이터로 파악하는 경우에도, "어떤 데이터를 수집하면 좋은지" 등을 검토하여 명확하게 하려는 경우도 있다. 이와같은 상황인식과 문제정리 등에 관여하는 경우에, 용어 및 문자정보를 수집하고 관리하여 가능한한 객관적으로 다루어서 필요한 정보와 식견을 추출하려는 것이 언어 데이터에 대한 개념이다.

기타 데이터로서, 순위 또는 랭킹 등이 있다. 구분하거나 계층분류함으로써 정보를 정리하거나 가중치를 부여하는 등, 다양하게 활용된다.

5.3.5 데이터활용을 위한 기법: 수치데이터의 활용기법

수치데이터를 시각화하여 판단 및 실행을 지원하기 위한 대표적인 기법이 7가지 QC 도구이다. 7가지 QC도구는 품질관리 분야에서 가장 범용적으로 활용하고 있는 기법이다. 히스토그램이나 산포도 등과 같은 데이터 분석을 위한 기본적인 기법들도 7가지 QC도구에 포함되어 있다. 7가지 QC도구에는 실천적이고 중요한 기법들이 포함되어 있으며, 현장에서 뿐만 아니라 실무에서도 널리 활용되고 있다. 또한, 특성요인도(fishbone diagram 또는 Ishikawa diagram이라고도 부름)는 언어데이터를 다루는 기법으로서, 활용하기 편리하여 7가지 QC도구에 포함되어 있다.

수치데이터에 대해서, 검정・추정 및 실험계획법, 상관분석, 품질공학, 다변량해석 등, 다양한 통계적 해석기법들이 적용되어 연구개발, 생산, 관리 등의 분야에서 활용되고 있다(그림 5.9 참조).

1. 시각화 기법: 7가지 QC도구(Q7)

① 체크 시트(Check Sheet)

② 그래프(Graph)

③ 파레토 다이어그램(Pareto Diagram)

④ 히스토그램(Histogram)

⑤ 관리도(Control Chart)

⑥ 산포도(Scatter Diagram)

⑦ 특성요인도(Fishbone Diagram)

2. 통계적 해석기법

① 검정・추정

② 상관분석

③ 실험계획법

④ 신뢰성공학

⑤ 품질공학

⑥ 다변량해석 등

〈그림 5.9〉 수치데이터의 활용기법

(1) 체크 시트(Check Sheet)

데이터를 수집하기 위하여 체크할 항목들과 데이터를 기록하기 위해서 필요한 컬럼 등, 필요사항들을 미리 기입해 놓은 용지(양식). 표형식(그림 5.10) 또는 도면형식 등, 데이터 수집 목적에 맞추어서 작성하여 사용한다.

제품명	제품 ○○#△△		항목	외관품질검사 불합격품		기록자	○○○
						집계일	○년○월○일
제조·검사일	10/1	10/2	10/3	10/4	10/5	합계	특기사항
변형	///	𝍸 //	///	𝍸	𝍸	23	
깨짐				𝍸𝍸 𝍸/		16	·····
흠집	𝍸 𝍸 𝍸 𝍸 ///	𝍸 𝍸 𝍸 ///	𝍸 𝍸 𝍸 𝍸 ///	𝍸𝍸 𝍸 𝍸𝍸 ///	𝍸𝍸 𝍸𝍸	112	
이물질	//	///	///	//		10	
결여				𝍸		5	
누수	/	//	/	///	//	9	
기타	//	//	///	///	//	12	
합계	31	33	34	60	29	187	코멘트 : ······· ·········
특기사항				····			

〈그림 5.10〉 체크 시트

(2)그래프(Graph)

널리 사용되고 있는 꺾은선 그래프, 막대그래프, 파이그래프, 등과 같이 다양한 형태로 수치데이터를 시각화하기 위한 기본 도구로서 7가지 QC도구에 포함된다.

(3)파레토 다이어그램(Pareto Diagram)

항목들을 구분하기 위해 계층화하여 출현빈도 또는 건수의 크기 순으로 정렬한 후에 다시 누적비율을 표시한 도면이다(그림 5.11). 예를 들어, “불량이 많다”라는 문제점이 발생했을 때, “흠집, 변형, 깨짐, 이물질, 누수, 결여, …” 등과 같은 불량 내용을 구분하여 계층화하고 수치가 큰 순서로 정렬한다. 상위2~3개 항목들이 전체의 절반을 차지하는 경우가 많으며, 우선적으로 대처할 대상이 명확하게 된다. 파레토 다이어그램은 품질관리 분야에서 “중점 지향”이라는 개념을 실천하기 위한 기법이다.

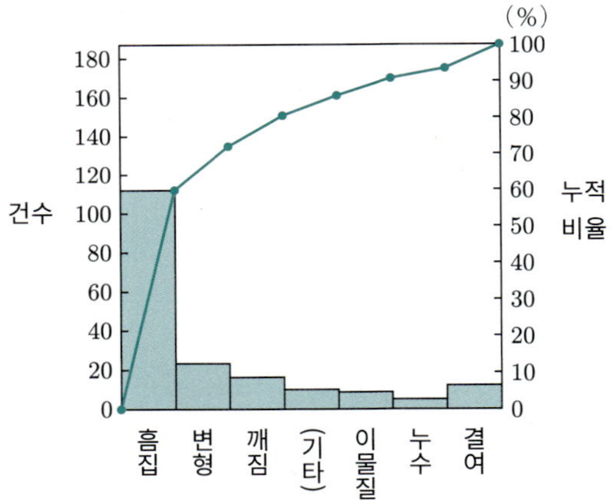

〈그림 5.11〉 파레토 다이어그램

(4) 히스토그램(Histogram)

측정된 데이터의 중심과 흩어진 모양새를 시각적으로 나타내기 위한 기법으로서, 관리된 상태로 생산된 제품에 대한 데이터는 일반적으로 정규분포 형태를 갖는다. 히스토그램을 작성함으로써, 종 모양의 정규분포 형태를 시각적으로 확인할 수 있다. 히스토그램에 관한 내용은 2.1절의 설명을 참고하기 바란다.

(5) 관리도(Control Chart)

공정이 안정화되어 있어서 그 상태를 계속 유지하면 좋을지, 아니면 안정상태가 아니라서 원인을 조사해서 조치를 위할 필요가 있는 상태인지 여부를 통계적으로 판단하기 위한 기법이다. 관리도는 꺾은선그래프 위에, 일상 상태의 공정에서 흩어진 범위의 한계를 표준편차의 3배로 설정한 "관리한계"(UCL, LCL)를 표시한 형태로 구성된다. 다양한 종류의 관리도가 사용되고 있으며, 대표적으로는 계량값을 다루는 관리도가 많이 사용되고 있다(그림 5.12).

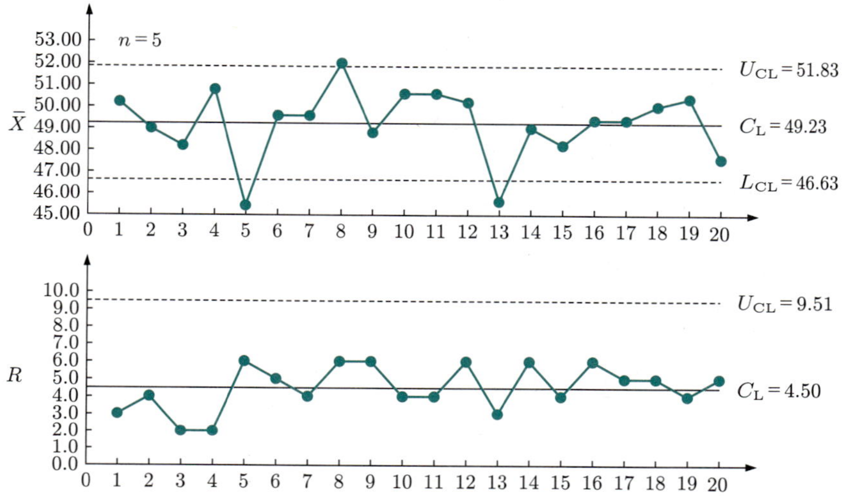

〈그림 5.12〉 $\bar{X}-R$ 관리도

(6) 산포도(Scatter Diagram)

2가지 특성들 사이의 관계성을 조사하기 위한 기법이다. 그래프의 세로축과 가로축에 각각의 특성들을 설정하고, 데이터를 점으로 표시하여 만든다. 그래프 위의 점들이 모여있는 모양새와 기울기 등을 살펴서 2가지 특성들 사이에 관계(상관)가 있는지 여부를 조사할 수 있다.

(7) 특성요인도(Fishbone Diagram)

어떤 특성(결과)에 대해서 영향을 주는 요인은 다수 존재하며, 이러한 요인들을 빠짐없이 정리하여 시각적(물고기의 뼈대 구조 형태)으로 나타내는 기법이다(그림 5.13). 특성(결과)와 요인 사이의 관계에 대한 전체모습을 수월하게 파악할 수 있으며, 요인들 중에서 어디에 원인이 있고, 어디부터 대책을 시행하면 좋을지를 검토하기 편리하게 된다. 관계자들이 모여서 각자의 의견과 생각을 모아가는 방법으로 진행하면, 여러 사람들의 아이디어를 모아서 집약할 수 있게 된다.

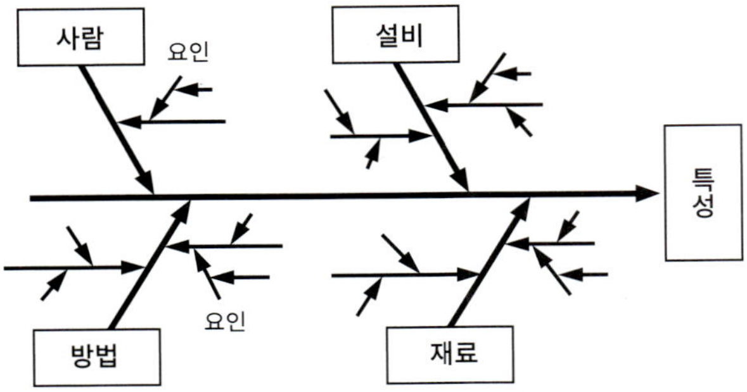

〈그림 5.13〉 특성요인도

5.3.6 데이터 활용을 위한 기법 : 언어데이터 활용기법

언어 또는 문자 정보를 정리하여 시각화하는 방법으로서, 새로운 7가지 QC도구가 있다. 막연한 상황 또는 인식상태에서, 카드 기입, 순서 변경, 집약, 관계설정, 계층화 등을 수행하여, 정보와 식견을 가공함으로써 상황을 정리하고 새로운 착안점이나 발상을 획득하거나 발견할 수도 있다(그림 5.14).

정리 • 시각화를 위한 "새로운 7가지 QC도구"

(1) 친화도법

(2) 관련도법

(3) 계통도법

(4) 매트릭스도법

(5) Arrow Diagram 작성법

(6) PDPC법

(7) 매트릭스 데이터해석법(수치데이터)

상황인식 및 문제해결을 지원하는 식견을 취득

- 수치화되어 있지 않은 정보들 속에서 식견을 추출한다.
- 수치데이터화하기 위한 착안점을 획득한다.

〈그림 5.14〉 언어데이터의 활용기법(새로운 7가지 QC도구)

새로운 7가지 QC도구는, 언어정보 및 사고방식 등을 도면 작성을 통해서 가공하고 정리 및 검토해가는 방법이다. 여기에서는 친화도법, 관련도법, 계통도법에 대해서 살펴보도록 한다. 특히, 이러한 3가지 기법들 외에 매트릭스 데이터해석법은 수치데이터를 다룬다.

(1) 친화도 작성법

브레인스토밍에 의해 자유롭게 개진되는 의견을 정리하거나 혼돈상태를 정리하려는 경우에, 내용의 친화성(공통성 • 유사성 • 관계성)을 기반으로 그룹핑(카드 모으기)을 하면서 종합정리해가는 기법이다. 카드에 기입한 각종 의견들을 여러장씩 그룹핑한 후에, 각 그룹의 내용을 대표하는 카드(친화 카드)를 작성하면서 종합정리해 간다. 친화도법의 기원은, 동경공업대학교 명예교수이며 문화인류학자인 카와키타 지로 교수가 창안한 KJ법이다(그림 5.15).

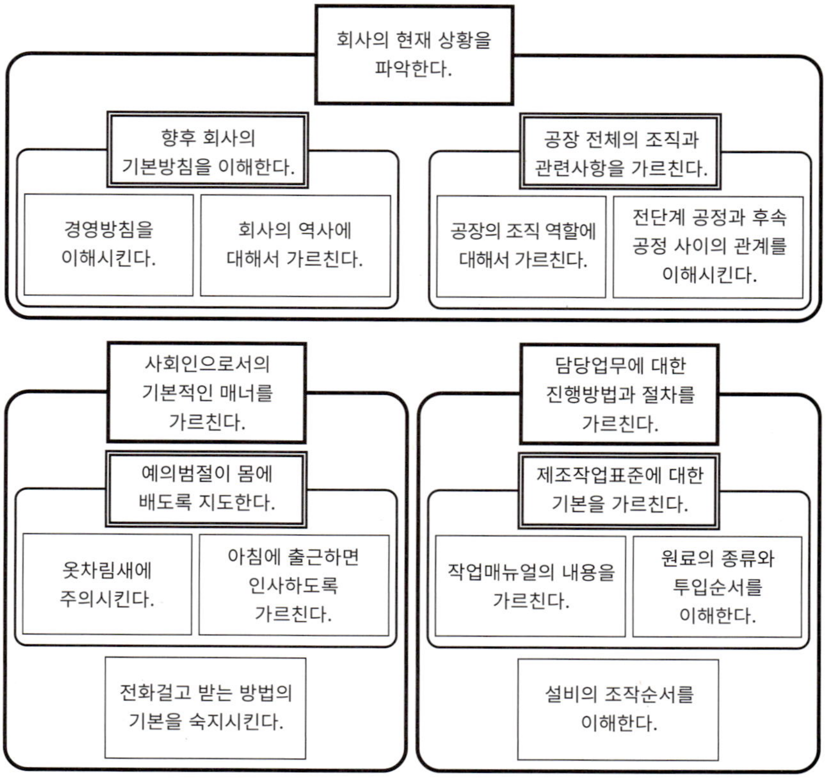

〈그림 5.15〉 친화도법(사례 : 부분발췌)

(2)관련도 작성법

해결 대상 문제에 대해서, 문제 자체와 요인들 사이의 관계를 도면 작성으로 연결시켜서 복잡하게 얽혀있는 관계성을 정리하고 원인을 파악하기 위한 기법이다. 우선, 대상 문제를 중심부에 작성하고, 그 주변에 직접적으로 관련있다고 생각되는 요인들(1차요인)을 기입한다. 이어서 1차요인을 발생시킨 요인(2차요인)으로 화살표를 연결시키면서 작성해 가는 방식으로 관계성을 나타낸다(그림 5.16).

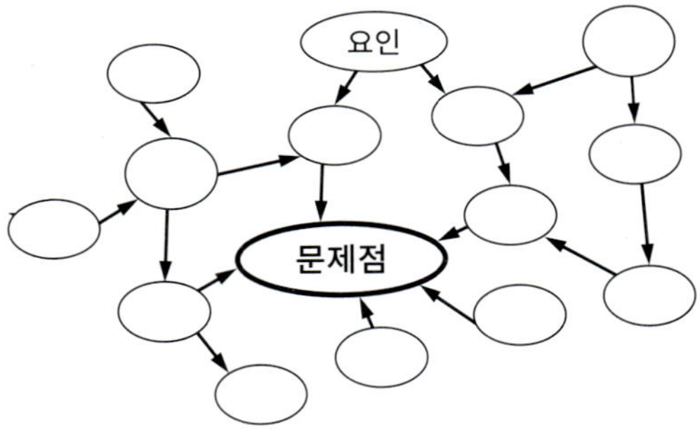

〈그림 5.16〉 관련도법

(3)계통도 작성법

달성해야하는 목표에 대한 방책 또는 대책, 그리고 문제에 대한 원인들을 여러 계층으로 나타냄으로써, 누락이나 중복없이, 생각할 수 있는 대책들과 원인들의 후보에 대한 전체적인 모습을 명확하게 나타내는 기법이다. 계통도를 작성하게 되면, 1차전개, 2차전개 등과 같이 계층적으로 확장되어가는 계통 트리 구조의 특징을 갖는다.(그림 5.17).

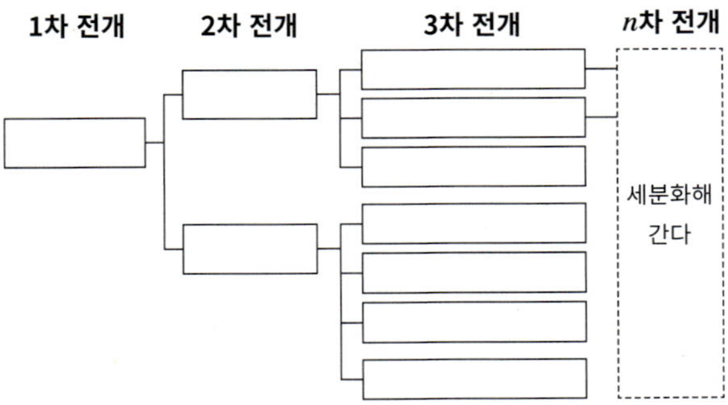

〈그림 5.17〉 계통도법

5.3.7 앞으로의 과제와 데이터사이언스

오늘날까지의 산업을 살펴보면, 사회의 진화 및 다양화, 제품의 고도화와 복잡화, 글로벌한 산업 구조로의 형태변화가 심화되면서, 예를 들어 아래와 같은, 보다 고도의 완성도 높은 품질관리와 제조가 요구되고 있다.

- 잠재적인 니즈를 뛰어넘는 아이디어를 기반으로 신제품개발
- 불규칙성의 최소화, 무결점, 모든 제품에 대한 총체적인 품질보증
- 감각적 품질 평가 • 관리기술의 개발, 제품 • 서비스에 대한 반영
- 실제적인 고장 및 경년 관련 데이터를 기반으로하는 신뢰성 예측 기술의 개발 및 고도화
- 인공지능(AI)에 의한 숙련기술 및 관리기술의 습득, 업무변혁
- 문제점이 발생하지 않고 생산성이 높은 생산 공정을 추구
- 네트워크 연결에 의한 여러 공장들 및 생산 단위들에 대한 동시 일원화 관리 및 최적화

오늘날의 품질관리분야에서 기초가 되는 것은 통계적 품질관리(SQC)이다. 일본에서는 SQC를 활용하여 우수한 품질을 실현해 왔으며, 복잡하고 비약적인 변화 속에서 뛰어나게 정교하고 치밀한 관리 및 방향성을 찾아내기 위한 체계가 필수화되어 왔다.

따라서, 시장이나 산업활동 속에 존재하는 막대한 데이터 및 정보를 이용하여 얻은 정보와 식견을 토대로하는 적확한 체계가 중요하며, 이는 데이터사이언스가 담당해야할 역할이다. 데이터사이언스의 기본 개념들과 사고방식, 그리고 기법들을 활용한 산업분야에 대한 공헌이 기대된다.

5.4

이미지 처리

5.4절에서는 이미지 처리분야에 대한 데이터사이언스 응용사례를 이해하기 위하여, 카메라로 촬영한 디지털 이미지가 어떻게 구성되어 있는지에 대해서 설명하고, 이어서 이미지 처리에 의해 구현되는 응용사례를 소개한다.

5.4.1 인간의 눈과 기계의 눈

요즘에는 기계의 눈에 해당하는 디지털 카메라를 사용하여 촬영한 이미지와 동영상을 처리 및 해석하는 이미지 처리 • 이미지 해석 기술을 기반으로하는 다양한 응용사례를 볼 수 있다. 과연, 디지털 이미지는 무엇일까? 이 물음에 대한 답을 구하기 위해서는, 우선 인간의 시각에 대해서 살펴보아야 한다. 그림 5.18과같이, 인간은 눈을 통해서 세계를 볼 수 있다. 눈 속에는 망막이라고 부르는 신경조직이 존재하고, 이러한 신경조직이 빛의 3원색(빨강색 • 녹색 • 파란색)의 강도에 반응하면서 빛의 양을 측정하여 시신경을 통해서 빛의 양을 뇌로 전달한다. 이때, 빛은 수정체라고 부르는 렌즈를 통과하여 눈의 내측에 있는 망막에 도달하기 때문에, 렌즈에 의해 투사되는 모습은 물리적으로는 상하좌우가 반전된 형태가 된다.

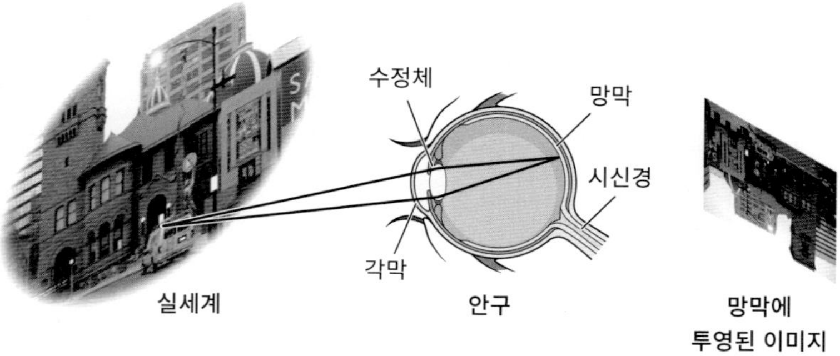

〈그림 5.18〉 인간의 눈 : 망막에 투영되는 모습

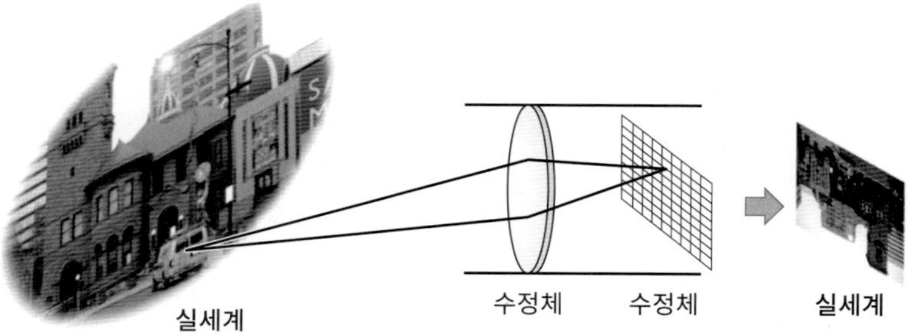

〈그림 5.19〉 기계의 눈 : 수광소자에 투영되는 모습

한편, 일반적인 디지털카메라의 경우에는 인간의 눈과 같은 원리를 모방하여, 렌즈를 사용한 구조로 되어 있다. 그림 5.19와 같이, 디지털카메라에서는 눈의 망막을 대신하여 CCD와 CMOS라고 부르는, 평면위에 규칙적으로 나열된 센서들에 의해 빛의 양을 측정한다. 이러한 센서를 수광소자(受光素子, light receiving element)라고 부르며, 여러 개의 수광소자들이 렌즈가 모아준 빛의 양을 계측하여 컴퓨터 내부로 이미지를 전송함으로써 기계의 눈 역할을 하는 것이다.

5.4.2 화소

한개 한개의 수광소자들로부터 수집된 밝기 정보는 컴퓨터 내부에 이미지 데이터로 저장된다. 그림 5.20에는 디지털이미지의 일부분을 확대한 모습을 보여주고 있다. 그림 5.20과 같이, 디지털 이미지는 규칙적으로 나열된 화소(畵素. pixel: picture element)라는 색칠된 타일들의 집합으로 구성되어 있으며, 디지털카메라에서 1개의 수광소자로 관측된 정보는 1개의 이미지 정보로서 저장된다. 카메라의 수광소자 개수가 적은 경우에는, 이미지를 표현하기 위해 이용할 수 있는 화수 수가 적어지기 때문에 그림 5.20의 확대된 그림중 오른쪽처럼 촬영대상물이 찌그러져서 세부적인 형상을 구분할 수 없게 된다. 한편, 수광소자가 많은 경우에는 그림 5.20의 확대된 그림 중 왼쪽처럼 이미지를 표현하는 화소 수가 늘어나므로, 촬영대상물을 보다 상세한 모습으로 파악할 수 있다. 이와같은 이미지를 구성하는 화소 수를 해상도(resolution)라고 부르며, 해상도가 높을 수록 촬영대상체를 보다 상세하게 분별할 수 있다.

〈그림 5.20〉 화소와 해상도

5.4.3 색표현

수광소자는 빛의 양을 측정하는 센서로서, 그대로 색을 구분하는 것은 불가능하다. 따라서, 일반적인 디지털카메라에서는 그림 5.21과 같이 빨강색 • 녹색 • 파란색(이후에는 RGB라고 부름)으로 구성되어 있는 컬러 필터가 수광소자 앞부분에 배치되어 있다. 빛은 이러한 컬러 필터를 통과하여 수광소자에 도달하기 때문에, 수광소자는 RGB의 수광량을 계측하게 된다. 이러한 방식으로 얻어진 이미지는 그림 5.21에서 볼 수 있듯이 모자이크 형태의 이미지가 되며, 일단 이러한 이미지로부터 RGB에 대응하는 화소 정보를 추출하여 화소의 값을 보간(interpolation)한 후에 각 화소의 색을 합성하여 컬러 이미지를 만들 수 있다.

〈그림 5.21〉컬러 이미지 촬영

이때, 색을 합성한다는 것은 어떤 의미일까? 인간의 눈 내부의 세포는 RGB 각각에 대한 빛의 양을 측정하는 세포로 구성되어 있으며, 인간은 이러한 세포들이 수신한 RGB의 밝기 비율에 의해 색을 감지하고 있다. 따라서, 인간이 감지할 수 있는 색은 기본적으로 빛의 삼원색인 RGB를 혼합한 형태로 되어 있다. 앞서 설명한 처리방식에 의해, 각 화소들은 3원색의 밝기 정보를 가지고 있으므로, 단순하게 RGB의 밝기를 혼합하여 재현함으로써 인간이 인지할 수 있는 대부분의 색을 표현할 수 있다.

5.4.4 이미지 데이터 처리

디지털 이미지는 그림 5.22와 같이 화소의 밝기를 숫자값으로 나열한 배열 형태로 컴퓨터에 저장된다. 앞서 설명한 바와 같이, 각 화소는 RGB의 3가지 밝기를 가지고 있으므로, 이러한 정보를 순서적으로 나열하여 저장한 것이 색 정보가 부가된 이미지 데이터가 된다. 이미지 처리에서는, 이렇게 화소에 저장된 밝기 관련 정보를 해석하여 다양한 형태로 응용할 수 있다. 예를 들면, 밝기와 색이 급격하게 변화하는 부분은 물체의 윤곽일 것이라고 추측하여 이미지 속 물체들의 윤곽선들을 찾을 수 있다.

1개 화소에 대한 정보

25	25	30	29	85	5	----	5
29	25	25	29	88	5	----	5
25	25	25	30	29	3	----	5
3	25	30	25	25	25	----	85
⋮	⋮	⋮	⋮	⋮	⋮	⋱	
5	3	5	5	29	25		88

〈그림 5.22〉 이미지 데이터 배열

5.4.5 인간의 시각 및 인지기능에 대한 모방과 응용

그림 5.23과 같이 디지털 이미지는 인간의 시각과 유사한 구조로 촬영되기 때문에, 카메라와 컴퓨터를 사용하여 인간의 능력과 거의 동일하게 다양한 일을 재현해 낼 수 있다고 알려져 있다. 이러한 이미지 해석에 의해 컴퓨터에게 다양한 기능을 구현시키는 기술을 컴퓨터비전(Computer Vision)이라고 부른다. 컴퓨터비전 연구분야에서는 인간이 뇌에서 정보를 학습하는 과정을 모방한 심층인공신경망(deep neural networks)에 관한 연구를 응용하여, 컴퓨터를 통해 다양한 물체

를 인식하고 있다. 또한, 이와 같이 뇌를 모방한 인공지능뿐만 아니라, 이미지 처리에 특화된 알고리즘을 개발함으로써, 인간을 능가하는 성능을 발휘하는 이미지처리기술도 많이 연구되어 실용화되고 있다.

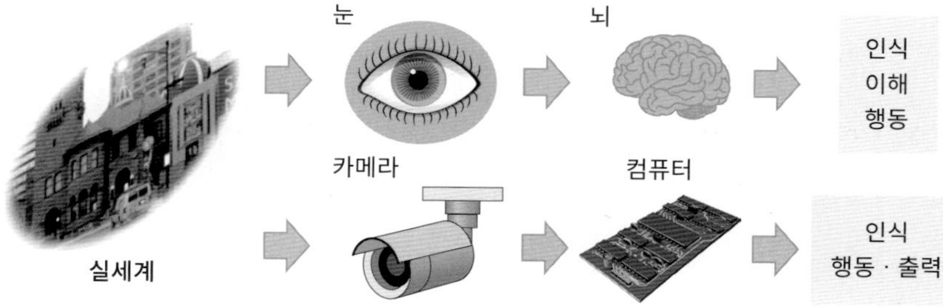

〈그림 5.23〉 인간의 시각 시스템과 컴퓨터에 의한 이미지 인식

컴퓨터비전 기술의 이점으로는, 작고 값싼 카메라센서를 통해 어디서든 손쉽게 촬영가능한 이미지들로부터 다양한 정보를 추출할 수 있다는 점이다. 예를 들면, 이미지로부터 다음과 같은 정보를 추출할 수 있다.

- 사람의 위치, 움직임, 시선, 사람 수, 연령, 표정, 감정
- 물체의 위치, 형태, 움직임, 개수, 물체의 종류, 질감
- 동영상 촬영장소, 형상, 조명조건, 기상조건

이밖에도, 인간이 인식할 수 있는 정보의 대부분은 이미지로부터 추출할 수 있을 것으로 예상된다. 또한, 이와같은 방법으로 추출한 정보를 사용하면, 아래와 같은 다양한 기능들을 구현해 낼 수 있다.

- 지문인식, 얼굴인식, 행동인식
- 측량, 계량, 3차원 경관 복원
- 자율주행, 첨단운전자보조시스템(ADAS)
- 의료용 이미지 진단, 생활지원, 감시, 요양보호

이미 컴퓨터비전을 이용하여 인간의 시각인식기능을 부분적으로 재현할 수 있는 수준에 이르고 있으나, 인간의 두뇌 속에서 처리되는 이해의 과정은 아직도 재현되고 있지 못한 상태이다. 따라서, 인식결과를 사용하여 실제로 응용하기 위해서는 "인간"에 의한 알고리즘개발이 반드시 필수적이다.

5.4.6 데이터사이언스와 이미지처리기술

현재, 스마트폰과 차량용 블랙박스, 그리고 방범카메라 등, 수많은 장소에 카메라가 설치되어 있다. 이러한 카메라기기를 사용하면 막대한 양의 이미지 및 동영상을 수월하게 수집할 수 있다. 또한, 일반 사용자들에 의해 촬영된 이미지들은 매일 인터넷에서 공유되어 거대한 이미지 데이터베이스가 구축되고 있다. 이와 같이 매일 축적되는 대량의 데이터를 빅데이터(big data)라고 부르며, 빅데이터를 해석하여 다양한 목적으로 사용할 수 있다.

그림 5.24와 같이, 이미지 및 동영상 관련 빅데이터를 분석하기 위해서는, 이미지와 동영상을 처리하고 정보를 추출하는 이미지해석이 필요하게 된다. 또한, 추출된 정보는 수치화됨으로써 분석가능하게 되며, 분석결과를 이해하기 쉽게 활용하려는 경우에도 이미지처리기술은 유용하다. 예를 들면, 이미지와 동영상을 사용하여 분석결과를 이해하기 쉽도록 가시화하는 이미지합성 기술을 활용함으로써, 전문가가 아닌 일반 사용자들도 활용 및 제공 가능한 데이터분석시스템을 구축할 수 있다.

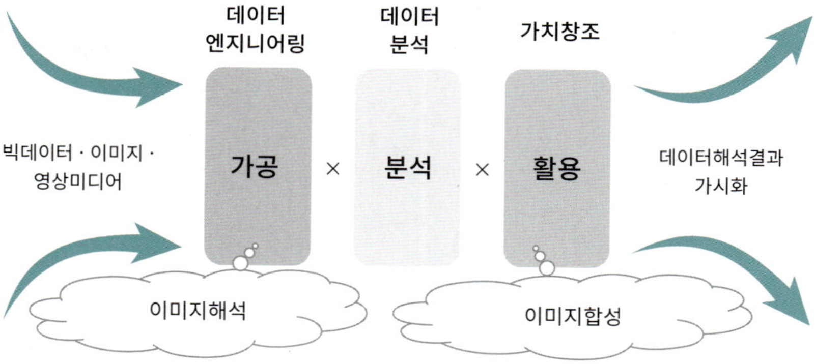

〈그림 5.24〉 데이터사이언스를 기반으로하는 이미지 처리기술의 활용

5.4.7 이미지 해석의 어려움

그림 5.19에서 살펴본 바와 같이, 이미지는 렌즈를 통해서 3차원 세계를 2차원 이미지센서로 촬영한 것으로서, 촬영과정을 통해 3차원 공간이 2차원 공간으로 투영(projection)된다. 이때, 카메라에서 물체까지의 거리에 해당하는 1차원 정보가 손실된다. 따라서 추가적인 정보없이 한 장의 이미지로부터 물체까지의 거리를 추정하는 것은 이론적으로 불가능하므로, 손실된 차원의 거리 정보를 한 장의 이미지로부터 복원시키는 작업은 본질적으로 매우 어려운 문제이다.

5.4.8 삼각측량법과 스테레오기법

인간은 특정한 조건이나 사전지식이 주어지면 주목하고 있는 사물까지의 거리를 추측할 수 있다. 이와 유사한 방식으로, 특정한 조건하에서 이미지해석을 사용하여 물체까지의 거리를 측정하는 것이 가능하다. 이와같은 방법의 한가지 예로서, 삼각측량법(triangulation)에 대해서 설명하기로 한다. 삼각측량은 그림 5.25와 같이 측정하려는 물체를 서로 다른 두 위치에서 바라보았을 때 형성되는 삼각형을 사용하여, 물체까지의 거리를 계산하는 측량방법이다. 인간의 눈은 양쪽 눈을 사용하여 삼각측량과 같은 방식에 의해, 바라보고 있는 물체까지의 거리를 추측할 수 있다.

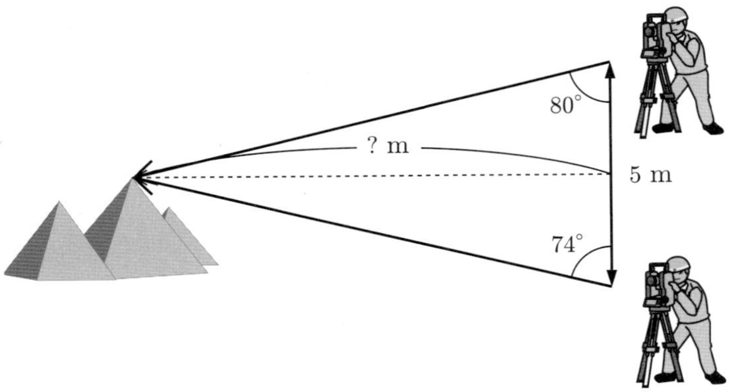

〈그림 5.25〉 삼각측량법에 의한 거리 계측

이러한 삼각측량법을 이미지해석에서 응용함으로써, 각 화소에 촬영된 물체까지의 거리를 추정할 수 있다. 그림 5.26의 왼쪽에서 볼 수 있듯이, 상대자세(relative pose)를 이미 알고 있는 2대의 카메라에 의해 동일한 물체가 촬영되었다고 가정하자. 이때, 삼각측량법을 사용하여 거리를 추정하기 위해서는, 2장의 이미지 위에 동일한 물체가 촬영된 화소를 찾아야 한다.. 이와 같이 한쪽 이미지의 화소에 대응하는 또다른 쪽 이미지의 화소를 대응점이라고 부른다. 만약 어떤 이미지 위의 많은 화소에 대해서 대응점을 찾아낼 수 있다면, 카메라와 촬영 대상체 사이의 거리를 나타내는 깊이영상(Depth Image. 그림 5.26의 오른쪽)을 만들어낼 수 있다. 이와 같이 두 이미지의 대응점에 삼각측량법을 사용하여 깊이영상을 추정하는 방법을 스테레오기법이라고 부른다.

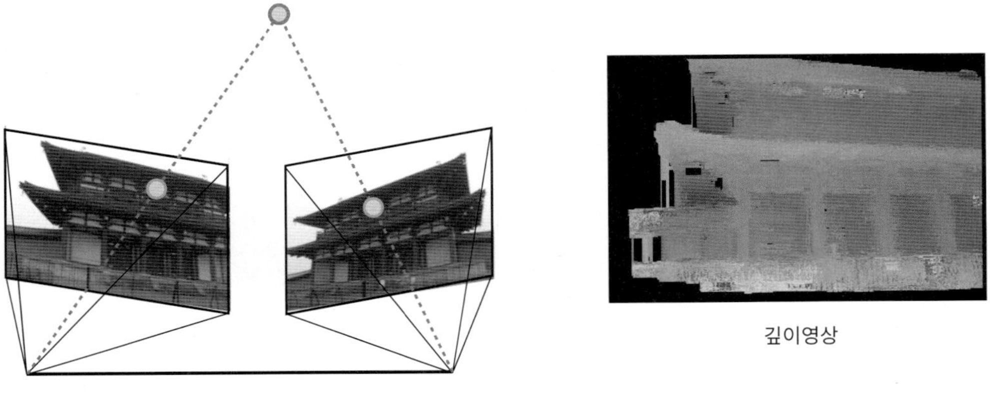

〈그림 5.26〉 2장의 이미지를 대상으로 스테레오기법을 사용한 깊이영상 추정

5.4.9 동영상으로부터 3차원복원

이동하면서 촬영한 동영상이나 이미지들을 해석하여 3차원 정보를 복원하는 기법을 SFM기법(Structure from Motion)이라고 부른다. 그림 5.27과 같이, SFM기법에서는 입력된 동영상 속에서 특징점(그림속의 x표시 부분)을 추출하여, 특징점들의 움직임을 해석함으로써 카메라의 움직임(그림 5.27의 오른쪽 사각뿔들)과 특징점의 3차원위치(그림 5.27의 오른쪽 점들)를 동시에 추정한다. SFM기법을 사용하면 영상만으로 카메라의 움직임을 알아낼 수 있기 때문에, 로봇이나 자동차의 자율주행분야에 적용되고 있다.

동영상해석에 의해 카메라의 움직임을 알 수 있게 되면, 스테레오기법을 사용하여 깊이영상을 생성할 수 있다. 그림 5.28의 예에서는, 건물주위를 촬영하여 카메라의 움직임을 추정하고(그림 5.28의 왼쪽 아래), 스테레오기법을 사용하여 입력 이미지에 대응하는 깊이영상을 동영상으로부터 추정하고 있다(그림 5.28의 오른쪽 위). 이와같은 방법으로 얻어진 깊이영상에 컬러 정보를 통합함으로써, 촬영된 건물을 3차원모델로 가상공간에서 재현할 수 있게 된다(그림 5.28의 오른쪽 아래).

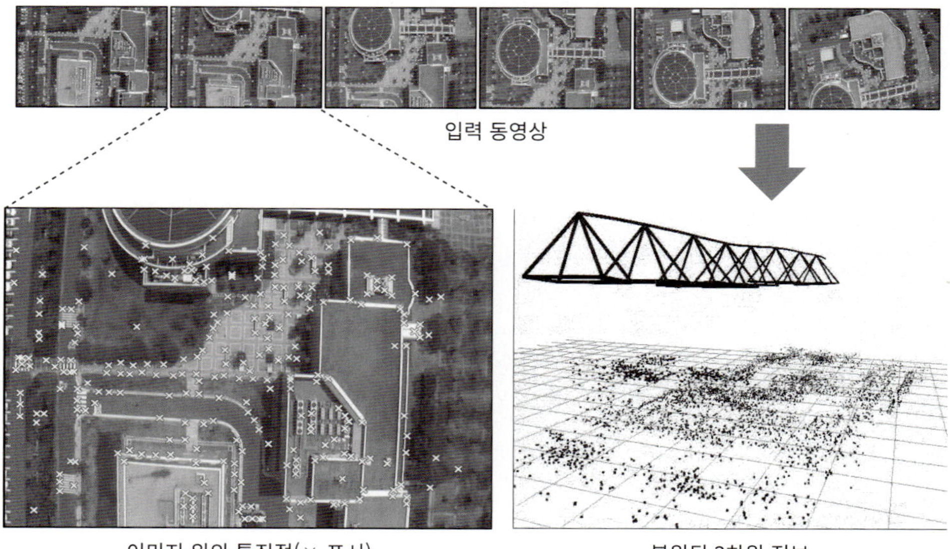

〈그림 5.27〉 움직임 정보로부터 3차원구조를 복원하는 예

〈그림 5.28〉 동영상으로부터 3차원모델의 구축

5.4.10 자유시점 이미지생성

이미지해석에 의해 얻어진 3차원정보를 활용한 응용사례로서, 자유시점 이미지생성에 대해서 소개하기로 한다. 자유시점 이미지생성이란, 원래는 촬영하지 않은 임의의 시점에서 바라본 영상을 합성하여 생성하는 방법으로서, 이렇게 생성된 이미지를 자유시점 이미지라고 부른다. 자유시점 이미지를 생성하기 위해서는, 일반적으로 장면을 촬영한 이미지들과 촬영했을 때의 카메라 위치 및 자세 등에 관한 정보가 필요하다. 이때, 카메라 위치 및 자세를 추정하기 위해서 SFM기법을 이용할 수 있다. 그림 5.29는 원래 직선 형태의 이동경로에서 촬영한 이미지로부터, 타원 형태의 이동경로로 움직이는 가상시점의 영상을 합성한 예이다. 이러한 기술을 사용하면, 예를 들어 원격지의 로봇을 조종할 때에 카메라가 설치되어 있지 않은 로봇 주변의 자유로운 시점에서 조종이 가능하게 되어 주변의 장애물을 발견하거나 피할 수 있게 된다. 또한, 자유시점 이미지 생성 기술은 가상현실 분야에서 실세계를 가상공간에 재현하기 위해서 이용되고 있다.

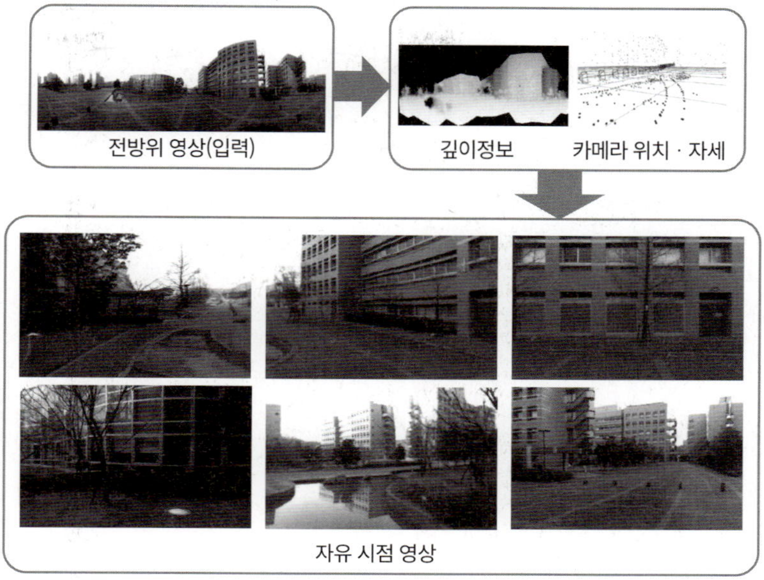

〈그림 5.29〉 자유시점 이미지 생성에 관한 예

5.4.11 데이터의 결손보완기법과 응용

이미지 데이터를 수집할 때, 카메라의 사각지대 또는 다른 물체에 가려져서 촬영대상물 전체를 관측할 수 없는 경우가 있다. 이때에 이미지복원기법을 사용하면, 관측할 수 없었던 부분에 대한 이미지정보를 고품위로 합성 • 보완할 수 있다. 그림 5.30의 예에서는, 영상속의 운동물체(사람)를 자동적으로 소거하고 배경이미지를 합성하여 스트리트 뷰 이미지의 프라이버시 문제를 해소하고 있다. 또한, 원래 촬영할 수 없는 파노라마 이미지 속의 사각부분(그림 5.30(a)의 아래부분)이 이미지복원에 의해 보완되어, 사각이 없는 전방위 파노라마 이미지로 합성되었다(그림 5.30(b)).

(a) 입력 영상의 1개 프레임 (b) 이미지 처리 결과

〈그림 5.30〉 이동물체의 자동소거와 데이터결손의 복원 사례

5.5

음성처리

5.5.1 음성데이터의 활용

우리들은 생활속에서 다른 사람들과 대화를 하고, 문이 열리는 소리에 고개를 돌려 바라보거나, 음악을 들으면서 감흥에 젖고, 가전제품의 신호음에 반응한다. 뿐만 아니라, 새소리, 파도소리, 바람소리, 전화통화 상대방의 목소리 등등, 다양한 음성으로 둘러쌓여있다. 이와 같이, 긴 세월에 걸쳐서 인간은 음성에 대하여 민감한 감각을 익혀왔다. 즉, 음성데이터에는 수많은 정보가 포함되어 있고, 이러한 데이터를 잘 처리하는 것이 인간의 생존에 필수불가결하다.

오늘날의 IT기술분야에서는 음성에 포함되어 있는 풍부한 정보를 올바르게 추출하기 위한 분석 및 인지에 관한 기술이 중요하다. 음성데이터처리기술과 적용사례에 대하여 표 5.3에 정리하였다.

〈표 5.3〉 다양한 음성데이터 활용기술

음성처리기술	적용사례
음성인식	음성으로 기계에게 명령하거나 메일을 작성
화자인식	누가 이야기하고 있는지를 식별
성문인증	목소리 인증방식으로 컴퓨터 및 스마트폰에 로그인
감정인식	화난 목소리, 즐거운 목소리 등을 판정
환경음 인식	유리가 깨지는 소리 등, 소리 이벤트를 인식
음성합성	스마트폰이 텍스트를 자연스러운 음성으로 낭독
소음조사	비행기, 공장 등의 소음 레벨 및 성질에 대한 조사
탐지 및 거리측정	어군탐지기, 차량용 센서
음악정보처리	자동선곡, 악기음분리, 악곡명추정, 자동작곡

5.5.2 음성데이터의 특징

음성데이터는 원상태 그대로는 공기속에서 전파되는 압력의 미세한 변동을 기록한 것에 불과하므로, 하나하나의 숫자값을 독립적으로 살펴보면 어떤 의미인지 알 수 없다. 이러한 특성이 일반적인 통계데이터와 다른 점이다. 따라서, 주파수 스펙트럼(frequency spectrum) 데이터로 변환하거나, 멜 필터(mel filter)를 적용하거나, 또는 정규화 처리를 하거나, 전후 시간에 대한 차분을 구하여, 원상태의 데이터에 감춰진 의미를 추출하기 수월하도록 할 필요가 있다.

또한, 음성데이터는 재현성이 낮다는 특징이 있다. 즉, 계측할때마다 값이 불규칙하게 되는 특징을 갖는다. 예를 들면, 유리가 깨지는 소리를 녹음했을 때, 동일한 실험조건하에서도 깨지는 소리의 파형은 매번 서로 다르게 된다. 사람들에게 "아"라는 발음을 시켜면, 발성자와 마이크 사이의 거리에 따라서 음성은 변형된다. 더우기, 발성자의 성별이나 연령에 따라서 "아"에 대한 발성은 서로 다르며, "아"의 직전 • 직후에 다른 음을 연결시켜서 발성한 경우에도 소리는 변형된다. 음성인식 및 환경음 인식을 수행하는 경우에는, 이러한 불규칙한 특성에 영향을 받지 않도록 모델링할 필요가 있다.

환경음과 사람음성을 인식하는 경우에, 시간방향의 연장 및 단축에 관한 문제가 존재한다. 예를 들면, "핸드폰"이라고 짧게 또는 "핸-드-폰"이라고 길게 발성하더라도 인식결과는 동일하게 "핸드폰"이 되어야 한다. 이런 점은 텍스트데이터와 정지화상데이터에서는 찾아볼 수 없는 특이한 특징이다.

5.5.3 음성데이터의 저장형식

음성데이터는 마이크로폰을 사용하여 수록될 때에는 공기의 압력을 전기신호로 변환한 아날로그 신호이다. 개인용컴퓨터와 스마트폰에서는 A/D변환기가 내장되어 있거나 별도로 장착된 기기를 사용하여 음성의 아날로그신호를 디지털신호로 변환한다.

그림 5.31은 음성의 아날로그 데이터를 실선으로 나타내고, 시간방향으로 미세하게 분할하였을 때에 대응하는 진폭을 빨간색 점으로 표시하고 있다. 이와같은 방법으로 시간의 흐름에 따라서 다수의 진폭값들, 즉, 디지털데이터를 구할 수 있다.

이러한 진폭값 수집은 매우 빠른 사이클로 수행된다. 예를 들어, 샘플링 주파수가 16000Hz인 경우에는 1초동안 1만6천개의 진폭에 관한 디지털데이터를 구할 수 있다. 따라서, 음성데이터는 짧은 시간이라도 대량의 데이터가 된다.

그림 5.31에서는, 가로축의 진폭은 가운데를 0, 위쪽 방향을 +값, 아래쪽 방향을 −값을 갖는 정수값으로 표현하고 있다. 이러한 정수값의 상한과 하한에 대해서는 2바이트를 사용하여 표현할 수 있다는 편리함때문에, 부호있는 16비트의 정수를 사용하는 경우가 많다. 이때의 상한값과 하한값은 각각 +32767과 −32768이 된다.

이러한 데이터를 시간방향으로 나열하여 저장한 것을 펄스코드변환데이터(PCM데이터. Pulse Code Modulation Data)라고 부른다. 양쪽음성(왼쪽음성과 오른쪽음성)으로 구성되는 스테레오 데이터의 경우에는, 양쪽의 PCM데이터를 번갈아서 나열한다. 단, PCM데이터만 주어지면, 몇 비트의 데이터인지, 샘플링주파수는 얼마인지, 스테레오 데이터인지 여부 등에 대해서, 데이터를 수신한 사람이 알 수 없으므로, 이런 정보를 선두에 붙인 wav형식의 파일로 저장하는 경우가 많다. 또한, 음성데이터의 특성상, 파일의 크기가 매우 커지기 쉬우므로 데이터를 압축한 mp3형식의 데이터로 저장하는 경우도 많다.

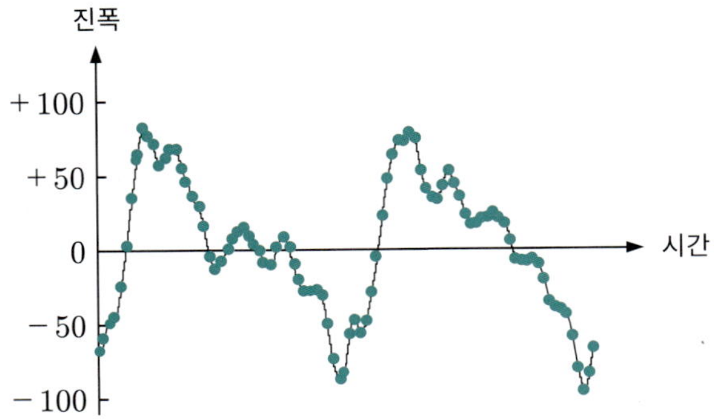

〈그림 5.31〉 음성의 진폭 데이터

5.5.4 음성데이터의 스펙트럼 표현

앞서 설명한 PCM데이터를 원본 그대로 살펴보아도 의미있는 성질을 찾아내기 어렵다. 1초동안에 진동하는 파동의 수를 주파수라고 부르며, 음성데이터는 여러 개의 주파수들의 음파로 구성되어 있다. PCM데이터를 각 주파수의 성분(주파수 스펙트럼)으로 분해하여 그림 5.32와 같은 스펙트로그램(Spectrogram)으로 표시할 수 있다.

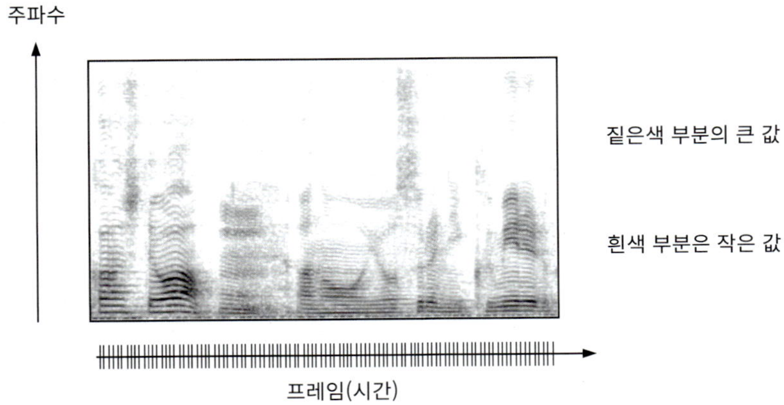

〈그림 5.32〉 스펙트로그램

스펙트로그램은 가로축과 세로축에 각각 시간과 주파수를 나타내고, 농도가 짙은 색 부분은 큰 음성파워, 농도가 옅은 색 부분은 작은 음성파워가 존재한다는 것을 나타낸다. 사람의 목소리를 스펙트로그램으로 나타내면("성문"이라고 부름), 사람의 목소리에 대한 특징을 표현할 수 있으므로 범죄수사 등에서 활용되고 있다.

PCM데이터는 그림 5.33과 같은 처리에 의해 변환된다.

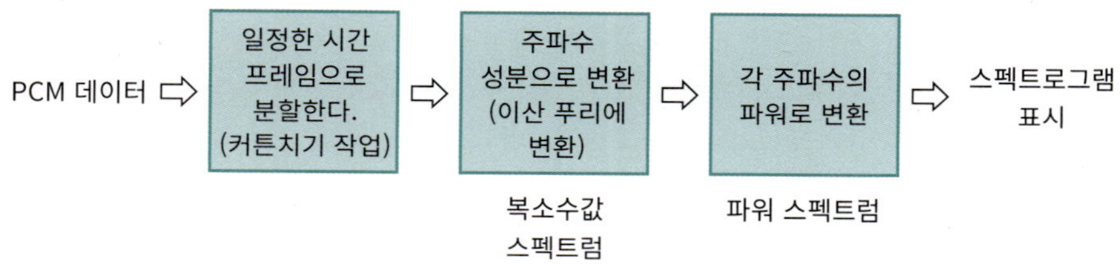

〈그림 5.33〉PCM데이터 처리

PCM데이터를 처리하기 위하여, 첫 단계에서는 시간축방향으로 PCM데이터를 추출한다. 예를 들면, 1초동안에 100회 단위로 데이터를 분할한다. 이러한 단위를 프레임(frame)이라고 부른다. 프레임 단위로 데이터를 추출할 때에는 일반적인 단순한 방법으로 추출하는 것이 아니라, 그림 5.34의 점선으로 나타낸 것과 같은 커튼치기 작업에 의해 수행된다.

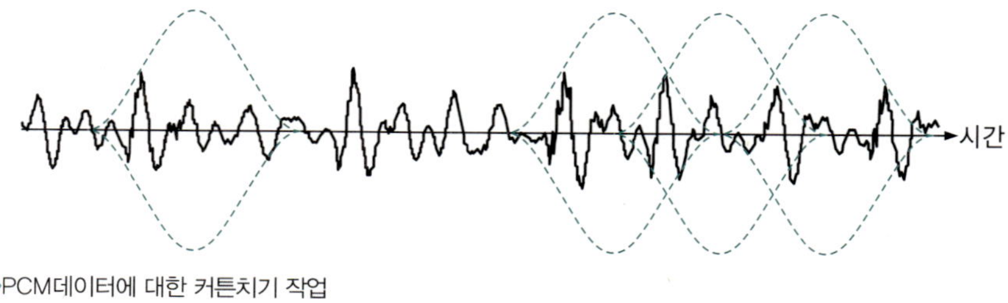

〈그림 5.34〉PCM데이터에 대한 커튼치기 작업

커튼치기 작업을 수행할 때에는, 창문의 높이는 PCM데이터의 진폭에 곱해져서 산출된다. 즉, 창문의 가운데 부근은 해당 프레임의 주된 데이터가 존재하므로 큰 규모로 추출하고, 창문의 구석부근에서는 작은 규모로 추출한다. 이와같은 창문의 폭은 프레임의 폭에 비해서 크게 되므로, 다음 프레임에서 산출되는 창문은 이전 프레임의 창문과 폭이 겹치는 형태로 설정된다.

커튼치기 작업에 의해 추출된 PCM데이터는, "이산 푸리에 변환(discrete Fourier transform, DFT)"에 의해, 주파수 스펙트럼으로 변환된다. 이산 푸리에 변환의 출력은 삼각함수 sin성분과 cos성분이 있으므로 복소수값에 대한 스펙트럼으로서 정의되며, 컴퓨터에서는 허수를 고려할 필요가 없으므로 단순하게 각 주파수마다 2가지 성분이 출력된다. 이러한 2가지 성분 각각에 대한 제곱값을 합계하여 파워 스펙트럼(Power Spectrum)이라고 부른다. 또한, 각 주파수마다 그리고 각 프레임마다 농도를 사용하여 그래프형태로 표시하여 스펙트로그램을 완성할 수 있다.

이때, "각 주파수마다"라는 표현을 사용했는데, 주파수방향의 해상도는 예를 들어, 256이다. 즉, 샘플링주파수가 음성처리에서 자주 사용되는 16,000Hz인 경우, 그 절반값인 8000Hz를 256으로 나눈 31.25Hz 폭으로 스펙트로그램의 세로축이 분할된다. 주파수방향에 대한 해상도는 이산 푸리에 변환의 크기에 의해 결정되므로, 고속화를 위해서 256 또는 128 등과 같은 2의 승수값으로 정하는 경우가 많다.

5.5.5 조화파구조와 스펙트럼 포락선

사람의 발성에 대한 스펙트로그램에서 볼 수 있는 특징으로서 흥미로운 점은, 주파수방향의 해상도를 올려서 관찰해보면 그림 5.35와 같이 주파수방향에 규칙적인 줄무늬가 발견된다는 점이다. 이것을 조화파구조라고 부른다.

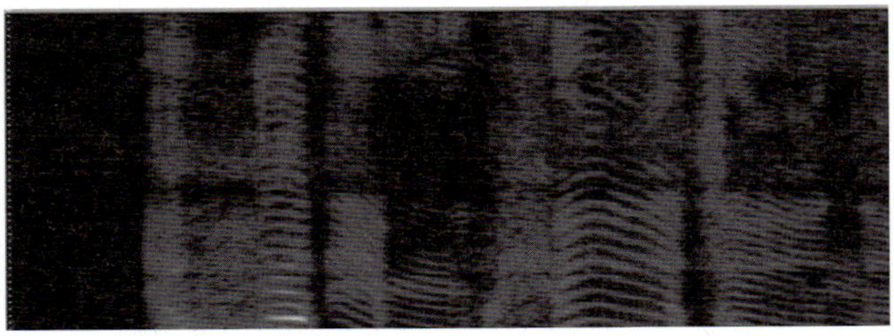

〈그림 5.35〉 스펙트로그램에서 발견되는 조화파구조

조화파구조(Harmonic Structure)는, 사람의 모음 발성에 악기의 "도레미파솔라시도"와 같이, 음의 높이가 존재하기 때문에 생성된다. 모음의 경우, 음성의 파워는 기본주파수와 이에 대한 정수배의 배음에 집중되어 있기 때문에, 음의 높이, 즉 기본주파수가 높은 발성일수록 배음까지의 간격이 넓어진다(= 줄무늬의 간격이 넓어진다).

그러나, 음석인식분야에서는 다수의 언어들이 이러한 조화파구조를 일부러 누락시키고 있다. 높은 소리로 발성한 "아"와 낮은 소리로 발성한 "아"는, 모두 같은 "아"로써 다루고 싶기 때문이라고 생각하면 이해하기 쉬울 것이다. 따라서, 필터뱅크(Filter Bank)라는 줄무늬 형태의 구조를 제거하는 필터를 사용하여, 스펙트럼의 외형만을 추출하는 작업을 수행한다. 이러한 스펙트럼의 외형을 스펙트럼 포락선(Spectrum Envelope)이라고 부른다.

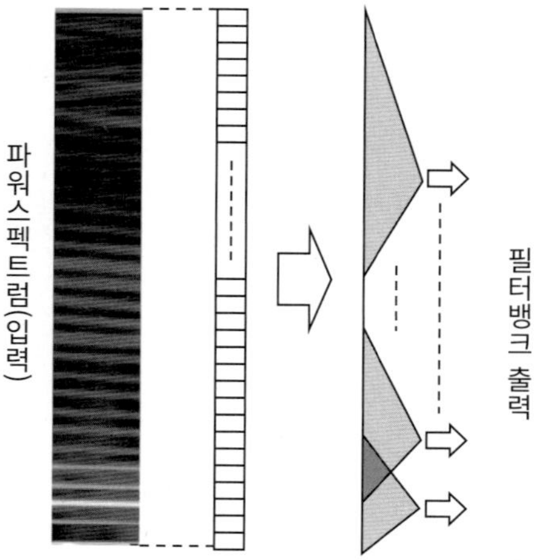

〈그림 5.36〉 필터뱅크 처리

필터뱅크 처리를 그림 5.36에 나타내고 있다. 각각의 필터는 삼각형으로 표현된 가중치를 가지고 있으며, 여러 개의 주파수대역의 파워(또는 이에 대한 제곱근)에 가중치를 부여하여 합산한 값을 해당 필터의 출력으로 한다. 이러한 작업에 의해, 예를 들어 256차원의 벡터형태였던 파워 스펙트럼이 24차원이라는 낮은 차원의 스펙트럼으로 변환된다.

가중치를 나타내는 삼각형의 아래쪽 변은, 높은 주파수 영역(그림 5.36의 윗 부분)에서는 넓고, 낮은 주파수 영역에서는 좁게 되어 있다. 이러한 간격을 인간의 청각특성에 맞춘 것을 멜 필터 뱅크(Mel Filter Bank)라고 부른다. 또한, 멜 필터 뱅크처리의 출력은 대수를 이용하여 변화의 범위를 압축하면 다루기 수월한 스펙트럼 포락선이 된다. 이를 대수 멜 스펙트럼이라고 부르며, 음성인식 모델의 입력(특징량)으로서 표준적으로 사용되고 있다. 이전에는 대수 멜 스펙트럼을 이산 코사인 변환으로 13차원 정도의 멜 켑스트럼(Mel Cepstrum)으로 변환하는 경우도 있지만, 뉴럴네트워크를 이용한 모델링이 주류를 이루게 되면서 거의 사용되지 않고 있다.

5.5.6 수록환경에 의한 음성왜곡의 보정

인간의 발성 등과 같은 음성데이터를 수록하는 경우에는 그림 5.37에서 살펴볼 수 있듯이 다양한 변형이 발생한다. 예를 들면, 주변 환경으로부터 발생하는 잡음 등이 이에 해당한다. 이러한 잡음은 수록 대상의 음성데이터에 섞여서 수록되므로, 가법성을 갖는 음성왜곡이라고 부른다. 한편, 음원으로부터 마이크까지 소리가 도달하는 과정에서 고음역이 감쇄되거나 마이크로폰 또는 앰프(증폭기)의 특성에 의해서 특정한 대역의 음성이 강조 또는 감쇄되는 경우가 있다. 이러한 변형은 상상하기 어렵겠지만 곱셈형태로 변형된다. 예를 들면, 앰프를 2배 증폭하는 것으로 설정한 경우에는, 수록되는 음성데이터는 처음부터 마지막까지 2배 증폭된 값을 갖게 된다. 이를 승법성의 음성왜곡이라고 부른다.

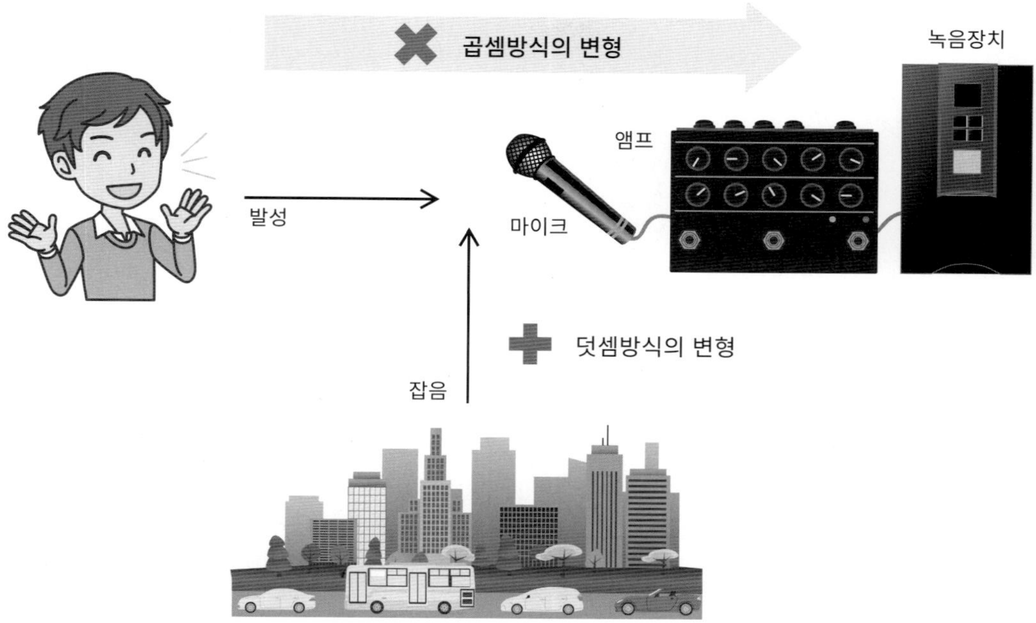

〈그림 5.37〉 수록음성의 변형

이와같은 왜곡을 제거하기 위해서는, 다른 일반적인 통계데이터의 정규화 기법과 유사하게, 평균값을 뺄셈처리하면 된다. 이러한 처리를 가법성 왜곡과 승법성 왜곡에 모두 순차적으로 적용한다.

가법성 왜곡을 제거하기 위해서는, 잡음파워의 평균값을 관측값의 파워스펙트럼에서 뺄셈처리하는 방법이 널리 사용되고 있다. 이러한 처리기법을 스펙트럼 서브트랙션이라고 부른다. 말하는 사람이 발성하지 않는 구간을 찾아내서 파워 스펙트럼의 시간방향 평균값을 구한다. 뺄셈처리는 각 주파수대역에서 수행한다는 점이 중요하다. 승법성을 갖는 왜곡을 제거하기 위해서는 평균값을 빼는 처리를 하면 된다. 단, 이러한 처리는 관측값의 대수를 구한 뒤에 수행하도록 한다. 앞의 예에서, 데이터의 값이 모두 2배가 되는 경우를 살펴보도록 하자. 대수를 구한 후의 데이터는 값이 모든 샘플에 더해지는 것처럼 보인다. 여기에서 모든 샘플의 평균값을 계산하여 그 값을 뺄셈처리한다. 보정한 후의 데이터 평균값은 0이 됨과 동시에 값은 사라지게 되는 것이다. 앞에서 대수 멜 스펙트럼을 소개하였으므로, 이것을 대상으로 처리를 수행하면 된다. 말하는 사람이 발성하고 있는 구간을 찾아내서 대수 멜 스펙트럼의 시간방향 평균값을 구하여, 각 주파수대역에 관측값의 대수 멤 스펙트럼에서 뺄셈처리를 수행한다.

이상에서 살펴보았듯이, 같은 음성을 수록하더라도 수록 환경 및 조건에 따라서 음성데이터는 변형되므로, 스펙트럼 포락선을 분석하는 경우에는 위와같은 보정작업을 사전에 실시하는 것이 중요하다.

5.5.7 음성데이터의 분석

사람의 음성에는 각 음소마다 특징적인 스텍트럼 포락선 형태가 있다. 그림 5.38은 "사피"(/s/ /a/ /p/ /i/)라는 발성에 대한 스펙트럼 포락선을 보여주고 있다. 세로축은 24단으로 구성되어 각각 멜 필터 뱅크의 출력에 대응하고 있다. 가로축은 프레임 단위의 시간을 나타낸다.

"아", "이", "우", "에", "오"와 같은 모음에서는, 대략적으로 3500Hz이하 대역에 2개의 파워 피크가 존재하며, 주파수가 낮은 쪽에서부터 제1포먼트(first formant), 제2포먼트(second formant)라고 부른다. 개인차가 존재하지만, 이러한 포먼트들의 주파수 축 위에서의 위치는 각 모음들마다 대략적으로 정해져 있으며, 높은 소리 또는 낮은 소리로 발성하더라도 같은 모음이라면 변하지 않는다. 그림 5.38과 같이 모음 /a/와 /i/는 포먼트의 주파수 축 위에서의 위치가 전혀 서로 다르게 되어 있음을 알 수 있다.

한편, 자음에 대해서는 포먼트가 관찰되지 않는다. 자음의 특징은 비교적 높은 주파수대역에 시간적인 변화로 나타난다. /s/는 숨이 마찰되는 소리이므로, 그림 5.38에서는 높은 주파수에 파워가 집중되어 있음을 알 수 있다. 또한, /p/는 짧은 무음 뒤에 숨이 파열되어 나오는 소리이므로, 파워가 시간방향으로 급격하게 커지는 모양새가 관찰된다. 이상에서와 같이, 스펙트럼 포락선, 즉, 스펙트럼의 외형을 살펴보면 어떤 음에 대응하는지 대략적으로 알 수 있다. 이러한 기법을 사용하여, 발생하고 있는 소리에 대한 정보를 추출할 수 있으며, 다양한 분석 및 응용 분야에 활용하고 있다.

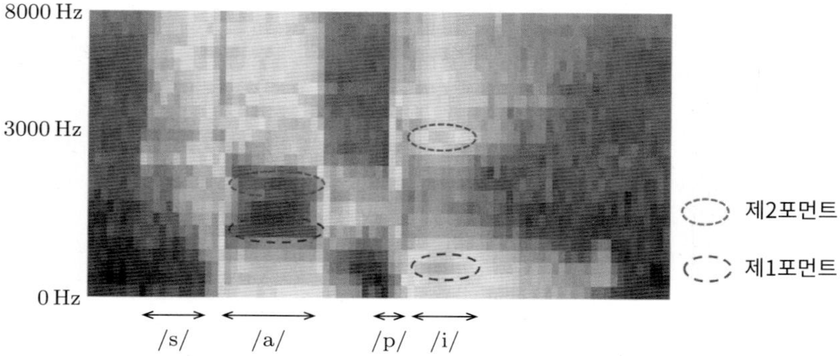

〈그림 5.38〉 필터뱅크 처리후의 스펙트로그램

5.6

의학

"근거기반 의학(EBM, Evidence-Based Medicine) "의 필요성이 인식되기 시작한 것은 비교적 최근이다. 이런 사실은 다소 의외적이라고 생각할 수도 있으나, 오늘날까지의 의료는 시행착오를 기반으로 강력한 근거없이 경험에 의존해 왔던 측면이 있다. "근거기반 의학"은 의료에 관련된 사항들을 데이터화하여 통계적 해석으로부터 적절한 치료를 선택하는 "데이터 통계해석을 기반으로 하는 의료"를 지향하고 있다. 또한, 그 배경으로서, 최근 급속하게 발전한 생물학, 특히 분자생물학 분야의 지식을 응용하는 "생물학 및 분자생물학 기반 의학" 분야도 중요시되고 있다.

5.6.1 데이터 통계해석 기반 의학

데이터 통계해석기반 의학의 대표적인 예는, 신약 임상시험이다. 신약 임상시험에서는 새롭게 개발된 치료약을 실제로 처방하기 전에, 여러 단계를 거쳐서 시험적으로 피시험자에게 투여하고 통계적으로 효과를 검증하는 작업을 수행한다.

신약 임상시험에서는, 우선 안전성 확보를 위하여 소수의 건강한 사람들을 피시험자로 지원선발하여 단계적으로 신약을 투여해서 독성 유무에 대한 시험과 적절한 투여량 조사를 수행한다(제1상 임상시험). 그 다음에는, 소수의 환자들을 피시험자로 하여 같은 방법으로 유효성과 안전성을 시험한다(제2상 임상시험). 마지막으로 제3상 임상시험에서는, 보다 많은 수의 환자들을 대상으로 투여함으로써 본격적인 시험을 수행한다. 이때 피시험자들을 2개 그룹으로 나누어서, 한쪽 그룹에는 치료약을, 다른 한쪽에는 효과가 없는 위약을 각각 피시험자들에게 알리지 않고 처방한다. 효과가 없는 위약을 처방받은 경우에도, 어느 정도 비율의 환자가 병세가 호전되는 위약효과가 나타난다고 알려져있다. 보통 이와같은 시험은 약을 투여하는 의사 자신도 자신이 처방한 약이 신약인지 위약인지 알지못하는 상태에서 수행된다(이중맹검법, double-blind trial). 이렇게 하는 이유는, 의사의 태도가 환자에게 영향을 주지 않도록 하기 위해서이다.

즉, 어떤 신약에 의해서 병이 치료된 경우가 있다는 것만으로는 유효하다고 인정되지 않는다. 신약에 의해서 치유된 환자의 비율이 위약에 의해 치유된 환자의 비율보다 높아야 하며, 동시에 높아진 비율이 우연이라고 생각하기 어려운 값(통계적으로 의미있는 값)에 도달하고 있는지를 증명할 수 있어야 한다. 또한, 이미 유사한 효과를 보이는 약이 승인되어 있는 경우에는, 위약을 대신해서 기존의 승인된 약을 사용하여 제3상 임상시험을 수행하는 경우도 있다. 이런 경우는 동일한 시험방법으로 신약이 기존 승인된 약을 능가하는 효과가 있음을 증명할 수 있어야 한다.

또한, 최근에는 관찰연구에 해당하지만, 체온 • 혈압 • 혈당치 등과 더불어서 유전자에 이르기까지 환자의 상태를 컴퓨터로 처리할 수 있는 전자의무기록이라고 부르는 데이터로 기록하여 통계적으로 처리함으로써 치료 효과를 추정하고, 이후의 치료계획을 수립하는 것이 일반화되고 있다. 이러한 방법의 기본적인 개념은 신약에 대한 임상시험과 비슷하다. 예를 들어, 어떤 환자들에 대해서 흡연이력 유무에 따라서 2개 그룹으로 나누어서, 그 이후의 경과를 기록하여 2개 그룹중에서 어느 한쪽 그룹의 예후가 통계적으로 유의미하게 나쁘다면, 흡연이 예후에 영향을 준다고 판단할 수 있다.

또는, 반대로, 예후가 나쁜 환자들과 그렇지 않은 환자들을 2개 그룹으로 나누어서, 과거에 어떤 검사 또는 치료를 받았는지 여부를 비교하여, 치료를 받았던 그룹의 예후가 유의미하게 양호하다면, 그 환자에게는 반드시 그 검사 또는 치료를 받도록 치료계획을 개선할 수 있다. 이러한 방법은 결과로부터 거슬러올라가서 원인을 찾아내므로, 후향적 분석(retrospective analysis)이라고 부른다. 후향적 분석은 환자들에 대한 다양한 데이터를 자동적으로 수집할 수 있는 생체 데이터 측정 기술의 발전과 대량 데이터(빅데이터)의 축적을 배경으로 하여 상당히 활발하게 발전하고 있다.

5.6.2 생물학 • 분자생물학 기반의 의학

현대생물학에서는 인간을 포함한 생물의 생명활동은, 생체를 구성하는 분자와 분자들 사이에 일어나는 화학반응의 집합체라고 주장하고 있다. 생물의 모양새와 행동은 유전자에 의해 어느 정도까지(전부는 아니지만) 결정된다. 유전자의 실체는 DNA(DeoxyriboNucleic Acid, 디옥시리보 핵산) 분자이며, DNA분자의 정보가 단백질 분자로 번역되어 단백질 분자가 세포를 구성하고, 생체 내의 화학반응을 조정함으로써 생명활동이 유지된다. 이와같은 생물의 분자적 기반은 20세기 중반부터 급속하게 해명되기 시작하여, 그 결과로부터 얻은 지식들이 의학분야에 적용되고 있다.

예를 들면, 많은 수의 질병이 유전정보의 변형(즉, DNA분자의 손상)에 기인하여 발생한다는 사실이 알려져있다. 이와같은 질병을 합리적으로 치료하기 위해서는 어떤 유전자가 질병의 원인이며, 유전정보의 변이가 어떤 메커니즘으로 질병을 일으키는지를 밝히는 것이 지름길이다. 미지의 질병 유전자를 찾아내기 위해서는, 분자생물학과 통계학의 지식이 필요하다.

5.6.3 염색체로부터의 유전자 검색

어떤 생물이 가지고 있는 유전자 1세트를 게놈(genome)이라고 부른다. 게놈의 실체가 되는 DNA 분자는, 4종류의 염기(A, T, G, C)라고 부르는 소분자가 사슬 형태로 연결된 거대 분자이며, 염기의 배열방식(AGTCCGGTTT … 등과 같이 나타낸다)에 의해 유전정보가 코드화(암호화)되어 있다(그림 5.39).

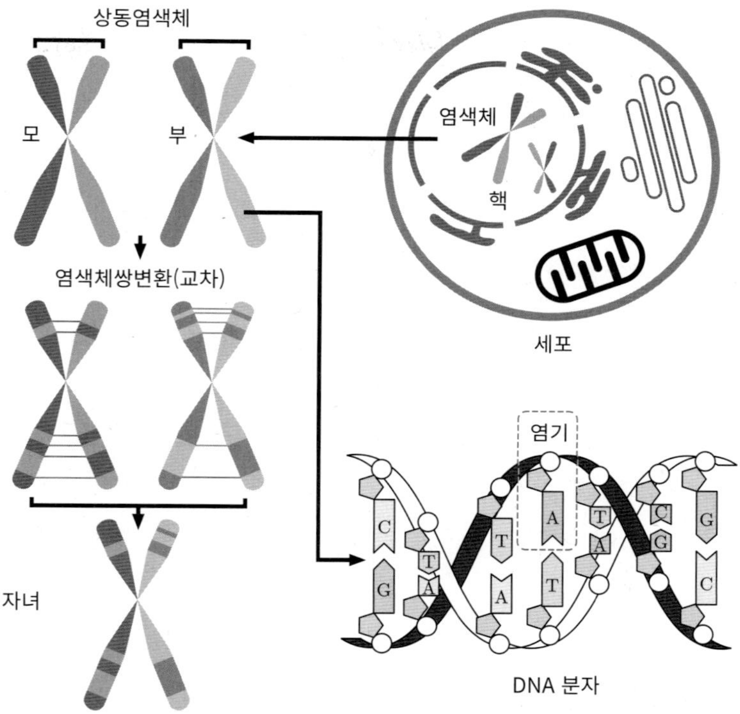

〈그림 5.39〉 유전자와 유전의 기초. (오른쪽) 유전자는 세포의 핵 내부에 있는 DNA분자에 염기(A, T, G, C)의 배열로서 코드화되어 있다. 인간의 염기배열은 약30억문자 분량으로서, 그 중에서 연속된 문자열이 각각의 유전자를 코드화하고 있다. (왼쪽) 유전자가 부모로부터 자녀에게 상속될때, DNA분자의 응집체인 염색체의 조합변경(염색체 교차. Chromosomal crossover라고 부름)에 의해 유전자가 혼합된다.

염색체는 세포분열이나 생식세포를 형성하는 과정에서 관찰되며, DNA분자와 단백질분자가 응집된 것이다. 인간은 2세트의 게놈을 1쌍으로 가지고 있으며, 모든 인간은 아버지와 어머니로부터 각각 1개씩의 게놈을 물려받는다. 부모로부터 물려받은 게놈은 각각 상동염색체(2개의 1쌍. 크기와 모양이 같아 2개씩 쌍을 이루는 염색체로, 이 둘은 각각 부모로부터 하나씩 물려받은 것이다.) 관계를 갖는다. 부모로부터 자녀에게 물려주는 염색체가 생성되는 과정에서 상동염색체 사이에 염색체 쌍 변환(즉, 교차)이 일어난다. 이것은 각각의 부모(즉, 자녀의 입장에서 보면 조부모)로부터 물려받은 유전자를 혼합하는 것에 해당한다.

염색체 내부에서 특정한 기능을 갖는 염기 집합을 유전자(gene), 염색체에서 유전자가 존재하는 위치를 유전자 자리(gene locus)라고 부른다. 또한, 동일한 유전자 자리를 차지할 수 있는 서로 다른 유전자를, "서로 대립유전자 관계에 있다"라고 한다. 염색체 쌍 변환은 새로운 대립유전자의 조합을 만들어 낸다. 예를 들면, 그림 5.40의 A1과 A2, 또는 B1과 B2는 대립유전자 관계가 있다. 이들은 기본적으로 같은 기능을 가진 유전자이지만, 기능의 효율이 서로 다르거나 극단적인 경우에는 유전자가 파괴되어 불활성화되어 있는 등의 차이점이 있다. 염색체 쌍 변환에 의해 새로운 유전자 조합(유전자 형)이 만들어져서, 키, 눈동자 색깔, 또는 유전병 등의 성질(표현형)이 발현된다. 따라서, 모든 자녀들은 부모나 조부모와는 서로 다른 독자적인 게놈을 가지게 되고, 이러한 다양한 변종에 의해서 사람의 개성이 다르게 되는 것이다.

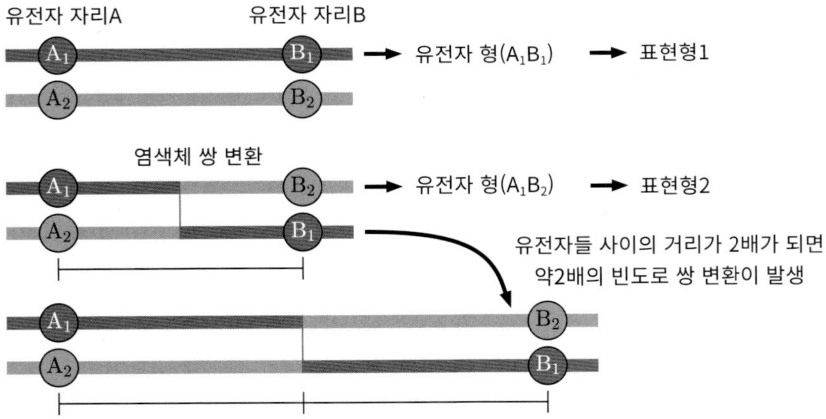

〈그림 5.40〉 유전자 자리와 유전자 형. 파란색과 핑크색으로 나타낸 염색체들 사이에 유전자 자리 A와 B의 중간부분에 염색체 쌍 변환이 일어나면, 대립유전자의 조합(유전자 형)이 변화되어 상이한 표현형이 나타난다.

사람은 2만개 이상의 유전자를 가지며, 각 유전자 자리에는 적어도 2개 이상의 대립유전자가 존재한다고 가정하면, 가능한 게놈의 변종은 개를 훨씬 넘게 된다. 또한, 부모로부터의 게놈(상동염색체)의 조합을 고려하면, 변종은 더욱 증가된다. 이것은(일란성쌍둥이 등을 제외하면), 지금까지 자신과 같은 게놈을 갖는 사람은 존재하지 않으며, 또한 미래에도 출현할 가능성의 거의 없다는 것을 의미한다.

동일염색체 위에 가깝게 존재하는 유전자는, 염색채 쌍 변환이 없는 경우에는 함께 묶여서 유전된다. 이것을 유전자 연쇄라고 부른다. 유전자들 사이의 거리가 멀어지면 확률적으로 보다 높은 빈도로 유전자들 사이의 쌍 변환이 발생하므로, 표현형의 변화에 의해서 검출되는 쌍 변환률에 따라서, 유전자 연쇄의 정도와 유전자들 사이의 거리를 추정할 수 있다. 예를 들면, 유전자들 사이의 거리가 2배인 경우에는 거의 2배의 빈도로 쌍 변환이 발생한다(그림 5.40). 이와같은 경우, 유전자들 사이의 거리는 유전자들 사이에 존재하는 염기의 개수로 계측할 수 있다. 유전자가 연쇄하고 있는지 여부, 또는, 연쇄하고 있는 경우에 어느 정도 떨어진 위치에 있는지 등을 조사하는 것을 연쇄해석이라고 부른다. 연쇄해석은 미지의 유전자 염색체 위의 위치를 측정하기 위해 이용할 수 있다.

연쇄해석에는 DNA 표지자(genetic marker)라고 부르는 유전자 자리를 이미 알고 있는 유전자가 필요하다(그림 5.40의 예에서는 유전자 자리A를 DNA 표지자로 한다). DNA 표지자와의 쌍 변환율로부터 유전 관련 질병과 관계있는 미지의 유전자의 위치(그림 5.40에서는 유전자 자리B)를, DNA 표지자를 기준으로하여 추정한다. 농작물이나 실험동물의 경우, 인위적으로 교배실험을 수행하여 쌍 변환율을 구할 수 있지만, 사람에 대해서는 이와같은 실험은 불가능하므로, 일반적으로는 가족의 유전형을 조사한다. 이러한 방법을 가계해석이라고 부른다.

그림 5.41은 가계해석의 예를 나타내고 있다. 그림 5.41은 가상의 가족에 대한 예로서, 원과 사각형은 각각 여성과 남성을 나타낸다. 또한, 빨간색으로 나타낸 사람은 원인유전자가 불명확한 유전자 질병이 발병된 상태이며, 파란색은 발병되지 않은 상태를 의미한다. 이때, DNA 표지자 역할을 하는 유전자 자리A에 주목하여 대립유전자의 형(A1 ~ A6)를 조사해 보면, 대립유전자A1을 갖게 되면 확실하게 질병에 걸리기 쉽다는 사실을 알 수 있다. 즉, 유전자A와 질병유전자는 연쇄하고 있다고 추정된다. 그러나, 동시에 3녀는 A1을 가지고 있지 않음에도 불구하고 발병하고 있다는 사실도 알 수 있다. 이것은 어머니의 대립유전자A2를 갖는(질환관련유전자를 갖지 않는) 염색체로 유전자 자리A와 질병유전자 사이에 염색체 쌍 변환이 일어나서, 대립유전자A2와 질병유전자가 새롭게 조합된 염색체가 3녀에게 유전된 결과라고 추정된다.

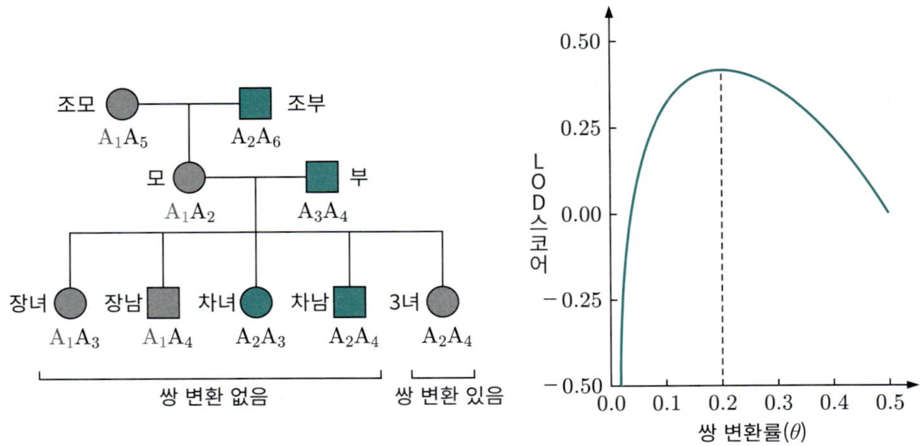

〈그림 5.41〉 가계해석과 LOD스코어. (왼쪽)가계도와 각각의 표지자DNA가 되는 대립유전자(A_1 ~ A_6)의 구성. 각 사람들은 부모로부터 물려받은 대립유전자를 2개씩 가지고 있다. (오른쪽)왼쪽의 가계해석으로부터 구해진 LOD스코어

이러한 데이터 해석으로부터 유전자 연쇄의 정도와 유전자들 사이의 거리를 구할 수 있다(이후의 부분은 보다 상세한 내용을 설명하고 있으므로, 필요에 따라서 이 절의 마지막부분까지 생략해도 좋다). 이와같은 계산을 위해서 다음과 같은 식으로 정의되는 LOD 스코어 $Z(\theta)$를 이용한다.

$$Z(\theta) = \log_{10}\left(\frac{L(\theta)}{L(0.5)}\right) \tag{5.10}$$

이때, $L(\theta)$는 쌍 변환률 θ로서, 관측데이터로부터 구한 우도 (尤度, likelihood)이며, $\log_{10}(a)$는 a의 상용대수를 나타낸다. 우도는 어떤 확률적 현상이 일어났을 때, 그 현상이 일어날 미래의 전제조건이 어느 정도로 그럴듯한가를 평가하는 지표로서, 이 경우에는 쌍 변환률 θ로 관찰된 횟수의 쌍 변환이 일어난 확률과 같게 된다. 또한, $L(0.5)$는 연쇄가 없는 경우에 구해지는, 쌍 변환률의 최대값($\theta = 0.5$)의 우도이다.

그림 5.41의 예에서는, 5명의 자녀들 중에서 3녀에 대해서만 쌍 변환이 발생하였으므로, $L(\theta)$는 쌍 변환률 θ로 5명 중에서 특정한 1명에서 쌍 변환이 발생하고, 나머지 4명에서는 발생하지 않는 확률 $\theta^1 \cdot (1-\theta)^4$가 되며, $L(0.5)$는 0.5^5로 주어진다. 식(5.10)에 이와같은 값들을 적용하면 다음과 같다.

$$Z(\theta) = \log_{10}\left(\frac{\theta^1 \cdot (1-\theta)^4}{0.5^5}\right) \tag{5.11}$$

LOD스코어의 최대값이 유전자 자리A와 질병유전자의 연쇄에 대한 확률을 나타내며, 이때의 θ가 쌍 변환률의 추정값이 된다. 그림 5.41의 오른쪽에 나타낸 바와같이, 이 예에서는 $L(\theta)$는 $\theta = 0.2$에서 최대가 되므로, 미지의 질병관련유전자는 유전자 자리A로부터 쌍 변환률 0.2에 상당하는 위치에 존재한다고 추정된다. 쌍 변환률은 유전자들 사이의 DNA 길이에 거의 비례하며, 이 경우에는 20,000염기에 상당하는 길이이다. 이와같은 결과로부터, 미지의 질병유전자 위치를 대략적으로 특정할 수 있게 된다.

단, LOD스코어는 보통 3이상이면 통계적으로 유의미한 차이가 있다고 할 수 있다. 위의 예에서, $Z(\theta)$의 최대값 약 0.4로는 유전자 연쇄가 발생하고 있는지 여부를 판정하기 어렵다. 주요 원인으로서는, 위의 예에서는 표본이 너무 작다는 점이다. 실제로 해석하는 경우에는 보다 많은 데이터를 사용하여 여러 개의 DNA표지자를 기준으로 수행한다.

연쇄해석은 위의 예에서 보인 질병유전자 탐색 뿐만 아니라, 좋은 형질의 유전자, 예를 들면, 딸기의 당도를 높이는 유전자, 병해충을 이겨내는 유전자 등을 찾아내는 목적으로, 축산업 및 농업 분야에서 품종개량을 위해서 이용되고 있다.

5.6.4 대규모 질병연쇄유전자 검출

2003년에 인간 게놈계획의 결과로서 약10년간 30억달러의 연구비를 투입하여 인간의 모든 게놈 DNA 염기 서열의 해석이 완료되어, 인류는 처음으로 인간 자신의 유전자에 대한 모든 정보를 입수하게 되었다. 그러나, 이후 불과10년이 되기도 전에 고속 대량 시퀀싱(high-throughput sequencing)이라는 신기술이 등장하여 DNA 염기서열의 해석이 더욱 고속으로 그리고 보다 저렴한 비용으로 수행가능하게 되면서, 개인 레벨의 게놈 해석이 가능하게 되었다. 현재는 대략 1주일 정도의 기간에 약1천만원의 비용으로 한 사람의 게놈을 해독하는 것이 가능하며, 이미 전세계에서 수만명 규모의 게놈 해석이 수행되고 있다.

게놈은 염기 서열에 기록된 생물의 “설계도”이며, 사람들은 각자 조금씩 상이한 염기서열을 가지고 있다(그림 5.42). 이러한 인간의 염기 서열은 같은 인종인 경우에는 약0.1%, 인간과 가장 유사한 침팬지와는 약1% 정도 차이가 난다. 이러한 사실로부터, 염기 서열이 약간 다르면 형태나 행동에 있어서 커다란 차이가 발생한다는 것을 알 수 있다. 다양한 질병의 경우에도, 염기 서열의 변화에 의해 발병한다고 알려져 있다.

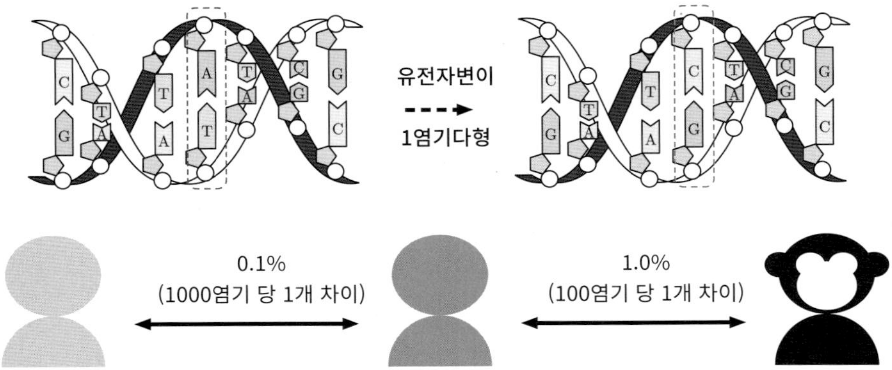

〈그림 5.42〉 염기서열의 차이. (위) 어떤 개인의 게놈에 발생한 염기 변화를 유전자변이. 이것이 부모로부터 자녀에게 계승되어 유전적으로 유지되어 있는 경우를 1염기다형이라고 부른다. 이 예에서는 빨간색점선으로 둘러쌓인 A–T의 염기 한쌍뿐이지만, 파란색 점선으로 둘러쌓인 C–G에 변화하고 있다. (아래) 동일생물종들 사이와 다른 생물종들 사이의 염기서열이 서로 다르다는 것을 보여주는 예.

고속 대량 시퀀싱 등과 같은 기술의 발전에 의해, 게놈 서열을 직접 읽어내어 질병에 관련된 유전자를 탐색가능하게 되었다. 예를 들면, 어떤 질병이 발병된 환자 그룹(질병군)과, 그 질병이 발병되지 않은 사람들의 그룹(대조군)의 게놈 서열을 결정하여, 양쪽 그룹의 서열을 비교하여 질병에 “관련되어 있는” 유전자를 통계적으로 추정할 수 있다. 이와같은 대량의 데이터를 토대로 하는 통계분석이 전체 게놈 관련분석(GWAS : Genome-Wide Association Study)이다. GWAS는 앞서 소개한 “데이터 통계해석 기반 의학”을 게놈 분석 분야에 적용한 것이다.

관측값 (GWAS의 결과)	유전형	
	$\mathrm{A}_m\mathrm{A}_n\ (n \neq 1, m \neq 1)$	$\mathrm{A}_1\mathrm{A}_k$
질환군(200명)	180	20
대조군(400명)	395	5

기대값	유전형	
	$\mathrm{A}_m\mathrm{A}_n\ (n \neq 1, m \neq 1)$	$\mathrm{A}_1\mathrm{A}_k$
질환군(200명)	$200 \times (1-q)(1-q) = 188.2$	$200 \times \{2q(1-q)+q^2\} = 11.8$
대조군(400명)	$400 \times (1-q)(1-q) = 376.4$	$400 \times \{2q(1-q)+q^2\} = 23.6$

기대값보다 많다

기대값보다 적다

〈그림 5.43〉 GWAS의 결과. (위) 관측된 값의 표. $\mathrm{A}_1\mathrm{A}_k$는 적어도 반쪽의 대립유전자가 A_1인 사람을, $\mathrm{A}_m\mathrm{A}_n$은 이외의 사람을 나타낸다. (아래)A_1의 유전자 빈도로부터 기대되는 표

예를 들어, 그림 5.43의 위쪽 표를 GWAS의 결과라고 가정하자. 여기에서는 간단히 하기 위하여, 유전자 위치A의 대립유전자A_1이 해당 질병에 관련있는지 여부에 한정시켜서 생각하도록 한다. 이 방법은 유전자 형과 질병 사이의 상관을 조사하는 통계분석이므로, "상관은 인과관계를 보증하지 않는다"라는 원칙으로부터, 보통은 질병 "원인" 유전자가 아니라, 질병에 "관련"있는 유전자라고 표현하도록 한다.

여기에서는 A_1이 우성유전된다고 가정한다. 즉, 상동염색체 내의 반쪽에서도 A_1을 갖는다면 발병한다고 가정한다. 대립유전자A_1이 질병관련 유전자인 경우, 그림 5.43의 윗쪽 표에서 질병군에서는 A_1의 유전자 형을 갖는 사람(파란색)이 많으며, 대조군에서는 A_1의 유전자 형을 갖는 사람(빨간색)이 적다고 할 수 있다. 이때, 이러한 값들이 기대하는 것보다 유의미하게 많거나 또는 유의미하게 적은지를 조사하기 위하여, A_1이 질병에 관련되지 않는 경우에 기대되는 표를 구한다. A_1의 유전자 빈도를 $q = 0.03$, 즉, 3%로 했을 때, 각각의 유전자 형은 이와같은 빈도로부터 그림 5.43의 아래쪽 표와 같이 구해진다. 이 표와 GWAS의 결과가 통계적으로 유의미하게 차이가 난다면, A_1은 질병에 관련있다고 판단할 수 있다.

여기에서는 실제로 사용되는 비교적 간단한 기법으로서, 다음과 같은 식으로 나타내는 χ^2값을 사용한다.

$$\chi^2 = \sum_i \frac{(O_i - E_i)^2}{E_i} \tag{5.12}$$

이때, O_i는 각 셀의 관측값, E_i는 각 셀의 기대값이다. χ^2값은 Excel을 비롯한 다양한 통계용 소프트웨어를 사용하여 계산할 수 있다. 위의 예에서는, 그림 5.43에 있는 값을 식(5.12)에 적용해 보면, 다음과 같이 χ^2값을 구할 수 있다.

$$\chi^2 = \frac{(180-188.2)^2}{188.2} + \frac{(20-11.8)^2}{11.8} + \frac{(395-376.4)^2}{376.4} + \frac{(5-23.6)^2}{23.6} \tag{5.13}$$

관측된 위와 같은 χ^2값이 우연히 얻어지는 확률을 P–값이라고 부르며, 이 값이 낮을 수록 유의미한 차이가 있는 것이 된다. 위의 예에서 P–값은 3.3×10^{-6}이 되며, 이 값은 충분하게 낮은 값이므로 "A_1을 갖는지 여부는 질병과 관련 있다"라고 판단해도 안전하다고 할 수 있다(P–값은 통계용 소프트웨어의 함수를 사용하여 구하거나, 수표를 사용하여 조사할 수 있다). GWAS에서는 대량의 유전자와 1염기다형을 조사하므로, 기준으로 하는 P–값은 10^{-6}정도로 보다 엄밀하게 설정하고 있다.

실제로 GWAS에서는 그림 5.44와 같이 다수의 유전자들을 동시에 조사하여 $-\log_{10}(P$–값)(P–값의 대수값에 대한 음수이므로, 이 값이 클 수록 유의미한 차가 있다)을 표시한 후에 높은 값을 나타내는 여러 개의 유전자들(그림 5.44의 빨간색 원)이 질병에 관련된다고 판단한다.

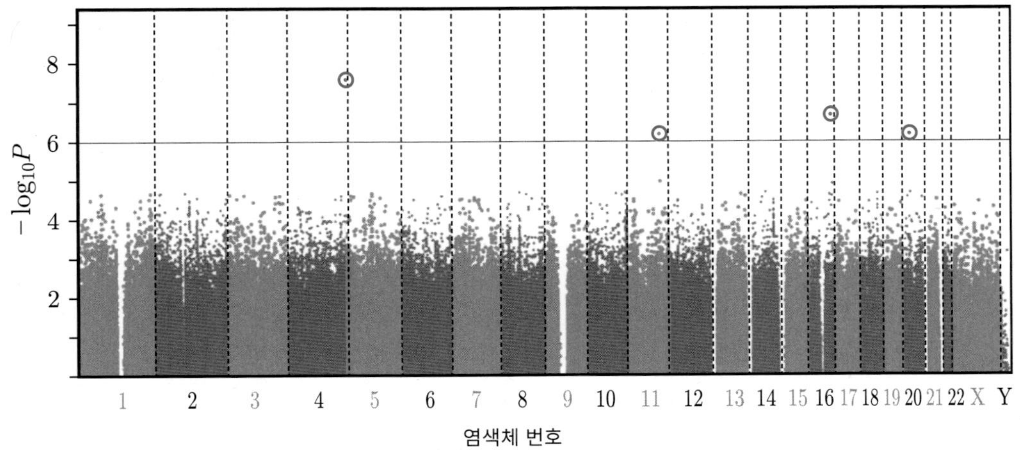

〈그림 5.44〉 GWAS의 예. 가로축은 염색체 번호, 세로축은 검사된 유전자의 $-\log_{10}(P$–값)을 나타낸다. 검정된 유전자는 파란색 또는 회색의 점으로 나타내고 있다. 빨간색 가로선은 유의수준10^{-6}을 나타내고 있으며, 유의수준보다 높은 값을 나타내는 빨간색 원으로 표시된 유전자가 유의미하게 질병과 관련된다고 볼 수 있다.

GWAS는 많은 환자(및 대조군의 피시험자)들의 협력을 필요로 하는 분석이므로, 암이나 당뇨병 등과 같이 많이 존재하는 질병에 관련있는 유전자 탐색에서 큰 위력을 발휘한다. 한편, 이러한 방법은 환자수가 적은 희귀질환에는 적용하기 어렵다는 문제점이 있다. 이때에는 앞서 설명한 가계해석 등과 같은 방법을 사용한 유전자 탐색기법이 유효하다.

5.6.5 생물학 • 분자생물학 기반의 의학

앞서 살펴보았던 바와 같이 현대 의학에는 다양한 통계학적 데이터분석 및 생물학 • 분자생물학 기반의 분석기법이 응용되고 있으며, 의료 및 의학 분야에서 데이터사이언스의 중요성이 매우 높아지고 있다.

단, 지금까지 소개했던 해석기법들은 비교적 간단하게 분석할 수 있는 사례들에 불과하다는 점에 주의할 필요가 있다. 예를 들어, 질병에 관련있는 유전자가 특정되면, 곧바로 해당 질병을 고칠 수 있게 되는 것이 아니다. 유전자가 특정되더라도 해당 유전자의 기능을 촉진하면 완치되는지, 아니면 억제할 필요가 있는지는 아직 명확하지 않다. 또한, 생물의 체내에서 1개의 유전자가 독립적으로 기능하고 있는 경우는 거의 없으므로, 특정된 유전자만을 표적으로 해서 질병을 치료하는 것은 대부분 곤란하며, 다수의 유전자들 사이의 상호작용을 고려하여 보다 심도깊은 탐색이 필요한 경우가 많다.

또한, 앞 부분에서 설명한 임상시험은, 신약의 유효성을 통계해석에 의해 객관적으로 나타낼 수 있지만, 임상시험에 제공되는 신약을 설계(Drug Design)하기 위해서는, 상당히 난이도가 높은 견실한 연구 • 개발을 수행할 필요가 있다. 신약 설계의 성공률은 아직까지도 수만분의 1(신약을 1개 실용화하는 동안에 수만개의 약 후보들이 탈락한다)이라고 알려져있다.

통계학을 비롯하여 데이터사이언스 분야는, 이와같은 문제들을 해결하기 위한 수단으로서 기대되고 있다. 그러나, 이를 위한 데이터 수집방법이나 해석방법의 대부분은 아직까지도 기초연구 단계에 머물고 있으므로 앞으로 더많은 발전이 필요하다.

제

06

장

후속 학습을 위한 참고문헌 소개

지금까지 현대사회에서 데이터사이언스의 역할, 데이터 수집방법, 데이터 분석의 기초가 되는 통계학과 실험 분석기법, 컴퓨터 소프트웨어 및 실제 응용사례 등에 대해서 설명하였다. 이 책에서는 문과계열을 포함하여 다양한 분야를 전공하는 분들을 대상으로 하고 있기 때문에, 가능한 한 수식을 사용하지 않고서 설명하려고 노력했다. 그렇기 때문에 설명이 불충분한 부분도 있었다. 따라서, 제6장에서는 부족한 부분에 대한 보충설명을 포함하여, 후속 학습을 위한 참고문헌을 소개하도록 한다.

6.1

제1장 현대사회와 데이터사이언스

현대사회에서 데이터사이언스의 역할과 실제 비즈니스 분야에서의 응용방법 등에 관하여 다수의 전문서적들이 출판되어 있으며, 몇가지 대표적인 것으로는 다음과 같다.

- **西内啓, 「統計学が最強の学問である」, ダイヤモンド社, 2013.(ISBN : 2978-4478022214)**

  데이터사이언스라는 용어가 오늘날처럼 유행하지 않았던 시기에 출판되어, 데이터사이언스의 유용성을 소개하여, 당시에 베스트셀러가 되었던 책이다.

- **竹村彰通, 「データサイエンス入門」, 岩波書店, 2018.(ISBN : 978-4004317135)**

  데이터사이언스 분야의 최신 동향과 현재의 모습 등을 소개하고 있다.

- **河本薫, 「会社を変える分析の力」, 講談社, 2013.(ISBN : 978-4062882187)**

  데이터사이언스를 실제 비즈니스에 활용하기 위한 요령을 필자의 경험을 토대로 소개하고 있다.

데이터의 수집방법으로서, 이 책에서는 e-Stat와 RESAS 등을 소개하였다. 데이터수집에 대해서는 책을 읽어보는 것 보다는 실제로 컴퓨터를 사용하여 실천해 보는 것이 중요하며, 다음과 같은 자료를 참고하기 바란다.

- **総務省統計局, 「誰でも使える統計オープンデータ」, 日本統計協会, 2017.**

  일본총무성 통계국에서 운영하는 MOOC강좌(대규모 온라인강좌)의 공식학습자료로서 발행된 것으로서, e-Stat의 다양한 기능들과 활용사례를 소개하고 있다.

- **日経ビッグデータ, 「RESASの教科書」, 日経BP, 2016.(ISBN : 978-4822236601)**

  RESAS의 사용법과 지방자치단체에서의 활용사례를 다양한 사진들을 수록하여 소개하고 있다.

6.2

제2장 데이터분석의 기초

제2장에서는 데이터사이언스의 기초가 되는 통계학의 기본에 대해서 간단하게 설명하였다. 데이터사이언스를 명확하게 이해하고 최신 기법들을 익히기 위해서는, 통계학을 제대로 학습해 둘 필요가 있다. 대학생이라면, 자신의 소속 대학교에 개설되어 있는 통계학 과목을 선택하여 수강하는 것이 가장 바람직하며, 참고서적은 다음과 같다.

- 日本統計学会編, 「統計検定3級対応 データの分析」, 東京図書, 2012.(ISBN : 978-4489021329)
- 日本統計学会編, 「統計検定2級対応 統計学基礎」, 東京図書, 2015.(ISBN : 978-4489022272)

  위의 서적들은 일본통계학회가 실시하고 있는 "통계검정시험"에 대응한 교과서로서, 3급이 고졸수준이고 2급은 대학기초수준이다. 위의 교과서들을 토대로 학습한 후에 실제로 검정시험에 응시해보는 것도 좋으며, 검정시험의 기출문제집도 별도 판매되고 있다.

- 日本統計学会編, 「統計学I : データ分析の基礎」, 日本統計協会, 2016.
- 日本統計学会•日本計量生物学会編, 「統計学II : 推測統計の基礎」, 日本統計協会, 2015.
- 日本統計学会•日本行動計量学会編, 「統計学II : 多変量データ解析法」, 日本統計協会, 2017.

  위의 서적들은 MOOC강좌에서 제공하는 공식 교재로서, 온라인강좌 슬라이드 자료도 수록되어 있다.

통계학을 제대로 이해하기 위해서는 선형대수학과 미적분에 대한 지식도 필요하다. 이에 관한 서적은 매우 다양하고 많이 출판되어 있으나, 통계학에 응용할 수 있는 내용으로 되어 있는 아래의 서적을 소개하도록 한다.

- **永田靖,「統計学のための数学入門30講」, 朝倉書店, 2005.(ISBN : 978-4254116335)**

  통계학에서 필요한 미적분 및 선형대수를 간결하고 알차게 정리하여 다루고 있다. 단, 초보자가 이 책만을 가지고 공부하는 것은 어려울지도 모른다. 대학생이라면, 자신의 대학교에 개설되어 있는 수학 과목을 수강하고 연습문제를 풀어보면서 수학을 학습하는 것이 좋다.

6.3

제3장 데이터사이언스 분야의 분석기법

제3장에서는 회귀분석과 클러스터링, 그리고 의사결정트리 등과 같은 분석기법에 대하여, 수학적인 엄밀성을 어느정도 생략하여 소개하였다. 예를 들어, 회귀분석에 대해서는 통계학의 표준적인 교과서(앞서 소개한 「統計検定2級対応 統計学基礎」 등)를 참고하기 바란다. 제3장에서는 문과계열 학생들도 저항감없이 읽어볼 수 있었을 것이다. 컴퓨터를 사용한 실제적인 데이터분석에 대해서는 다루지 않았지만, 예를 들어 다음과 같은 서적들이 입문서로서 다양한 주제를 다루고 있으므로 참고하기 바란다.

- **豊田秀樹, 「データマイニング入門　Rで学ぶ最新データ解析」, 東京図書, 2008.(ISBN : 978-4489020452)**

  이 책에서는 뉴럴네트워크와 의사결정트리, 클러스터분석 등에 대하여, 통계용 소프트웨어 R을 사용하여 실제로 적용하는 방법을 소개하고 있다.

- **秋光淳生, 「データの分析と知識発見」, 放送大学教育振興会, 2016.(ISBN : 978-4595316364)**

  이 책은 방송대학의 강의용 교과서로서, R을 사용하여 클러스터 분석과 의사결정트리, 뉴럴네트워크를 실제로 적용해보고 있다.

- **Peter Flach(竹村彰通 監修翻訳), 「機械学習 ―データを読み解くアルゴリズムの技法」, 朝倉書店, 2017.(ISBN : 978-4254122183)**

  이 책은 기계학습에 대해서 보다 구체적으로 설명하고 있다.

6.4

제4장 컴퓨터를 이용한 분석

제4장에서는 Excel, R, Python을 사용한 데이터분석 방법에 대해서 소개했다. 제4장에서는 책만을 읽어보는 것이 아니라, 실제로 컴퓨터를 동작시켜서 실습해 보기 바란다.

Excel에 관해서는 수많은 서적들이 출판되어 있으며, 대표적인 책으로서 아래의 서적을 참고하기 바란다.

- 縄田和満, 「Excelによる統計入門―Excel2007対応版」, 朝倉書店, 2007.(ISBN : 978-4254121728)

R에 대해서는 아래의 서적들 뿐만 아니라, 앞서 소개했던 「データマイニング入門　Rで学ぶ最新データ解析」도 참고하기 바란다.

- 山田 剛史, 杉澤 武俊, 村井 潤一郎, 「Rによるやさしい統計学」, オーム社, 2008.(ISBN : 978-4274067105)
- 舟尾 暢男, 「The R Tips 第3版: データ解析環境Rの基本技・グラフィックス活用集」, オーム社, 2016.(ISBN : 978-4274219580)

Python에 대해서는 아래의 2권을 추천한다. 첫번째 서적은 Python언어의 창시자가 출간한 것이고, 두번째 서적은 구체적인 사례를 이용해서 재미있게 설명하고 있다.

- Guido van Rossum(鴨澤 眞夫 翻訳), 「Pythonチュートリアル 第3版」, オライリージャパン, 2016.(ISBN : 978-4873117539)
- Al Sweigart(著), 相川愛三(翻訳), 「退屈なことはPythonにやらせよう ―ノンプログラマーにもできる自動化処理プログラミング」, オライリージャパン, 2017.(ISBN : 978-4873117782)

6.5

제5장 데이터사이언스 응용사례

데이터사이언스의 응용사례에 대해서는 제1장의 참고문헌으로 소개한 서적들을 참고하기 바란다. 여기에서는 실제 분석기법을 중심으로 이 책을 완독한 이후에 읽어보아야 하는 서적들을 소개하도록 한다.

마케팅 및 금융에 관해서는, 아래의 서적에서 회귀분석과 의사결정트리, 연관성 분석 등과 같은 기법들을 R을 사용하여 마케팅 분야에서 실제로 적용하는 내용을 다루고 있으므로, 데이터분석을 실제로 수행하려는 경우에 좋은 참고가 된다.

- 豊田裕貴, 「Rによるデータ駆動マーケティング」, オーム社, 2017.(ISBN : 978-4274219689)

품질관리에 대해서는 다수의 서적들이 있으며, 입문수준의 서적으로서 다음과 같은 책들을 참고하기 바란다.

- 石川馨, 「品質管理入門 A編•B編」, 日科技連出版社, 1989.(ISBN : 978-4817100184)
- 鉄健司(編集), 「新版 QC入門講座(全9巻)」, 日科技連出版社, 1999, 2000.
- 仁科健•川村大伸•石井成, 「スタンダード品質管理」, 培風館, 2018.(ISBN : 978-4563009380)

품질관리에 관한 지식을 확인하기 위해서는 QC검정시험을 응시해보는 것도 좋다. 기본적인 참고 서적은 다음과 같다.

- 仁科健(監修), QC検定過去問題解説委員会(著), 「過去問題で学ぶQC検定2級」, 日本規格協会, 2018.(ISBN：978-4542505100)
- 画像情報教育振興協会 (著), 「ディジタル画像処理」, 画像情報教育振興協会, 2015.(ISBN：978-4903474502)
- Richard Szeliski(著), 玉木徹(翻訳), 「コンピュータビジョン ―アルゴリズムと応用―」, 共立出版, 2013.(ISBN：978-4320123281)
- 原田達也(著), 「画像認識(機械学習プロフェッショナルシリーズ)」, 講談社, 2017.(ISBN：978-4061529120)

음성인식에 관한 참고서적은 다음과 같다.

- 河原達也(著, 編集), 「音声認識システム 改訂2版」, オーム社, 2016.(ISBN：978-4274219368)

의학분야에 관한 참고서적은 아래와 같다.

- 日本バイオインフォマティクス学会(編集), 「バイオインフォマティクス入門」, 慶應義塾大学出版会, 2015.(ISBN：978-4766422511)

번호

A – D

E – G

H – N

P

R

S

T – Z

ㅎ

데이터사이언스 입문

인공지능시대의 전문서

인　　쇄 | 2023년 02월 13일 초판 3쇄
발　　행 | 2023년 02월 27일 초판 3쇄

저　　자 | 일본 국립 시가대학교 데이터사이언스학부 타케무라 아키미치 교수 외 12인 공저
역　　자 | 황석형, 김응희, 김민경
발 행 인 | 성희령
기 획 팀 | 채희만, 임민정
영 업 팀 | 최형진, 이호준
마케팅팀 | 한석범
편 집 팀 | 임유리
경영관리팀 | 이승희
발 행 처 | **INFINITY**BOOKS

주　　소 | 경기도 고양시 일산동구 하늘마을로 158
대방트리플라온 C동 209호

대표전화 | 02)302-8441
팩　　스 | 02)6085-0777

도서 문의 및 A/S 지원
홈페이지 | www.infinitybooks.co.kr
이 메 일 | helloworld@infinitybooks.co.kr

I S B N | 979-11-85578-57-6
등록번호 | 제25100-2013-152호
판매정가 | 22,000원

국립중앙도서관 출판시도서목록(CIP)

이 도서의 국립중앙도서관 출판예정도서목록(CIP)은
서지정보유통지원시스템 홈페이지(http://seoji.nl.go.kr)와
국가자료종합목록 구축시스템(http://kolis-net.nl.go.kr)에서 이용하실 수 있습니다.

CIP제어번호 | CIP2019053087